ABHANDLUNGEN DES METEOROLOGISCHEN DIENSTES
DER DEUTSCHEN DEMOKRATISCHEN REPUBLIK

Nr. 140

Grenzschichtmodellierung und Klimaforschung

Mit 67 Abbildungen und 40 Tabellen

AKADEMIE-VERLAG BERLIN

1988

ISBN 3-05-500448-5
ISSN 0138-5658

Erschienen im Akademie-Verlag Berlin, DDR-1086 Berlin, Leipziger Straße 3—4

Lizenznummer: 202 · 100/453/88
Printed in the German Democratic Republic
Gesamtherstellung: VEB Druckerei „Thomas Müntzer", 5820 Bad Langensalza
Lektor: Dipl.-Met. Heide Deutscher
LSV 1465
Bestellnummer: 763 788 5 (2023/140)
07500

Inhaltsverzeichnis

Vorwort 5

H.-F. ALBERT, K. BERNHARDT und W. MIX, Ergebnisse und Erfahrungen bei der halbempirischen Modellierung der Vertikalprofile von Wind und Turbulenzkoeffizient in der planetarischen Grenzschicht 7

H.-F. ALBERT, Modelle zur Berechnung des Windprofils in einer planetarischen Grenzschicht unter Verwendung von Ansätzen für den Turbulenzkoeffizienten 21

H.-F. ALBERT und W. MIX, Vergleiche berechneter und empirisch ermittelter Vertikalprofile in der planetarischen Grenzschicht 27

W. MIX, Qualitative Erfassung von Beschleunigungseinflüssen in der planetarischen Grenzschicht 33

B. KLOSE, Radiosondenwindprofile 43

F. BEYRICH und B. KLOSE, Zur Modellierung niedertroposphärischer Windmaxima 49

K. BERNHARDT, U. DAMRATH und S. KNÜPFFER, Numerische Experimente zur Überströmung der Orographie in einem zweidimensionalen Meso-β-Modell 59

O. HELLMUTH und H. PETHE, Zur Parametrisierung der Feuchtkonvektion 73

H.-F. GRAF und R. TEUBNER, Zur numerischen Bestimmung der Obergrenze konvektiver Wolken 83

P. HUPFER, Beitrag zur Kenntnis der Kopplung Ozean/Atmosphäre in Teilgebieten des Nordatlantischen Ozeans 87

H.-F. GRAF, Zur Anregung von El Niño/Südliche Oszillation 101

G. HELBIG, Zur Untersuchung rezenter Klimaänderungen im Gebiet der DDR 109

A. HELBIG, Zum Nachweis anthropogener Einflüsse auf Zeitreihen der Lufttemperatur 111

M. OLBERG, Verfahren der Zeitreihenanalyse und ihre Nutzung bei der Untersuchung von Klimaschwankungen 115

A. HELBIG, Vergleich der Wasserhaushaltskomponenten eines Kiefernbestandes und einer Waldgrasfläche nach Lysimetermessungen 123

Autorenverzeichnis 129

Vorwort

Das vorliegende Heft enthält 15 Beiträge aus dem Bereich Meteorologie und Geophysik der Sektion Physik der Humboldt-Universität zu Berlin zur Grenzschichtmodellierung und Klimaforschung. Diese spiegeln im wesentlichen Ergebnisse von Untersuchungen aus dem Zeitraum 1981—85 wider, die in enger Zusammenarbeit mit dem Meteorologischen Dienst der DDR, der Wasserwirtschaftsdirektion Untere Elbe und dem Institut für Wasserwirtschaft Berlin sowie mit weiteren wissenschaftlichen Einrichtungen der DDR durchgeführt wurden. Thematisch schließen die hier veröffentlichten Arbeiten an die in Band XVII, Heft 128 der Abhandlungen des Meteorologischen Dienstes der DDR im Jahre 1982 publizierten Aufsätze an.

Die im ersten Teil des nunmehr vorgelegten Heftes zusammengefaßten Arbeiten sind gleichzeitig als Bestandteil der internationalen Wissenschaftskooperation im Projekt 15 (1981—85) der KAPG anzusehen, über das mehrfach z. B. in der Zeitschrift für Meteorologie (Bd. 32, S. 254; 34, 209—210; 35, 379—381) berichtet wurde. Während die ersten drei Beiträge der Modellierung vertikaler Wind- und Turbulenzkoeffizientenprofile in einer beschleunigungsfreien, geotriptischen Grenzschichtströmung sowie dem Vergleich von Modellrechnungen nach verschiedenen Ansätzen untereinander und mit Beobachtungsdaten gewidmet sind, wird im vierten Beitrag eine Abschätzung des Einflusses vorgegebener Beschleunigungen auf die genannten Profile und auf Bodenschubspannungsparameter versucht. Die folgenden Aufsätze haben die Ergebnisse einer Feinauswertung von Routine-Radiosondenaufstiegen unter besonderer Beachtung niedertroposphärischer Windmaxima, deren Modellierung in einer nächtlichen Grenzschicht sowie die zweidimensionale Simulation einer Hindernisüberströmung im Meso-β-Scale zum Inhalt, die unter Mitwirkung eines Autors aus dem Meteorologischen Dienst der DDR mittels eines von ihm entwickelten Modelles erfolgte. Einem noch kleinräumigeren Scale gehören die Phänomene der Feuchtkonvektion bzw. der Quellwolkenentwicklung an, die unter speziellen Gesichtspunkten in zwei weiteren Arbeiten behandelt werden.

Die Darlegungen zur Klimaforschung im zweiten Teil des Heftes werden mit zwei Untersuchungen zur ozeanisch-atmosphärischen Wechselwirkung in Teilgebieten des Nordatlantischen Ozeans bzw. im El Niño/Southern Oscillation-Geschehen eingeleitet. Dieser Behandlung von Schwankungs- bzw. Eigenschwingungserscheinungen des klimatischen Systems im großräumigen bis globalen Maßstab folgt eine diagnostische Studie rezenter Klimaänderungen im Gebiet der DDR auf der Grundlage einer Analyse langjähriger Reihen von Tageswerten ausgewählter meteorologischer Parameter. In engem Zusammenhang mit regionalklimatologischen Untersuchungen steht die lokalklimatische anthropogene Beeinflussung der Lufttemperatur, der in einem weiteren Aufsatz ebenfalls unter Verwendung von Zeitreihen aus dem Gebiet der DDR nachgegangen wird.

Entsprechend der großen Bedeutung mathematisch-statistischer Verfahren der Zeitreihenanalyse für die Untersuchung von Klimaschwankungen werden einige solcher in der Forschungsarbeit am Bereich Meteorologie und Geophysik hauptsächlich benutzter bzw. weiterentwickelter Methoden in einem eigenen Beitrag dargestellt.

Ein Vergleich von Wasserhaushaltskomponenten unterschiedlicher Pflanzengesellschaften nach Lysimetermessungen beschließt die Reihe der Aufsätze im vorliegenden Heft.

Abschließend sei allen an der Bearbeitung der Forschungsthematik beteiligten Mitarbeitern und Studenten, den Kooperationspartnern und besonders der Leitung des Meteorologischen Dienstes der DDR für die stets vertrauensvolle Zusammenarbeit und für die Möglichkeit, diese umfangreiche Darstellung der Forschungsarbeiten in den Abhandlungen des Meteorologischen Dienstes zu veröffentlichen, herzlich gedankt.

Berlin, Juni 1986 K. BERNHARDT

Abh. Meteorol. Dienstes DDR Nr. 140 (1988)

Ergebnisse und Erfahrungen bei der halbempirischen Modellierung der Vertikalprofile von Wind und Turbulenzkoeffizient in der planetarischen Grenzschicht

von H.-F. ALBERT, K. BERNHARDT und W. MIX

Zusammenfassung

Es werden für den operativen Einsatz entwickelte Modelle zur Beschreibung der vertikalen Verteilung des horizontalen Windvektors und des Turbulenzkoeffizienten in einer stationären, beschleunigungsfreien (geotriptischen) Strömung in der planetarischen Grenzschicht über einer homogenen Unterlage vorgestellt und miteinander verglichen. Die Modelle basieren teils auf einem Zweischichtenansatz für die vertikale Verteilung des Turbulenzkoeffizienten, teils auf einem Ansatz vom PRANDTL-Typ zur Berechnung des Turbulenzkoeffizienten aus der vertikalen Windscherung und einem Mischungsweg, der nach Vorschlägen von WIPPERMANN und anderen Autoren bestimmt wird. Beide Modelltypen gestatten in unterschiedlicher Weise die Berücksichtigung der Rauhigkeitshöhe, der Stabilität der Schichtung und der Baroklinität.

Summary

Models are presented and compared each with another which have been developed to describe in operational use the vertical distribution of the horizontal wind vector and the eddy viscosity in a stationary, non-accelerated (geotriptic) planetary boundary layer flow over a homogeneous underlying surface. The models are based some upon a two-layer approach for the vertical distribution of the eddy viscosity, some upon a Prandtl type approach to calculate the eddy viscosity from vertical wind shear and a mixing length, which is determined following suggestions by Wippermann and other authors. Both model types allow to take into account the roughness length, the stability of stratification and the baroclinity of the planetary boundary layer in a different manner.

Резюме

Представляются и сравниваются друг с другом модели, развитые в целях описания в оперативных применениях вертикального распределения горизонтального вектора ветра и турбулентной вязкости в стационарном, безускоренном (геотриптическом) течении в планетарном пограничном слое над однородной подстилающей поверхностью. Модели обоснованы либо на двухслойном подходе для распределения турбулентной вязкости с высотой, либо на подходе по Прандтлю для вычисления турбулентной вязкости из вертикального сдвига ветра и пути смешения, определяемого по предложениям Виппермана и других авторов. Оба типа моделей позволяют учёт параметра шероховатости, устойчивости стратификации и бароклинности планетарного пограничного слоя различным образом.

1. Einführung und Problemstellung

Mit der Entwicklung der im folgenden beschriebenen Grenzschichtmodelle sowie ihrem Vergleich sowohl untereinander als auch mit Beobachtungsdaten wurde das Ziel verfolgt, für den Routinebetrieb operativ einsetzbare Modelle zur Beschreibung der vertikalen Verteilung des Windvektors und geeigneter Turbulenzcharakteristika — in diesem Falle des Turbulenzkoeffizienten — in einer quasistationären planetarischen Grenzschicht (PGS) bereitzustellen.

Während in Modellen der atmosphärischen Dynamik mit geringer vertikaler Auflösung die PGS als Ganzes parametrisiert werden kann — beispielsweise nach Art des von ALBERT, BERNHARDT und VOGLER [4] zusammenfassend beschriebenen Verfahrens zur Berechnung der großräumigen Vertikalbewegungen an der Obergrenze der PGS mittels eines integralen quasigeotriptischen Grenzschichtmodelles —, erfordern vertikal hochauflösende dynamische Modelle ebenso wie Interpretationsmodelle zur Vorhersage meteorologischer Felder im PGS-Bereich selbst oder Modelle zur Berechnung der Ausbreitung von Luftverunreinigungen (zwecks Ermittlung von Immissionskonzentrationen, Ablagerungsraten o. ä.) die Kenntnis vertikaler Profile der relevanten Parameter. Letztere werden in der Klasse der sog. halbempirischen oder k-Modelle mit den entsprechenden turbulenzbedingten vertikalen Strömen verknüpft. Für den vorliegenden Zweck wurden unter Beachtung der arbeitsorganisatorischen Bedingungen und der Rechenzeit im Anwenderbereich ausschließlich Modelle dieser Klasse entwickelt bzw. adaptiert und erprobt, da Schließungsansätze höherer Ordnung (z. B. [11]) ungeachtet des wesentlich höheren Rechenaufwandes ihre Überlegenheit über die einfacheren k-Ansätze zur Schließung erster Ordnung zumindest im Routinebetrieb bisher nicht unter Beweis gestellt haben.

Dabei sind sich die Verfasser der grundsätzlichen Mängel und des nur approximativen Charakters der k-Ansätze wohl bewußt, die im Rahmen der Meteorologie auf TAYLOR und SCHMIDT zurückgehen, nachdem bereits HELMHOLTZ, KÖPPEN, MARGULES, SPRUNG, EXNER und vor allem HESSELBERG und SVERDRUP mehr oder minder explizit auf die Rolle des turbulenzbedingten Massenaustauschs in der Atmosphäre verwiesen hatten. Die k-Ansätze sind analog zu den entsprechenden molekularkinetischen MAXWELL-BOLTZMANNschen Transportgleichungen aufgebaut; jedoch bestehen zwischen den durch die thermische Molekularbewegung und den durch die turbulenten Fluktuationen der Strömung vermittelten Austauschprozessen über die unterschiedliche Größenordnung der betreffenden Transportkoeffizienten (Zähigkeit, Wärmeleitzahl bzw. Diffusionskoeffizient) hinaus gravierende Unterschiede: Die Gasmoleküle sind im Rahmen der MAXWELL-BOLTZMANN-Statistik physikalisch wohldefinierte, individuell unterscheidbare Objekte; die resultierenden Transportkoeffizienten werden durch die mittleren freien Weglängen und die thermische Molekulargeschwindigkeit (mit bekannter Verteilungsfunktion) bestimmt und hängen damit nur von der Art des Gases und seinen makroskopischen thermodynamischen Parametern ab.

Demgegenüber ist das „Turbulenzelement" („eddy", „vichr'" o. ä.) kaum mehr als eine plausible gedankliche Hilfskonstruktion und insbesondere scale-bezogen. Letzteres trifft angesichts des quasikontinuierlichen Spektrums der atmosphärischen Turbulenz, das sich über einen weiten Bereich von etwa 10^{-2} bis 10^4 m in der Vertikalen und bis 10^7 m in der Horizontalen bzw. von etwa 10^{-2} bis 10^6 s in der Zeit erstreckt, auf alle Charakteristika der Turbulenz in der Atmosphäre zu. Die in der phänomenologischen Turbulenztheorie gebräuchliche REYNOLDSsche Mittelung läuft dabei auf eine (unvollkommene) Filterung im Frequenz- bzw. Wellenzahlspektrum der Fluktuationen meteorologischer Parameter hinaus, wobei selbst die allgemein verwendeten Mittelungsregeln (REYNOLDSsche Postulate) nur näherungsweise gelten (z. B. [6]).

Auf Grund der nichtlinearen Wechselwirkung zwischen Bewegungsformen unterschiedlichen Maßstabes stellt auch die Feststellung, daß der Turbulenzkoeffizient (und andere Turbulenzcharakteristika) im Gegensatz zu den molekularen Transportkoeffizienten in komplizierter Weise von den „gemittelten" Strömungs- und Schichtungsverhältnissen abhängt, bereits eine Vereinfachung dar. Beispielsweise wird die Mikroturbulenz in der unteren Troposphäre nicht nur vom gemittelten Wind- und Temperaturprofil bestimmt, sondern auch von Schwerewellen und Konvektionselementen beeinflußt. Schließlich sind auch individuelle Profilmessungen in der turbulenten Atmosphäre in Abhängigkeit vom Meßverfahren — z. B. sicher im Falle von Windprofilbestimmungen mittels Ballonsonden — von turbulenten Fluktuationen größeren Scales überlagert und geben schon aus diesem Grunde nicht die gesuchten gemittelten Zustände wieder.

Im Gegensatz zur thermischen Molekularbewegung ist die Bewegung der unter den obigen Vorbehalten angenommenen Turbulenzelemente im allgemeinen anisotrop, so daß der Zusammenhang zwischen dem Gradienten einer austauschbaren Quantitätsgröße (einem extensiven Parameter pro Masseneinheit) u und der entsprechenden Flußdichte mit den Komponenten F_i in einem kartesischen Koordinatensystem gemäß der Gleichung

$$F_i = \overline{\varrho u' v_i'} = -\bar{\varrho} k_{ij} \frac{\partial \bar{u}}{\partial x_j} \quad \text{(Summationskonvention!)} \tag{1}$$

durch einen Tensor zweiter Stufe

$$k_{ij} = \overline{v_i' \xi_j} \tag{2}$$

vermittelt wird, sofern unter Vernachlässigung der turbulenten Dichteschwankungen mit der ausgeglichenen Dichte $\bar{\varrho}$ gerechnet wird, v_i' die turbulenten Geschwindigkeitsfluktuationen und ξ_j die Weglänge bezeichnen, die das Turbulenzelement von seinem Ursprungsort an ohne Vermischung mit der Umgebung zurückgelegt hat.

Allerdings werden fundamentale Mängel des Ansatzes (1), (2) bei seiner Anwendung zur Bestimmung des (wieder unter Vernachlässigung der turbulenten Dichteschwankungen gebildeten) REYNOLDSschen Spannungstensors

$$\tau_{ik} = \overline{\varrho v_i' v_k'} \tag{3}$$

deutlich, indem

$$\tau_{ik} = -\bar{\varrho} k_{ij} \frac{\partial \bar{v}_k}{\partial x_j} \tag{4}$$

im Gegensatz zu (3) nicht symmetrisch ist, da im allgemeinen

$$k_{ij} \frac{\partial \bar{v}_k}{\partial x_j} - k_{kj} \frac{\partial \bar{v}_i}{\partial x_j} \neq 0 \tag{5}$$

gilt (andernfalls müßte k_{ij} in ganz spezieller Weise allein von den Ableitungen $\partial \bar{v}_k / \partial x_i$ des ausgeglichenen Geschwindigkeitsfeldes abhängen). Die Symmetrie des Spannungstensors τ_{ik} wird dagegen im Falle seiner linearen Abhängigkeit vom Tensor der Deformationsgeschwindigkeit $\partial \bar{v}_k / \partial x_j + \partial \bar{v}_j / \partial x_k$ gewährleistet, der folgerichtig auf der rechten Seite von (4) erscheinen müßte; eine entsprechende Erweiterung des tensoriellen Austauschansatzes (1) läßt sich auch physikalisch einleuchtend begründen [5; 25, Abschnitt 6.3.].

Bei der im folgenden vorgenommenen Beschränkung auf den mikroturbulenten Spektralbereich mit charakteristischen Mittelungszeiträumen der Größenordnung 10^3 s reduziert sich die Divergenz des REYNOLDSschen Spannungstensors in den unter Vernachlässigung der molekularen Reibung geschriebenen Bewegungsgleichungen in einem mit der rotierenden Erde starr verbundenen kartesischen Koordinatensystem bei Vorhandensein eines konservativen äußeren (Schwer-)Kraftfeldes mit dem Potential Φ

$$\frac{\mathrm{d}v_i}{\mathrm{d}t} + 2\varepsilon_{ijk}\omega_j v_k + \frac{1}{\varrho} \frac{\partial p}{\partial x_i} + \frac{\partial \Phi}{\partial x_i} = \frac{1}{\varrho} \frac{\partial \tau_{ik}}{\partial x_k} \tag{6}$$

im wesentlichen auf die Ableitung des Vektors $\boldsymbol{\tau}$ der horizontalen turbulenten Schubspannung mit den Komponenten τ_x, τ_y nach der Höhe z. (In (6) sowie allen folgenden Gleichungen werden die Querstriche zur Kennzeichnung der bereits im REYNOLDSschen Sinne gemittelten thermohydrodynamischen Parameter, darunter des Druckes p, weggelassen; es bedeuten ferner ω_j die Komponenten der Winkelgeschwindigkeit der Erdrotation und ε_{ijk} den Einheitstensor, der gleich 1 bei zyklischer und gleich -1 bei nichtzyklischer Aufeinanderfolge der Indizes i, j, k ist und verschwindet, falls mindestens zwei Indizes einander gleich sind.)

Damit resultieren mit geringfügigen Vernachlässigungen im Coriolisterm, Einführung des Coriolisparameters

$f = 2\omega \sin \varphi$ sowie des geostrophischen Windes mit den Komponenten

$$v_{gx} = -\frac{1}{\varrho f}\frac{\partial p}{\partial y}, \qquad v_{gy} = \frac{1}{\varrho f}\frac{\partial p}{\partial x} \tag{7}$$

in einem kartesischen Rechtssystem mit den horizontalen Achsen x und y schließlich die allen weiteren Rechnungen zugrundeliegenden Gleichungen für das Windfeld in der PGS

$$\begin{aligned} \frac{dv_x}{dt} - f(v_y - v_{gy}) &= \frac{\partial}{\partial z}\left(\frac{\tau_x}{\varrho}\right), \\ \frac{dv_y}{dt} + f(v_x - v_{gx}) &= \frac{\partial}{\partial z}\left(\frac{\tau_y}{\varrho}\right). \end{aligned} \tag{8}$$

Auf der rechten Seite von Gleichung (8) wurde, wie üblich, die Luftdichte mit der Differentiation unterworfen, was die weitere Behandlung der PGS-Gleichungen vereinfacht, wenn nunmehr unter Berufung auf die Kleinheit aller Ableitungen der Geschwindigkeitskomponenten gegenüber $\partial v_x/\partial z$, $\partial v_y/\partial z$ bei vergleichbarer Größenordnung der Komponenten k_{xx}, k_{yy}, k_{zz} des Tensors (2) im mikroturbulenten Bereich (und sicher kleineren Beträgen der gemischten Komponenten) $k_{zz} \equiv \equiv k$ gesetzt und der skalare Ansatz

$$\frac{\tau_x}{\varrho} = k\frac{\partial v_x}{\partial z}, \qquad \frac{\tau_y}{\varrho} = k\frac{\partial v_y}{\partial z} \tag{9}$$

eingeführt wird.

Der relative Fehler, der mit der inkorrekten Fassung der rechten Seite von (8) zugelassen wird, ist offenbar von der Ordnung

$$\frac{\left|\frac{1}{\varrho}\frac{\partial \varrho}{\partial z}\right|}{\left|\frac{1}{\tau_x}\frac{\partial \tau_x}{\partial z}\right|}, \qquad \frac{\left|\frac{1}{\varrho}\frac{\partial \varrho}{\partial z}\right|}{\left|\frac{1}{\tau_y}\frac{\partial \tau_y}{\partial z}\right|},$$

entspricht also etwa dem Verhältnis der Skalenhöhe der planetaren Grenzschicht zur Länge

$$\frac{\varrho}{|\partial\varrho/\partial z|} = \frac{T}{\hat{\gamma} - \gamma} = \frac{H_0}{1 - \gamma/\hat{\gamma}}, \tag{10}$$

in der T die (genaugenommen: virtuelle) Temperatur, $\gamma = -\partial T/\partial z$ das aktuelle, $\hat{\gamma} = g/R$ das Temperaturgefälle der homogenen Atmosphäre und $H_0 = RT/g$ deren Höhe bedeuten. Damit beläuft sich der genannte Fehler auf eine Größenordnung von 10^{-1} und erreicht die höchsten Werte im Bereich von Inversionsschichten ($\gamma < 0$) sowie im Bereich geringer Änderungen der Schubspannungskomponenten mit der Höhe (und daher kleiner reibungsbedingt-ageostrophischer Windabweichungen) bei gleichzeitig noch großen Schubspannungsbeträgen.

In den nachfolgend beschriebenen Modellrechnungen werden die beschleunigungsfreien Gleichungen (8) zur Bestimmung von Vertikalprofilen des geotriptischen Windes (auch als geostrophisch-antitriptischer Wind bezeichnet) verwendet, was die Voraussetzung einer stationären und horizontal homogenen Grenzschichtströmung über ebener Unterlage sowie die Vernachlässigung der ausgeglichenen Vertikalbewegungen involviert.

Zur Lösung des Systems der Differentialgleichungen (8), (9) mit dv_x/dt, $dv_y/dt = 0$ und den Randbedingungen

$$z \to z_0 : \tau_x \to \tau_{x0}, \tau_y \to \tau_{y0}; v_x, v_y \to 0$$

in der Rauhigkeitshöhe z_0 sowie

$$z \to \infty : \tau_x \to \tau_{x\infty}, \tau_y \to \tau_{y\infty}, v_x \to v_{gx}, v_y \to v_{gy}$$

sind die Komponenten des geostrophischen Windes (7) als Funktion der Höhe vorzugeben und eine Schließungshypothese zur Bestimmung des Turbulenzkoeffizienten k einzuführen.

Zu diesem Zweck werden im zweiten Abschnitt der vorliegenden Arbeit zunächst eine Anzahl von Ansätzen betrachtet, die in Abhängigkeit von geeigneten Grenzschichtparametern, wie geostrophischer Windgeschwindigkeit und Baroklinität, Stabilität der Schichtung und Rauhigkeitshöhe unmittelbar den Turbulenzkoeffizienten $k = k(z)$ als Funktion der Höhe liefern. Obgleich vom theoretischen Standpunkt grundsätzlich unbefriedigend, da der Turbulenzkoeffizient als lokaler Strömungsparameter anzusehen ist, sind Ansätze dieses Typs von praktischem Interesse, da sie im operativen Einsatz für viele Anwendungszwecke hinreichend genaue Windprofile zu berechnen gestatten und wenig Rechenzeit erfordern, in manchen Fällen sogar Lösungen der Gleichungen (8), (9) in analytischer Form ermöglichen.

Im folgenden dritten Abschnitt werden Ansätze behandelt, die den Turbulenzkoeffizienten unter Einführung einer charakteristischen Länge l (Mischungsweg, Turbulenzmaßstab) entweder mit dem Betrag der vertikalen Windscherung (PRANDTL) oder mit der Turbulenzenergie (kinetische Energie der turbulenten Geschwindigkeitsfluktuationen) (KOLMOGOROV) verknüpfen. Der letztgenannte Ansatz in der Form

$$k = c l_K \sqrt{b} \tag{11}$$

widerspiegelt die eingangs diskutierte Analogie des Turbulenz- zu den molekularen Transportkoeffizienten, indem der KOLMOGOROVsche Turbulenzmaßstab l_K als Pendant der mittleren freien Weglänge und die Wurzel aus der auf die Masseneinheit bezogenen kinetischen Energie der turbulenten Geschwindigkeitsfluktuationen als Pendant der thermischen Molekulargeschwindigkeit erscheint. Der PRANDTLsche Ansatz ist demgegenüber viel spezieller angelegt und der Mischungsweg l_P weder dem physikalischen Inhalt nach noch auch zahlenmäßig mit l_K identisch, wie bereits eine elementare Betrachtung für die Bodenschicht lehrt, in der mit dem theoretisch und experimentell gut fundierten logarithmischen Windprofil

$$\frac{\partial v}{\partial z} = \frac{v_*}{\varkappa z} \tag{12}$$

($\varkappa$ ist die KÁRMÁNsche Konstante) der PRANDTLsche Ansatz auf

$$k = l_P^2 \frac{v_*}{\varkappa z} = l_P v_* \tag{13}$$

führt, so daß aus (11)

$$\frac{l_P}{l_K} = c\frac{\sqrt{b}}{v_*} \tag{14}$$

für die Bodenschicht folgt und $c = \lim_{z \to 0} \frac{v_*}{\sqrt{b}}$ zu setzen ist, damit l_P und l_K den gleichen Wert des Turbulenzkoeffizienten in Bodennähe ergeben. Weitere Ausführungen zu den beiden Ansätzen, die zusätzliche Gleichungen bzw. Schließungshypothesen zur Bestimmung der Größen l_K bzw. l_P erfordern, sind im dritten Abschnitt enthalten.

Der vierte Abschnitt unserer Arbeit enthält schließlich eine kurze Gegenüberstellung mittels Ansätzen aus den Abschnitten 2 und 3 berechneter Wind- und Turbulenzkoeffizientenprofile.

2. Modelle für den Turbulenzkoeffizienten in der PGS

In diesem Abschnitt wollen wir uns auf die Zusammenstellung von Modellen für den Turbulenzkoeffizienten (k) beschränken, die wenigstens qualitativ mit dem übereinstimmen, was aus empirischen Untersuchungen bekannt ist. Wegen der Schwierigkeiten einer gesicherten

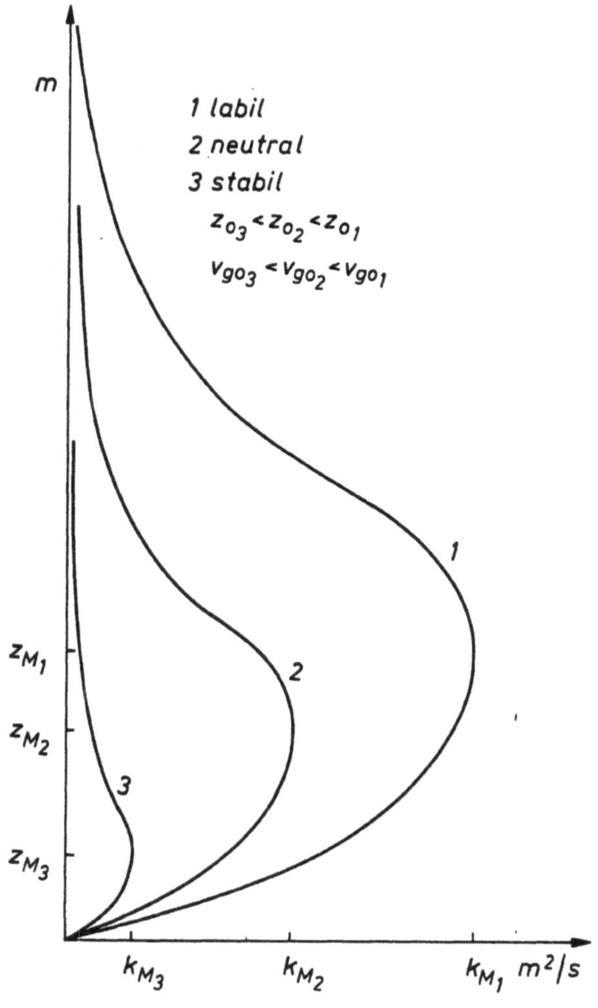

Abb. 1. Skizze des Vertikalprofils des Turbulenzkoeffizienten $k(z)$ in Abhängigkeit von der Stabilität der Bodenschicht, des Betrages des geostrophischen Windes am Erdboden v_{g0} und der Rauhigkeitshöhe z_0

Bestimmung des k-Profils aus empirisch ermittelten Windprofilen sind uns keine verläßlichen Einzelprofile des Turbulenzkoeffizienten bekannt. Andererseits liefern sowohl die für die Bodenschicht vergleichsweise gut gesicherte MONIN-OBUCHOV-Theorie als auch die seit LETTAU [17] vorgelegten empirischen Untersuchungen über das k-Profil einige allgemeine Aussagen über zu erwartende mittlere Verläufe. Diese sind für eine barotrope PGS in Abb. 1 schematisch dargestellt. Im Falle einer baroklinen PGS treten lokale Maxima und Minima im k-Profil auf, deren Lage und Größe sich nach WIPPERMANN und YORDANOV [46] aus dem nichtlinearen Zusammenwirken der allein turbulenzbedingten und der geostrophischen Windscherung ergeben. Daher können diese Unregelmäßigkeiten im k-Profil nicht ad hoc vorgegeben werden und müssen demzufolge in k-Modellen unberücksichtigt bleiben.

In dieser Zusammenstellung bleiben solche Ansätze für k unberücksichtigt, mit denen der in Abb. 1 skizzierte charakteristische Verlauf von k prinzipiell nicht wiedergegeben werden kann. Das betrifft sowohl Modelle, die eine monotone Abnahme oder Zunahme im gesamten Bereich der PGS voraussetzen, als auch solche, die mit zu einfachen Annahmen über die wichtigen Parameter z_M, k_M (Höhe bzw. Wert des Maximums von k) arbeiten. Die so ausgewählten Modelle für K zeigen alle die Abhängigkeit

$$K = F(Z; S, Ro, \Lambda) .$$

Dabei bezeichnet $K = k/(fH^2)$ den dimensionslosen Turbulenzkoeffizienten, H einen geeigneten Maßstab für die Höhe der PGS, Ro die ROSSBY-Zahl, S ein (eventuell höhenabhängiges) dimensionsloses Stabilitätsmaß und $\Lambda \sim z_0/H$, wo z_0 die Rauhigkeitshöhe bezeichnet.

Ein K-Ansatz kann natürlich auch von Baroklinitätsparametern abhängen (vgl. ALBERT, dieser Band). Allerdings kann aufgrund des oben Gesagten eine solche Abhängigkeit nur schwach sein und die wesentlichen Effekte nicht widerspiegeln.

In der Literatur wird öfters die Meinung vertreten (vgl. WIPPERMANN [43, 45]), daß bei geeigneter dimensionsloser Darstellung die Windprofile in der PGS ROSSBY-ähnlich, d. h. von der ROSSBYzahl unabhängig sind. Eine genauere Analyse zeigt jedoch (vgl. ALBERT [2]), daß dies nicht mit Hilfe der Ähnlichkeitstheorie (Π-Theorem) beweisbar ist, sondern ein über die Grenzschichtgleichungen, deren Anfangs- und Randbedingungen hinausgehendes Postulat im Sinne einer Selbstähnlichkeit ist. Dieses Postulat schränkt die Form der möglichen Schließungsansätze ein. Da sich gezeigt hat ([2]), daß zumindest bei einer Schließung der Grenzschichtgleichungen mit einem k-Ansatz die Eigenschaft der ROSSBY-Ähnlichkeit in bezug auf die Güte der Ergebnisse unbedeutend ist, diskutieren wir im folgenden auch Ansätze, mit denen keine von der ROSSBY-Zahl unabhängigen dimensionslosen Windprofile konstruiert werden können. Die Güte der Ergebnisse wird sehr viel deutlicher von einem richtigen Wert für z_M und k_M sowie von einem nicht mit der Höhe monoton zunehmenden k oberhalb von z_M beeinflußt.

Gewöhnlich unterteilt man noch die K-Ansätze in

Ein- und Zweischichtenmodelle, je nachdem sie in einer Umgebung von z_M stetig differenzierbar (glatt) sind oder nicht. Wir befassen uns zunächst mit *Zweischichtenmodellen.*

1. Ansätze für die Bodenschicht

— Modell nach MONIN, OBUCHOV [26]

$$K(Z; S_1) = Z/\varphi(S_1 \cdot Z), \tag{15}$$
$$H = \varkappa u_*/f, \qquad S_1 \equiv \mu = H/L,$$

L: MONIN-OBUCHOV-Länge,
φ: universelle Funktion von z/L.

Zwecks einer praktischen Realisierung dieses Ansatzes muß $\varphi(\zeta)$ geeignet vorgegeben werden. Dies kann nach den oft benutzten Formeln von BUSINGER et al. [8], aber auch nach anderen bei SKEIB [32] zusammengestellten Vorschlägen geschehen. Im allgemeinen erhält man bei Verwendung des Ansatzes (15) und der zitierten Annahmen über $\varphi(\zeta)$ keine analytischen Lösungen für das Windprofil. Entwickelt man jedoch $\varphi(\zeta)$ in eine TAYLOR-Reihe und bricht diese nach dem zweiten Glied ab, dann erhält man analytische Lösungen für das Windprofil einer stationären PGS (vgl. KOVETZ et al. [13]).

— Modell nach SWINBANK [38]

$$K(Z; S_1) = \frac{1}{S_1}(1 - \exp(-S_1 Z)), \qquad H = \varkappa u_*/f, \qquad S_1 \equiv \mu. \tag{16}$$

Für $\mu = 0$ (neutrale Schichtung) geht (16) genauso wie (15) in $K = Z$ über. Da dies der Ansatz ist, der bei Voraussetzung der Höhenkonstanz der turbulenten Ströme die bekannten logarithmischen Profile liefert, ist (16) zumindest für nahe neutrale Schichtung sinnvoll.

— Modell nach PRANDTL und TOLLMIEN [28]

$$K(Z; S_1, Ro, \Lambda) = K(1)\, Z^V, \tag{17}$$
$$H = z_M, \qquad S_1 = \frac{1}{\theta}\left.\frac{\partial\theta}{\partial Z}\right|_{Z_{10}}, \qquad V = 1 - m,$$

$m = f(S_1, Ro, \Lambda)$: Exponent im Potenzprofil.

$$\frac{v(z_2)}{v(z_1)} = \left(\frac{z_2}{z_1}\right)^m, \qquad z_0 < z_1, \qquad z_2 < z_M.$$

Der in (17) enthaltene Proportionalitätsfaktor kann nach PRANDTL und TOLLMIEN berechnet werden [3]. Analytische Lösungen für das Windprofil in einer stationären PGS werden für den Ansatz (17) in [3] diskutiert.

Weitere sinnvolle Ansätze für k im Bereich der Bodenschicht sind uns nicht bekannt geworden. Die mitgeteilten Ansätze müssen nun mit einem geeigneten k-Ansatz für die Oberschicht gekoppelt werden. Dabei ist zu beachten, daß die Formeln (15) und (16) nur bis zu der Höhe z_B gültig sind, bis zu der die turbulenten Austauschströme näherungsweise als höhenabhängig angenommen werden dürfen. Da $z_B < z_M$, können die Formeln (15) und (16) nur mit solchen k-Ansätzen für die Oberschicht gekoppelt werden, die auch unterhalb von z_M noch sinnvoll, also nicht streng monoton in ihrem Definitionsbereich sind. Für die nachfolgende Zusammenstellung gilt dies nur für den Ansatz von O'BRIEN [27].

Im folgenden geben wir neben den k-Ansätzen für die Oberschicht auch noch die resultierenden analytischen Lösungen für eine stationäre und barotrope Oberschicht für die komplexen dimensionslosen ageostrophischen Windabweichungen ($i^2 = -1$)

$$P = \frac{1}{v_g}[v_x - (v_x)_g + i(v_y - (v_y)_g)]$$

und die komplexen dimensionslosen turbulenten Spannungen

$$X = \frac{1}{\varrho f v_g H}(\tau_x + i\tau_y)$$
$$\text{mit} \quad P(Z) \xrightarrow[z \to \infty]{} 0$$

an. Die dabei jeweils auftretende komplexe Konstante A ist aus den Stetigkeitsbedingungen für Wind und turbulente Spannungen in z_B bzw. z_M zu berechnen. A ist prinzipiell bekannt, wenn ein Ausdruck für die Profile von Wind und Spannungen in der Bodenschicht gegeben ist.

2. Ansätze für die Oberschicht

— Modell nach EKMAN und LAJCHTMAN

$$K(Z; S_2) = K(1) \exp[a(1 - Z)], \qquad 1 \leqq Z < \infty, \tag{18}$$
$$H = z_M, \qquad a(S_2) \in [0, 1].$$

Für $a = 0$ (labile Oberschicht) ergibt sich das Modell nach EKMAN mit den Lösungen

$$P(Z) = A \exp\left(-\sqrt{\frac{i}{K(1)}}\, Z\right),$$

$$X(Z) = -A\sqrt{iK(1)} \exp\left(-\sqrt{\frac{i}{K(1)}}\, Z\right).$$

Für $a \neq 0$ erhalten wir

$$P(Z) = A \exp\left(\frac{a}{2}(Z-1)\right) K_1\left(\frac{2}{a}\sqrt{\frac{i}{K(1)}} \exp\left(\frac{a}{2}(Z-1)\right)\right),$$

$$X(Z) = -A\sqrt{iK(1)}\, K_0\left(\frac{2}{a}\sqrt{\frac{i}{K(1)}} \exp\left(\frac{a}{2}(Z-1)\right)\right).$$

$K_0(\ldots)$ und $K_1(\ldots)$ bezeichnen MACDONALD-Funktionen nullter und erster Ordnung von komplexem Argument.

— Modell nach ROSSBY und MISRA (vgl. ROSSBY [29]; ROSSBY, MONTGOMERY [30], MISRA [19])

$$K(Z; S_2) = K_0(1 - Z)^\nu, \qquad Z_M \leqq Z < 1, \tag{19}$$
$$\nu(S_2) \in [1, 2],$$

$$\nu = \begin{Bmatrix} 1 \text{ labile} \\ 2 \text{ stabile} \end{Bmatrix} \text{Schichtung der Oberschicht},$$

$$H = h \quad \text{mit} \quad k(h) = 0.$$

Für $\nu = 2$ ergibt sich der Ansatz nach ROSSBY mit den Lösungen

$$P(Z) = A(1 - Z)^a \exp[ic \ln(1 - Z)],$$

$$X(Z) = -AK_0(a + ic) \exp[(a + 1 + ic) \ln(1 - Z)],$$

mit

$$a \equiv q \cos(\varphi/2) - \frac{1}{2}, \qquad c \equiv q \sin(\varphi/2),$$

$$\varphi \equiv \operatorname{arctg}(4/K_0), \qquad q \equiv \left(\frac{1}{16} + K_0^{-2}\right)^{1/4}.$$

Für $\nu \neq 2$ erhält man

$$P(Z) = AI_{M1}\left(\frac{1}{M2}\sqrt{\frac{i}{K_0}}(1 - Z)^{M2}\right)(1 - Z)^{M3},$$

$$X(Z) = -A\sqrt{iK_0(1 - Z)}\, I_{M4}\left(\frac{1}{M2}\sqrt{\frac{i}{K_0}}(1 - Z)^{M2}\right),$$

mit $M1 = \frac{1 - \nu}{\nu - 2}$, $M2 = 1 - \frac{\nu}{2}$, $M3 = (1 - \nu)/2$, $M4 = 1/(2 - \nu)$.

$I_n(\ldots)$ bezeichnen modifizierte BESSEL-Funktionen n-ter Ordnung von komplexem Argument.

— Modell nach O'BRIEN [27]

$$K(Z) = K(1) + (E \cdot Z + B)(1 - Z)^2, \qquad Z_B \leqq Z \leqq 1, \tag{20}$$

$$\text{mit} \quad H = h \quad \text{und} \quad \left.\frac{\partial k}{\partial z}\right|_{z=h} = 0, \qquad \left.\frac{\partial^2 k}{\partial z^2}\right|_{z=h} > 0.$$

h ist die Höhe, in der $K(Z)$ ein absolutes Minimum annimmt. Die Konstanten E und B in (20) werden aus der Forderung bestimmt, daß (20) in $z = z_B$ (Höhe der Bodenschicht) stetig in einen geeigneten Ansatz für $K(Z)$ im Bereich der Bodenschicht übergeht und in $z = z_M > z_B$ ein absolutes Maximum hat, also

$$\left.\frac{\partial k}{\partial z}\right|_{z_B} \text{stetig}, \qquad \left.\frac{\partial k}{\partial z}\right|_{z_M} = 0, \qquad \left.\frac{\partial^2 k}{\partial z^2}\right|_{z_M} < 0.$$

Man findet

$$E = (1 - Z_B)^{-2}\left[2(K(Z_B) - K(1))/(1 - Z_B) + \left.\frac{\partial K}{\partial Z}\right|_{Z_B}\right],$$

$$B = (1 - Z_B)^{-2} \times \left[(1 - 3Z_B)(K(Z_B) - K(1))/(1 - Z_B) - Z_B\left.\frac{\partial K}{\partial Z}\right|_{Z_B}\right].$$

Vernachlässigt man in der mit (20) resultierenden Grenzschichtgleichung in dem Koeffizienten von $P''(Z)$ den kleinen Wert von $K(1)$ gegen die anderen dort enthaltenen Terme, dann erhält man

$$P(Z) = A\left(\frac{1 - Z}{1 - D}\right)^{a+ic} \times F\left(2 + a + ic, a + ic, 2(a + 1 + ic); \frac{1 - Z}{1 - D}\right),$$

$$X(Z) = A(a + ic)\left[(EZ + B)(Z - 1) + \frac{K(1)}{Z - 1}\left(\frac{1 - Z}{1 - D}\right)^{a+ic} \times F\left(2 + a + ic, 1 + a + ic, 2(1 + a + ic); \frac{1 - Z}{1 - D}\right)\right],$$

mit $D = -B/E = \frac{3}{2}Z_M - \frac{1}{2}$,

$$a = q \cos(\varphi/2) - \frac{1}{2}, \qquad c = q \sin(\varphi/2),$$

$$\varphi = \operatorname{arctg}(4/(E + B)), \qquad q = \left(\frac{1}{16} + (E + B)^{-2}\right)^{1/4}.$$

Dabei bezeichnen $F(a, c, b; x)$ hypergeometrische Funktionen. Des weiteren berechnet man ([2])

$$Z_M \xrightarrow[Z_B \to 0]{} \frac{1}{3}, \qquad Z_M \xrightarrow[Z_B \to Z_M]{} 1. \tag{21}$$

Soll der Ansatz (20) ein realistisches Modell wirklicher Verhältnisse sein, dann muß nach (21) Z_B möglichst klein vorgegeben werden, was eine Kopplung mit einem Ansatz nach MONIN, OBUCHOV nahelegt (vgl. oben).

Formal gesehen haben einige dieser Ansätze gegenüber den anderen Vorteile. So lassen sich für den Ansatz nach EKMAN und den nach ROSSBY geschlossene Ausdrücke für diejenige Höhe, in der der mittlere wahre Wind erstmals die Richtung des geostrophischen erreicht (Grenzschichthöhe), sowie für das Windprofil in einer baroklinen PGS bei höhenkonstantem thermischen Wind angeben. In den anderen Fällen müssen hierfür numerische Näherungslösungen erstellt werden.

Es muß betont werden, daß die hier zusammengestellten k-Ansätze Parameter enthalten, die i. allg. eine Funktion von Ro, S_1, S_2, Λ und eventuell von Baroklinitätsparametern sind. Um zu praktikablen Modellen für den Turbulenzkoeffizienten zu gelangen, müssen diese Funktionen gegeben sein. Es hat sich gezeigt [2], daß man im Falle der stabilitätsabhängigen Exponenten $a(S_2)$ in (18) und $\nu(S_2)$ in (19) mit plausiblen ad hoc-Annahmen auskommt. Alle anderen in den mitgeteilten Ansätzen enthaltenen Parameter können nicht ad hoc vorgegeben werden, da sie offensichtlich zu komplizierte Funktionen der Grenzschichtparameter sind. Diesen Schluß legen numerische Realisierungen der entsprechenden analytischen Lösungen mit sinnvoll erscheinenden Annahmen über die fraglichen Parameter nahe (vgl. [2]). Nun sind in (15) und (16) außer dem vorzugebenden internen Stabilitätsmaß μ keine weiteren Parameter enthalten, während die in (17) auftretenden Parameter zumindest näherungsweise berechnet werden können (vgl. ALBERT [3]). Des weiteren ergibt sich aus der Stetigkeitsforderung für das k-Profil in z_M bzw. z_B eine Gleichung zur Berechnung eines der fraglichen Parameter als Funktion der anderen. Um wenigstens eine weitere Beziehung zur Bestimmung eines zweiten Parameters zu erhalten, wurde in [2] postuliert, daß die turbulente Schubspannung am Erdboden (bzw. der geostrophische Spannungskoeffizient) nicht von der Stabilität der Oberschicht S_2 abhängt. Dies ist in der Natur näherungsweise erfüllt. Da uns keine weiteren Beziehungen zur Verfügung stehen bzw. sinnvoll erscheinen, sind nur solche Modelle praktikabel, in denen neben den ad hoc vorgebbaren Exponenten nur noch zwei weitere unbekannte Parameter auftreten. Dies ist nur bei dem Modell (18) der Fall ($K(1)$ und z_M noch unbekannt). Bei dem Modell (19) sind mit K_0, z_M und h sowie bei dem Modell (20) mit $K(1)$, z_B, z_M und h zu viele Parameter noch unbekannt, so daß diese Ansätze nicht brauchbar erscheinen. Von diesem Standpunkt aus erscheint nur eine Kopplung des Ansatzes (17) für die Schicht $0 < z \leqq z_M$ (erweiterte Bodenschicht) mit einem Ansatz (18) für die Oberschicht als praktikables Zweischichtenmodell sinnvoll. Dieses hat jedoch auch Nachteile. Da der Ansatz (18) nur für $z \geqq z_M$ definiert ist, kann er nur mit dem sehr viel komplizierter handhabbaren Ansatz (17) gekoppelt werden, wobei sich vor allem bei labiler Bodenschicht ein großer Sprung von $\frac{\partial k}{\partial z}$ in $z = z_M$ ergibt. Aufgrund dieser mehr formalen Unzulänglichkeiten wurden Einschichtenmodelle für den Turbulenzkoeffizienten in der PGS konstruiert, die diese Mängel nicht aufweisen. Wir stellen hier nur realistische Ansätze zusammen.

Einschichtenmodelle

— Modell nach AGEE et al. [1]

$$K(Z; S) = K_0 \exp(-bZ)\,[1 - \exp(b(1-c)\,Z)]\,, \quad (22)$$
$$Z_0 < Z < \infty\,.$$

Zwischen den Parametern K_0, b und c besteht folgender Zusammenhang

$$b = \frac{\ln c}{(c-1)\,Z_M}\,, \qquad K_0 = K(1)\,\frac{c^{1/[(c-1)Z_M]}}{1 - c^{-1/Z_M}}\,. \quad (23)$$

Der Ansatz (22) wird konkretisiert, wenn man fordert, daß dieser für $Z \to 0$ in den von MONIN, OBUCHOV oder in den von PRANDTL, TOLLMIEN übergeht. Definieren wir, daß (22) für kleine Z in (15) übergeht, dann erhalten wir

$$H = \varkappa u_*/f\,, \qquad K_0 = 1/[b(c-1)\,\varphi(S_1 Z)]\,, \qquad S_1 \equiv \mu\,.$$

Mit (23) können dann die unbekannten Parameter um einen reduziert werden. Es verbleiben dann zwei Unbekannte, von denen analog zu den Ansätzen für die Oberschicht eine ad hoc als Funktion der Stabilität der Oberschicht vorgegeben werden kann. Da die Bestimmung zumindest eines der in (22) enthaltenen Parameter problematisch ist, befassen wir uns noch mit vereinfachten Versionen von (22).

— Modell nach WALMSLEY [40]

Entwickelt man den Ausdruck in der eckigen Klammer in (22) in eine Potenzreihe und bricht diese nach dem ersten Glied ab, dann ergibt sich mit der Forderung, daß dieser Ausdruck für kleine Z in (15) übergeht

$$K(Z; S_1, S_2) = Z \exp[-b(S_2)\,Z]/\varphi(S_1 Z)\,, \quad (24)$$
$$Z_0 \leqq Z < \infty\,,$$
$$H = \frac{\varkappa u_*}{f}\,, \qquad S_1 \equiv \mu\,,$$

S_2: geeigneter interner Stabilitätsparameter für die Oberschicht.

Die Funktion $b(S_2)$ ist ad hoc vorzugeben. Im Gegensatz zu dem Ansatz (22) sind uns für den Ansatz (24) keine analytischen Lösungen bekannt. Numerische Näherungslösungen wurden u. a. von HEINEMANN [12] konstruiert.

— Modell nach ŠVEC [36]

Für $b = 0$ und $cb \neq 0$ erhalten wir aus (22)

$$K(Z; S_1) = K_0(1 - \exp(-K_0 Z))\,, \quad (25)$$
$$Z_0 \leqq Z < \infty\,, \qquad K_0 = K(Z \to \infty)\,.$$

Verlangt man, daß (25) für kleine Z in (15) übergeht, dann erhält man

$$H = \varkappa u_*/f\,, \qquad S_1 \equiv \mu\,, \qquad K_0 = 1/\sqrt{\varphi(S_1 Z)}\,.$$

Der Ansatz (25) hat die Eigenschaft, daß er mit Z gegen den Grenzwert K_0 monoton zunimmt. Er ist daher nur für eine labile Oberschicht sinnvoll. Für eine barotrope und stationäre Grenzschicht erhält man unter Verwendung von (25) nur dann geschlossene analytische Ausdrücke für das Windprofil, wenn K_0 unabhängig von Z ist, also bei neutraler Bodenschicht. Diese werden in [2] mitgeteilt.

Diesen Ausführungen zufolge liefert nur der Ansatz von WALMSLEY ein geeigentes Modell für den Turbulenzkoeffizienten in der PGS. Daher werden in [3] nur noch dieser und das Zweischichtenmodell (17), (18) bei einem detaillierteren Studium der PGS betrachtet.

3. Modelle mit Ansätzen für den Mischungsweg in der PGS

Die bei der Schließung der beschleunigungsfreien ($dv_x/dt = dv_y/dt = 0$) Bewegungsgleichungen (8) verwendeten Ansätze für den Mischungsweg bzw. charakteristischen Durchmesser l der mikroturbulenten Wirbel (Turbulenzmaßstab) bedürfen in jedem Fall einer Beziehung, die l mit k verknüpft, sowie ggf. zusätzlicher Beziehungen. Diese Beziehungen müssen so beschaffen sein, daß das vertikale Profil des Turbulenzkoeffizienten k (und damit das vertikale Windprofil) möglichst realistisch modelliert wird. In der Reihenfolge zunehmenden physikalischen „Komforts“ kommen als k-l-Beziehungen (halbempirische) funktionale Abhängigkeiten der Art

I $k = f(l(z); \Phi_1)$
II $k = f(l(z, A, B, \ldots); \Phi_2)$
III $k = f(l(\Phi_4, \Phi_5, \ldots); \Phi_3)$

zur Anwendung. Dabei sind $A, B, \ldots$ *grenzschichtexterne* Parameter (z. B.: v_{g0}, z_0, f), die Größen Φ_i dagegen *grenzschichtinterne* Parameter (z. B.: $|\partial v_h/\partial z|$ — Betrag der vertikalen Windscherung; $b = \frac{1}{2}[\overline{v_x'^2} + \overline{v_y'^2} + \overline{v_z'^2}]$ — kinetische Energie der mikroturbulenten Geschwindigkeitsfluktuationen bzw. Turbulenzenergie; $u_* = \sqrt{|\tau_0|/\varrho}$ — Schubspannungsgeschwindigkeit; $P(z) = -c_p \varrho k_T \partial\theta/\partial z$ — vertikaler Turbulenzwärmestrom mit k_T: Koeffizient für die turbulente Diffusion fühlbarer Wärme; θ: potentielle Temperatur). Für die Bestimmung von l in Ausdrücken der Art I—III wurden bislang empirische bzw. intuitiv begründete Ansätze verwendet. Eine umfassende Übersicht über derartige Ansätze wird in [43] gegeben.

Im allgemeinen werden Mischungsweganѕätze über den PRANDTLschen Ansatz (vgl. WIPPERMANN [43])

$$k = l^2 \left| \frac{\partial \mathbf{v}_h}{\partial z} \right| \tag{26}$$

oder den KOLMOGOROVschen Ansatz (vgl. z. B. ZILITINKEVIČ [47], LAJCHTMAN [15])

$$k = cl\sqrt{b} \tag{27}$$

mit den Bewegungsgleichungen verknüpft. Im letzten Fall ist die Verwendung zusätzlicher Beziehungen erforderlich, insbesondere einer Gleichung für die Bestimmung von b, die im beschleunigungsfreien Fall die Gestalt

$$k\left[\left(\frac{\partial v_x}{\partial z}\right)^2 + \left(\frac{\partial v_y}{\partial z}\right)^2\right] - \alpha_T \frac{g}{\bar{T}} k \frac{\partial \theta}{\partial z} + \alpha_b \frac{\partial}{\partial z}\left(k \frac{\partial b}{\partial z}\right) - \varepsilon = 0 \tag{28}$$

hat. Dabei wird nach KOLMOGOROV die Dissipation der Turbulenzenergie durch

$$\varepsilon = \alpha_\varepsilon \frac{b^2}{k} \tag{29}$$

beschrieben. Weitere Beziehungen sind

$$\alpha_T = \frac{k_T}{k}, \tag{30a}$$

$$\alpha_b = \frac{k_b}{k}. \tag{30b}$$

mit k_b als dem Koeffizient der turbulenten Diffusion von Turbulenzenergie. In numerischen Modellen werden α_T und α_b gewöhnlich — in mehr oder weniger grober Näherung — als Konstanten betrachtet, deren Werte, wie auch die von c, α_ε und $\varkappa$, sich bei den einzelnen Autoren bis etwa um den Faktor 2 unterscheiden können. Der nach PRANDTL gemäß (26) berechnete Turbulenzkoeffizient hängt mit dem Ausdruck nach KOLMOGOROV (27) über die Turbulenzenergiegleichung (28) zusammen, die bei Beachtung von (27) bzw. $\varepsilon = \alpha_\varepsilon k^3/c^4 l^4$ unter den getroffenen Voraussetzungen die Form

$$k \left| \frac{\partial \mathbf{v}_h}{\partial z} \right|^2 - \alpha_T \frac{g}{\bar{T}} k \frac{\partial \theta}{\partial z} + \alpha_b \frac{\partial}{\partial z} k \frac{\partial b}{\partial z} - \alpha_\varepsilon \frac{k^3}{c^4 l^4} = 0$$

annimmt und auf

$$k = c^2 l^2 \alpha_\varepsilon^{-1/2} \sqrt{\left| \frac{\partial \mathbf{v}_h}{\partial z} \right|^2 - \alpha_T \frac{g}{\bar{T}} \frac{\partial \theta}{\partial z} + \frac{1}{k} \alpha_b \frac{\partial}{\partial z} k \frac{\partial b}{\partial z}}$$

$$\equiv c^2 \alpha_\varepsilon^{-1/2} \sqrt{(k_{\text{PRANDTL}})^2 - l^4 \alpha_T \frac{g}{\bar{T}} \frac{\partial \theta}{\partial z} + \frac{l^4}{k} \alpha_b \frac{\partial}{\partial z} k \frac{\partial b}{\partial z}} \tag{31a}$$

führt. Bei betragsmäßiger Vernachlässigung des Diffusionsterms resultiert

$$k = c^2 l^2 \alpha_\varepsilon^{-1/2} \sqrt{\left| \frac{\partial \mathbf{v}_h}{\partial z} \right|^2 - \alpha_T \frac{g}{\bar{T}} \frac{\partial \theta}{\partial z}}$$

$$\equiv c^2 \alpha_\varepsilon^{-1/2} \sqrt{(k_{\text{PRANDTL}})^2 - l^4 \alpha_T \frac{g}{\bar{T}} \frac{\partial \theta}{\partial z}}. \tag{31b}$$

Diesem Ausdruck entspricht für labile Schichtung näherungsweise die in [34] (vgl. auch [35]) verwendete Beziehung

$$k = l^2 \sqrt{\left| \frac{\partial \mathbf{v}_h}{\partial z} \right|^2 - \frac{g}{\bar{T}} \frac{\partial \theta}{\partial z} I_\theta} \quad \text{mit} \quad I_\theta = \begin{cases} 1: \dfrac{\partial \theta}{\partial z} \leqq 0 \\ 0: \dfrac{\partial \theta}{\partial z} > 0. \end{cases}$$

Der in (31b) gegebene Zusammenhang zwischen den beiden k-l-Beziehungen wird noch deutlicher, wenn man entsprechend einem Vorschlag von ŠNAJDMAN [33] die RICHARDSON-Zahl Ri einführt, so daß (31b) wegen

$$k = c^2 \alpha_\varepsilon^{-1/2} l^2 \left| \frac{\partial \mathbf{v}_h}{\partial z} \right| \left[1 - \frac{\alpha_T \dfrac{g}{\bar{T}} \dfrac{\partial \theta}{\partial z}}{\left| \dfrac{\partial \mathbf{v}_h}{\partial z} \right|^2} \right]^{1/2}$$

in

$$k = c^2 \alpha_\varepsilon^{-1/2} l^2 \left| \frac{\partial \mathbf{v}_h}{\partial z} \right| \sqrt{1 - \alpha_T \cdot Ri} \equiv k_{\text{PRANDTL}} \cdot c^2 \cdot \alpha_\varepsilon^{-1/2} \times \sqrt{1 - \alpha_T \cdot Ri} \tag{31c}$$

übergeht.

Obgleich der PRANDTL-k-Ansatz mithin als Spezialfall des allgemeineren, physikalisch anspruchsvolleren KOLMOGOROV-k-Ansatzes erscheint, ist keineswegs garantiert, daß die Verwendung des letzteren zu besseren Modellergebnissen führt. Deren Qualität hängt in hohem Maße vom Mischungsweganѕatz und dessen Fähigkeit ab, das Vertikalprofil von k realistisch zu modellieren. Dies zeigen vor allem die Ergebnisse der Grenzschichtmodellierung auf der Grundlage des l-Ansatzes von WIPPERMANN [41, 43] in Verbindung mit (26). Das dabei zur Anwendung gebrachte PGS-Modell liefert realistischere k-Profile als das seinerzeitig fortgeschrittenste, mit dem verallgemeinerten v. KÁRMÁNschen Mischungsweganѕatz und (27) operierende Grenzschichtmodell [47]. Defekte dieses letztgenannten Modelles werden in [10, 14, 37, 39, 42] diskutiert.

Am Bereich Meteorologie und Geophysik wurde Ende der 70er und Anfang der 80er Jahre vom WIPPERMANNschen l-Ansatz sowie auch von anderen l-Ansätzen Gebrauch gemacht, um die Vertikalprofile von Wind und Turbulenzkoeffizient in einer quasibeschleunigungsfreien baroklinen PGS mit eingelagerter horizontaler oder großräumig schwach geneigter quasistationärer Inversionsschicht (Bodeninversion oder freie Inversion) — entsprechend bekannten analogen synoptischen Situationen — zu modellieren. Hinsichtlich einer Modellbeschreibung sowie von Ergebnissen kann auf MIX [20] verwiesen werden, die zugrunde gelegte Modellkonzeption wurde in [21] begründet, ein Vergleich mit experimentellen Ergebnissen in [22, 23] vorgenommen. (Im Spezialfall höhenkonstanter thermischer Schichtung entspricht die bei uns numerisch realisierte Modellversion im wesentlichen dem PGS-Modell von WIPPERMANN [43].)

An dieser Stelle soll nur kurz auf einige Eigenschaften der bzw. auf einige Erfahrungen mit den bei uns verwendeten l-Ansätzen eingegangen werden, soweit dies insbesondere von praktischem Interesse ist. Zuvor sei noch bemerkt, daß — mit dem Ziel, universelle, d. h. von externen Parametern unabhängige bzw. ROSSBY-ähnliche Vertikalprofile zu erhalten — die beschleunigungsfreien Grenzschichtgleichungen (8) nicht direkt, sondern erst nach Entdimensionierung mit u_* als geeignetem (internen) Parameter numerisch integriert wurden. Man erhält dabei als Lösung Vertikalprofile der mit dem Bodenwert $|\tau_0|$ normierten Komponenten der turbulenten Schubspannung τ und des dimensionslosen Turbulenzkoeffizienten $K = kf/(\varkappa u_*)^2$ (aus denen die gesuchten Profile von v_x, v_y und k abgeleitet werden können), wobei die dimensionslosen Schubspannungskomponenten und K außer von der mit der internen Skalenhöhe der PGS $H = \varkappa u_*/f$ dimensionslos gemachten Höhe $Z = z/H$ nur noch von einem internen Schichtungsparameter

$$\mu = -\frac{\varkappa \frac{g}{\bar{T}} \frac{P}{\varrho c_p}}{f u_*^2} = \left(\frac{\varkappa^2}{f}\right)^2 \frac{g}{\bar{T}} K \frac{\partial \theta}{\partial z}$$

sowie von zwei (bei Orientierung der x-Achse des Koordinatensystems in die Richtung von τ_0) internen Baroklinitätsparametern

$$\lambda_x = \frac{\varkappa^2}{f} \frac{\partial v_{gx}}{\partial z}, \qquad \lambda_y = \frac{\varkappa^2}{f} \frac{\partial v_{gy}}{\partial z}$$

abhängen, also universell sind, sofern (s. [43]) $Z \gg Z_0 = z_0/H$ ist. Nur im verbleibenden Z-Bereich nahe dem unteren Modellrand hängen die Lösungen von $Z_0 = 1/\varkappa C_g Ro$, d. h. einer Kombination der externen Parameter v_{g0}, z_0, f ab ($C_g = u_*/v_{g0}$, $Ro = v_{g0}/|f|\, z_0$). Wir merken an, daß im allgemeinen Fall die internen freien Parameter höhenabhängige Funktionen sind: $\mu = \mu(Z)$, $\lambda_{x,y} = \lambda_{x,y}(Z)$.

Der Mischungsweganssatz von WIPPERMANN hat die Gestalt

$$L = L_\infty - (L_\infty - L_0)\, W_p \equiv L_W \tag{32}$$

mit

$$W = \frac{|\tau|}{|\tau_0|} = W(Z, \mu, \lambda_x, \lambda_y)\,, \qquad L_0 = \varkappa Z_0\,,$$

$$L_\infty = 10^{-\frac{\mu + 44,2}{24,4}}\,,$$

$$p = -\frac{\varkappa}{\left(\frac{\partial W}{\partial Z}\right)_0 (L_\infty - L_0)} \times \left(1 - Z_0 \left[2\left(\frac{\partial W}{\partial Z}\right)_0^2 + \frac{1}{2}\left(\frac{\partial W}{\partial Z}\right)_0\right]\right),$$

wobei

$$\left(\frac{\partial W}{\partial Z}\right)_0 = -\frac{\varkappa v_{g0}}{u_*} \sin \alpha_0$$

iterativ zu bestimmen ist. Neben diesem Ansatz wurden die Mischungsweganssätze von BLACKADAR [7], RUZIN et al. [31] und LETTAU [18] in den von WIPPERMANN [44] hinsichtlich der Berücksichtigung auch thermisch nichtneutraler Schichtung sowie der Elimination externer Parameter verallgemeinerten Formen untersucht. In der bezeichneten dimensionslosen Schreibweise ($L = l/H$) haben diese verallgemeinerten Ansätze die Form

$$\text{BLACKADAR:}\quad L = \frac{\varkappa Z}{1 + \varkappa(Z - Z_0)/L_\infty} \equiv L_B\,, \tag{33}$$

$$\text{RUZIN et al.:}\quad L = L_\infty - (L_\infty - \varkappa Z_0) \times \exp\left[-\varkappa(Z - Z_0)/L_\infty\right] \equiv L_R\,, \tag{34}$$

$$\text{LETTAU:}\quad L = \frac{\varkappa Z}{1 + \varkappa(Z - Z_0)^{5/4}/L_\infty} \equiv L_L\,. \tag{35}$$

In diesen Ansätzen ist die thermische Schichtung (μ) durch den Parameter L_∞ repräsentiert, wobei der in (32) angegebene Zusammenhang verwendet wird. Allerdings ist $L_\infty(\mu(Z))$ nur im Falle von L_B und L_R der stabilitätsabhängige asymptotische Wert des Turbulenzmaßstabes für große Z ($Z \to \infty$). Da in (22) L_W infolge der Baroklinitätsabhängigkeit von W (barotroper Fall: $W|_{Z\to\infty} = W_\infty = 0$; barokliner Fall: $W_\infty > 0$) außer von der Schichtung noch von der Baroklinität abhängt, ist hier im allgemeinen (baroklinen) Fall $L_\infty(\mu) \neq L(W_\infty, L_\infty)$; L_∞ fungiert dann in (32) — wie aus anderen Gründen auch in (35) — als lokaler interner Schichtungsparameter.

Für das Verhalten bei $Z \to \infty$ folgt insgesamt (vgl. dazu [44]):

$$L_W \to L_\infty: \text{barotroper Fall}\,,$$

$$L_W < L_\infty: \text{barokliner Fall}\,;$$

$$L_B, L_R \to L_\infty\,; \qquad L_L \to 0\,.$$

Aus (35) folgt, daß im Gegensatz zu den anderen Ansätzen) $L_L > L_\infty$ sein kann. Dies ist bei $\varkappa[Z - (Z - Z_0)^{5/4}] > L_\infty$ der Fall, also generell bei stabiler, jedoch auch bei schwach labiler Schichtung möglich.

Man bemerkt ferner, daß bei $Z \gg Z_0$ die Abhängigkeiten

$$L = L(Z, \mu) \quad \text{für} \quad L_B, L_R, L_L\,;$$

$$L = L(Z, \mu, \lambda_x, \lambda_y) \quad \text{für} \quad L_W$$

bestehen, wobei L_W als einziger der betrachteten Ausdrücke bei $Z \gg Z_0$ nicht explizit von Z, sondern außer von $\mu(Z)$ nur vom vertikalen Profil der implizit höhenabhängigen turbulenten Schubspannung als einer strömungsinternen Größe abhängt, die ihrerseits nur durch grenzschichtinterne Parameter bestimmt ist. Wegen ihrer expliziten Höhenabhängigkeit haben die anderen Ansätze in weit höherem Maße a priori-Charakter als L_W.

Der von WIPPERMANN vorgelegte l-Ansatz ist ganz offensichtlich der physikalisch anspruchsvollste der hier diskutierten Ansätze. Die durchgeführten Vergleichsrechnungen zeigen allerdings, daß nicht nur mit diesem, sondern — trotz unterschiedlicher Ergebnisse — mit jedem der vier l-Ansätze das k-Profil realistisch modelliert werden kann.

Grundsätzlich bestätigen die durchgeführten Modellrechnungen die Anwendbarkeit der hier betrachteten l-Ansätze auch bei höhenveränderlicher thermischer Schichtung, nicht zuletzt also für eine PGS mit einge-

Tabelle 1

Geostrophischer Spannungskoeffizient C_g, Ablenkungswinkel α_0, maximaler Betrag k_{max} des Turbulenzkoeffizienten, Höhe $z(k_{max})$, maximaler Betrag des Verhältnisses (v_h/v_g) und Höhe $z((v_h/v_g)_{max})$ nach Modellrechnungen mit verschiedenen Mischungswegansätzen für eine barotrope PGS (v_{g0} = 10 m/s, $f = 10^{-4}$ s^{-1}, $Z_0 = 10^{-5} \approx z_0$ = 1 cm)

		$C_g \cdot 10^3$	α_0 °	k_{max} m²/s	$z(k_{max})$ m	$(v_h/v_g)_{max}$	$z((v_h/v_g)_{max})$ m
μ = +20	L_W	22	36	0,4	17	1,09	156
(stark stabile	L_B	20	34	0,3	22	1,08	124
Schichtung)	L_R	21	35	0,4	17	1,09	151
	L_L	25	32	0,8	32	1,09	200
μ = 0	L_W	34	23	5,3	136	1,07	543
(neutrale	L_B	30	23	3,2	127	1,07	429
Schichtung)	L_R	32	21	4,8	126	1,07	515
	L_L	33	20	5,9	141	1,06	531
μ = −20	L_W	38	14	28,1	650	1,04	1210
(stark labile	L_B	36	14	20,2	510	1,04	1020
Schichtung)	L_R	37	13	29,2	586	1,04	1250
	L_L	37	13	25,3	500	1,04	1170

lagerter Inversionsschicht. Von praktischer Bedeutung (horizontale und vertikale Ausbreitung von Luftbeimengungen) ist, daß sowohl ausschließlich baroklinitätsbedingte Minima im Vertikalprofil von k (i. S. von [46]) als auch mit der Existenz von Inversionsschichten verknüpfte Minima im k-Profil modelliert werden können. Der Vergleich der mit diesen Ansätzen erhaltenen Ergebnisse zeigt i. allg. nur geringe Differenzen im Windprofil, während aber, ausgenommen die Ansätze (32) und (34), beträchtliche Unterschiede im k-Profil möglich sind. Dies ist in Tab. 1 ersichtlich, wo wir uns der Einfachheit halber auf den barotropen Fall ($\lambda_x = \lambda_y = \partial v_{gx}/\partial z = \partial v_{gy}/\partial z = 0$) und konstante thermische Schichtung (μ = const) beschränken und, um die wesentlichen Unterschiede stärker deutlich werden zu lassen, die Zahlenwerte stark gerundet angeben.

Die Tatsache, daß die Beträge des Turbulenzkoeffizienten, vor allem k_{max}, in Abhängigkeit vom verwendeten l-Ansatz z. T. erheblich differieren können, erlangt bei der Ausbreitungsmodellierung um so mehr praktische Bedeutung (Auswahl des l-Ansatzes), als Sensitivitätstests (vgl. [9]) zeigen, daß für die mit dem in der DDR inzwischen routinemäßig eingesetzten dreidimensionalen instationären Ausbreitungsmodell berechneten Konzentrationen die vertikale Verteilung des Turbulenzkoeffizienten die wichtigste Einflußgröße ist. In diesem Ausbreitungsmodell wird das eingangs erwähnte numerische Modell für eine quasibeschleunigungsfreie barokline PGS mit eingelagerter Inversionsschicht in vereinfachter Form verwendet. Da beim Routineeinsatz ökonomische Gesichtspunkte höchste Priorität haben und eine möglichst uneingeschränkte Anwendbarkeit der Modellkomponenten Voraussetzung ist, fällt schließlich ins Gewicht, daß bei Verwendung des l-Ansatzes (32) die Lösung des Gleichungssystems für verschiedene Kombinationen von thermischer Schichtung und Baroklinität numerisch aufwendiger (höhere Zahl von Iterationen) und der für die Lösung verwendete Algorithmus empfindlicher (Konvergenzschwierigkeiten) wird. Dies betrifft Kombinationen von labiler Schichtung und Warmluftadvektion. In solchen Fällen ist bei *starker* Warmluftadvektion die Integration des Gleichungssystems bei Verwendung von (32) überhaupt unmöglich. Ein Beispiel dafür (mit den für solche Situationen typischen kleinen Beträgen des Ablenkungswinkels) enthält Tab. 2; wir beschränken uns wiederum auf konstante thermische

Tabelle 2

Dieselben Größen wie in Tab. 1 bei labiler Schichtung (μ = −12) im barotropen Fall und bei starker Warmluftadvektion (v_{g0}, f, Z_0 wie in Tab. 1)

		$C_g \cdot 10^3$	α_0 °	k_{max} m²/s	$z(k_{max})$ m	$(v_h/v_g)_{max}$	$z((v_h/v_g)_{max})$ m
$\lambda_x = 0$	L_W	37	17	15,5	370	1,06	931
$\lambda_y = 0$	L_B	34	17	10,1	305	1,06	764
	L_R	35	16	14,9	325	1,06	891
	L_L	35	16	14,4	318	1,06	896
$\lambda_x = +10$	L_W	keine Konvergenz des Lösungsverfahrens					
$\lambda_y = 0$	L_B	42	4	—	—	1,02	706
	L_R	46	−1	—	—	1,03	412
	L_L	46	1	40,0	1240	1,03	416

Schichtung. Nichtvorhandensein von k_{max} bedeutet monotone Zunahme von k mit der Höhe in der PGS; $\lambda_x = +10$ ist äquivalent $\partial v_{gx}/\partial z = 6{,}25 \cdot 10^{-4}\ s^{-1}$ bzw. $\partial T/\partial y \approx \approx -2$ K/100 km.

4. Vergleiche von Modellrechnungen

Da Vergleiche zwischen berechneten und empirisch bestimmten PGS-Profilen von zwei Autoren der vorliegenden Arbeit an anderer Stelle vorgenommen werden (ALBERT, MIX in diesem Heft), beschränken wir uns hier auf ein Beispiel der Gegenüberstellung von Vertikalprofilen des Windvektors und des Turbulenzkoeffizienten, die für je drei unterschiedliche Stabilitäts- und Baroklinitätsregime mit k-Ansätzen der in den Abschnitten 2 und 3 aufgeführten Typen erhalten wurden.

Verwendung fand zum einen ein durch Kopplung der Ausdrücke (17) und (18) gebildeter $k(z)$-Ansatz, der eine analytische Lösung für die Berechnung der Vertikalprofile ergibt, und zum anderen der Mischungswegansatz (32) nach WIPPERMANN.

In Abb. 2 sind für den Fall neutraler Schichtung ($\mu = 0$) Profilberechnungen (MIX, ALBERT [24]) mittels des $k(z)$-Ansatzes (analytische Lösung, gestrichelte Kurven) bzw. mittels des WIPPERMANNschen Mischungswegansatzes (numerische Rechnung, ausgezogene Kurven) einander gegenübergestellt. Für die Berechnungen wurden $v_{g0} = 10$ m/s, $f = 10^{-4}\ s^{-1}$ und eine dimensionslose Rauhigkeitshöhe $Z_0 = 10^{-5}$ angenommen, was annähernd $z_0 = 1$ cm entspricht. Die als höhenkonstant angenommenen Änderungen der geostrophischen Windkomponenten mit der Höhe entsprechen laut thermischer Windgleichung Komponenten des horizontalen isobaren Temperaturgradienten von etwa 1 K/100 km. Das Baroklinitätsregime im Beispiel a), durch Zunahme der bodenwindparallelen geostrophischen Windkomponente und Rechtsdrehung des geostrophischen Windvektors mit der Höhe (also Warmluftadvektion) gekennzeichnet, bedingt nach beiden Modellrechnungen im genannten PGS-Bereich fortgesetzte Rechtsdrehung des Windes mit der Höhe und im wesentlichen auch Geschwindigkeitszunahme, während im Modellbeispiel b) bei Abnahme der bodenwindparallelen geostrophischen Windkomponente und Linksdrehung des geostrophischen Windvektors mit der Höhe (also Kaltluftadvektion) die Rechtsdrehung des wahren (geotriptischen) Windes nach beiden Modellergebnissen bereits im oberen Teil der PGS in eine Linksdrehung mit der Höhe übergeht und ein Geschwindigkeitsmaximum in noch deutlich geringerer Höhe als der Wechsel in der Drehungsrichtung auftritt.

In beiden Beispielen überschreiten die Differenzen zwischen den Berechnungen mittels der eingangs dieses Abschnittes genannten Modelle in keiner Höhe 1 m/s in bezug auf die Windgeschwindigkeit bzw. 5° hinsichtlich der Windrichtung. Erheblich größere Unterschiede werden in den k-Profilen sichtbar, was zunächst die relativ geringe Empfindlchkeit der Windprofilberechnungen gegenüber unterschiedlichen Werten des Turbulenzkoeffizienten oder, umgekehrt, die sehr große Sensitivität von $k(z)$-Bestimmungen aus berechneten oder gemessenen Windprofilen gegenüber Variationen der Windprofile (einschließlich Meßungenauigkeiten)

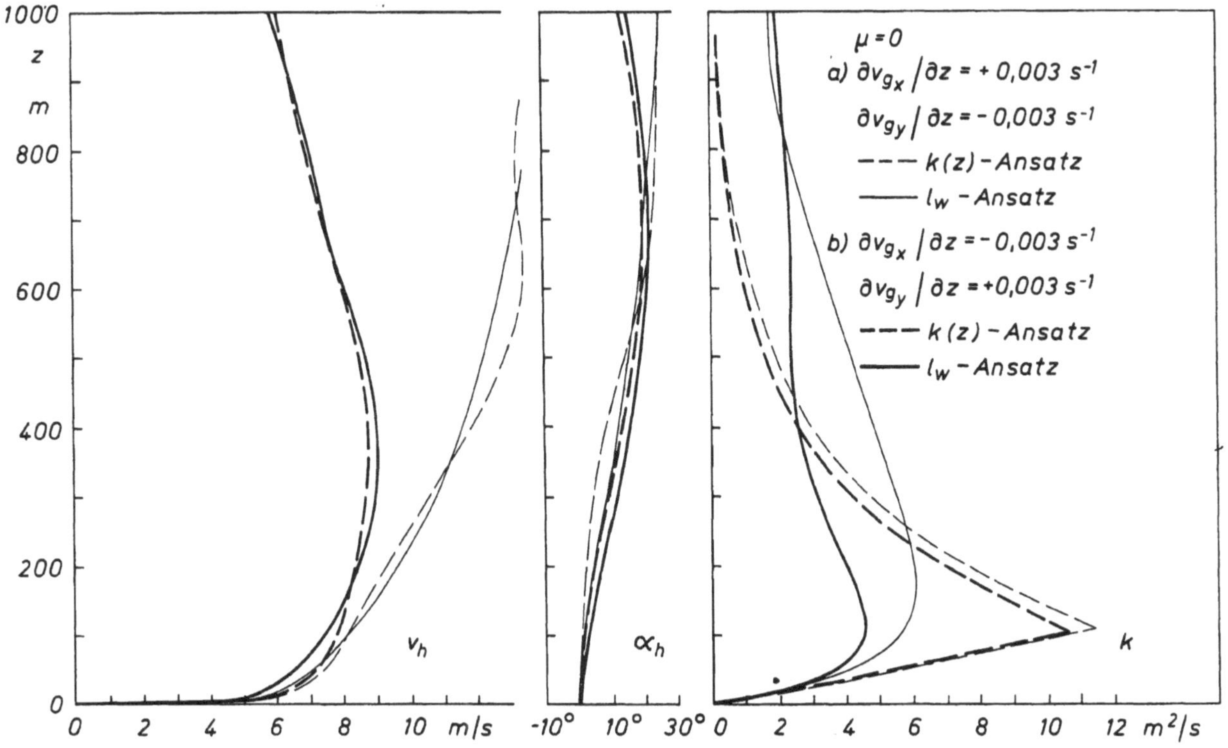

Abb. 2. Vertikale Profile des Betrages der Windgeschwindigkeit (links), des Azimutes der Windrichtung, bezogen auf die Richtung des Bodenwindes (Mitte) und des Turbulenzkoeffizienten (rechts) in einer neutral geschichteten planetaren Grenzschicht nach Modellrechnungen [24] mittels eines $k(z)$-Ansatzes (gestrichelte Kurven) und eines Mischungswegansatzes (ausgezogene Kurven)

Tabelle 3

Geostrophischer Spannungskoeffizient C_g, Ablenkungswinkel α_0, maximaler Betrag k_{max} des Turbulenzkoeffizienten, Höhe $z(k_{max})$ nach Modellrechnungen [24] mit $k(z)$-Ansatz (17), (18) bzw. l_W-Ansatz (32). v_{g0} = 10 m/s, $f = 10^{-4}$ s^{-1}, $Z_0 = 10^{-5}$. Baroklinität im Beispiel a), b) wie in Abb. 2, im Beispiel c) Barotropie ($\partial v_{gx}/\partial z\ \partial v_{gy}/\partial z = 0$)

	$C_g \cdot 10^3$		α_0 °		k_{max} m²/s		$z(k_{max})$ m	
	k-Ansatz	l_W-Ansatz	k-Ansatz	l_W-Ansatz	k-Ansatz	l_W-Ansatz	k-Ansatz	l_W-Ansatz
μ = 0 (neutral)								
a)	3,6	3,6	17	17	11,6	6,2	109	160
b)	3,5	3,2	26	28	10,8	4,6	108	116
c)	3,6	3,4	21	23	11,2	5,3	108	136
μ = +15 (stabil)								
a)	3,0	2,6	20	31	3,8	0,9	69	33
b)	2,9	2,5	30	34	3,5	0,8	66	31
c)	3,0	2,5	25	33	3,7	0,8	68	32
μ = −15 (instabil)								
a)	3,7	3,5	16	8	14,2	21,0	118	2000
b)	3,6	3,6	25	26	13,7	14,7	116	256
c)	3,8	3,8	20	16	17,1	20,2	127	478

unterstreicht. Für den $k(z)$-Ansatz in Form eines Zweischichtenmodelles ist die Art des vertikalen Verlaufs des Turbulenzkoeffizienten vorgegeben und der Einfluß der Baroklinität auf den Betrag des Koeffizienten verhältnismäßig geringfügig. Wird dagegen der Turbulenzkoeffizient über den Mischungsweg mit dem Betrag der vertikalen Windscherung verknüpft, so wirkt sich jede Änderung der Windscherung — darunter auch im Zusammenhang mit der vertikalen Scherung des geostrophischen Windes, d. h. mit der Baroklinität — auf die berechneten Werte des Turbulenzkoeffizienten aus. Kaltluftadvektion, die in einer bestimmten Höhe innerhalb der PGS infolge Kompensation der reibungsbedingten Rechtsdrehung des Windes mit der Höhe zu verschwindender Winddrehung und damit zu kleinen Beträgen der vertikalen Windscherung führt, ist daher mit einer Verminderung des Turbulenzkoeffizienten, u. U. auch mit dem Auftreten eines lokalen Minimums im $k(z)$-Profil verbunden.

Insgesamt größere Unterschiede zwischen den Modellrechnungen auf der Grundlage der Ansätze für Turbulenzkoeffizient und Mischungsweg werden bei stabilen und instabilen Schichtungsverhältnissen beobachtet, wie aus dem Vergleich einiger Boden- und ausgewählter Profilparameter in Tab. 3 hervorgeht.

Literatur

[1] Agee, E. M., et al.: A height-dependent modell of eddy viscosity in the planetary boundary layer. J. Appl. Meteor. 12 (1973), S. 409—412.

[2] Albert, H.-F.: Über ad hoc-Ansätze für den Turbulenzkoeffizienten zur Berechnung des Windprofils in der Planetarischen Grenzschicht. Diss. A, HU Berlin, 1981 125 S.

[3] Albert, H.-F.: Modelle zur Berechnung des Windprofils in einer Planetarischen Grenzschicht unter Verwendung von Ansätzen für den Turbulenzkoeffizienten. Abh. Meteor. Dienst DDR, Nr. 140 (1988), S. 21—26.

[4] Albert, H.-F.; Bernhardt, K.; Vogler, P.: Ein quasigeotriptisches integrales Grenzschichtmodell. Abh. Meteor. Dienst DDR Nr. 128 (1982), S. 7—29.

[5] Bernhardt, K.: Eine Erweiterung des halbempirischen Austauschansatzes. Gerlands Beitr. Geophys. **79** (1970), S. 345 bis 362.

[6] Bernhardt, K.: Zur Frage der Gültigkeit der Reynoldsschen Postulate. Z. Meteor. **30** (1980), S. 361—368.

[7] Blackadar, A. K.: The vertical distribution of wind and turbulent exchange in a neutral atmosphere. J. Geophys. Res. **67** (1962), S. 3095—3102.

[8] Businger, J. A., et al.: Flux-profile relationships in the atmospheric surface layer. J. Atmos. Sci., **28** (1971), S. 181—189.

[9] Damrath, U.: Sensitivitätstests zur Advektions-Diffusionsgleichung mittels eines dreidimensionalen, instationären, numerischen Modells. Z. Meteor. **34** (1984), S. 301—318.

[10] Djolov, G. D.: Syrakov, E.: Formula for the mixing length in the planetary boundary layer. Chidrol. i Meteor. **24** (1975) 6, S. 7—13.

[11] Fechner, P.: Verfahren zur Schließung von Gleichungen für Momente höherer Ordnung, insbesondere in der Theorie der atmosphärischen Diffusion. Dipl.-Arb., Berlin 1982, 106 S., unveröff.

[12] Heinemann, B.: Untersuchungen einer instationären Planetarischen Grenzschicht. Abh. Meteor. Dienst DDR Nr. 139 (1987), 37 S.

[13] Kovetz, A.; Neumann, J.; Suzi, R.: Extension of Ekman's spiral conditions of near-neutral static stability and a constant horizontal temperature gradient. Beitr. Phys. Atm. **36** (1963), S. 201—212.

[14] Kurosaki, A.: A theoretical study on the structure of the Ekman boundary layer (I). Mixing length theory. Papers Meteor. and Geoph. **21** (1970), S. 89—112.

[15] Lajchtman, D. L.: Fizika pograničnogo sloja atmosfery. Leningrad: Gidrometeoizdat 1970. 341 S.

[16] Lajchtman, D. L.; Ključnikova, L. A.; Cejtin, G. C.: K voprosu o rasčete vertikal' nogo profilja vetra v pograničnom sloe atmosfery. Trudy GGO **167** (1965), S. 3—15.

[17] Lettau, H. H.: A re-examination of the "Leipzig Wind Profile" considering some relations between wind and turbulence in a frictional layer. Tellus **2** (1950), S. 125—129.

[18] Lettau, H. H.: Theoretical wind spirals in the boundary layer of a barotropic atmosphere. Beitr. Phys. Atmos. **35** (1962), S. 195—212.

[19] MISRA, P. K.: A variable k planetary boundary-layer model. — Bound. Layer Meteor. **11** (1977), S. 117—120.

[20] MIX, W.: Über die vertikale Verteilung des horizontalen Windvektors und des Turbulenzkoeffizienten in einer planetarischen Grenzschicht mit eingelagerter Inversionsschicht. Abh. Meteor. Dienst DDR Nr. 128 (1982), S. 53—73.

[21] MIX, W.: Über die Möglichkeit der Modellierung des Windfeldes in einer planetarischen Grenzschicht mit eingelagerter Temperaturinversion im (quasi-)stationären Fall. Z. Meteor. **33** (1983a), S. 12—34.

[22] MIX, W.: Vertikale Profile des Windvektors und des Turbulenzkoeffizienten in einer (quasistationären) planetarischen Grenzschicht mit freier Inversion. Z. Meteor. **33** (1983b), S. 293—314.

[23] MIX, W.: Vertikale Profile des Windvektors und des Turbulenzkoeffizienten in einer (quasistationären) Grundschicht bzw. planetarischen Grenzschicht vom (Boden-) Inversionstyp. — Z. Meteor. **34** (1984), S. 231—246.

[24] MIX, W.; ALBERT, H.-F.: Ein Vergleich von theoretisch und empirisch bestimmten vertikalen Verteilungen von Horizontalwind und Turbulenzkoeffizient. In: KAPG-15. Sbornik Sem. „Issledovanie pograničnogo sloja atmosfery", Churánov/ČSSR, 23—27 maja 1983 g. Praga 1984. S. 42—50.

[25] MONIN, A. S.; JAGLOM, A. M.: Statističeskaja gidromechanika. Čast' 1. Moskva: Izd-vo Nauka 1965. 639 S.

[26] MONIN, A. S.; OBUCHOW, A. M.: Fundamentale Gesetzmäßigkeiten der turbulenten Vermischung in der bodennahen Schicht der Atmosphäre. In: Statistische Theorie der Turbulenz. Hersg. H. GOERING, Berlin 1958, S. 199—224. Aus dem Russ. (Trudy Geofiz. Inst. AN SSSR **151** (1954) Nr. 24, S. 163—187).

[27] O'BRIEN, J.: A note on the vertical structure of the eddy exchange coefficient in the planetary boundary layer. J. Atmos. Sci. **27** (1970), S. 1213—1215.

[28] PRANDTL, L.; TOLLMIEN, W.: Die Windverteilung über dem Erdboden, errechnet aus den Gesetzen der Rohrströmung. Z. Geophys. **1** (1924), S. 47—55.

[29] ROSSBY, C. G.: A generalization of the theory of mixing length with applications to atmospheric and ocean turbulence. Met. Pap. Mass. Inst. Techn. **1** (1932), S. 4—30.

[30] ROSSBY, C. G.; MONTGOMERY, R. B.: The layer of frictional influence in wind and ocean currents. Pap. in Phys. Ocean. and Meteor. Publ. Mass. Inst. of Techn. **3** (1935) 3.

[31] RUZIN, M. I.; BOLDYREVA, N. A.; SAVEL'EVA, T. A.: Nekotorye rezul'taty vyčislenija koėfficienta turbulentnogo obmena v pograničnom sloe. Trudy LGMI **15** (1963), S. 66—80.

[32] SKEIB, G.: Zur Definition universeller Funktionen. Z. Meteor. **30** (1980), S. 23—32.

[33] ŠNAJDMAN, V. A.: Persönliche Mitteilung. 1985.

[34] SORBJAN, Z.: O pewnym sposobie domkniecia układu równań ruchu w warstwie granicznej atmosfery. Przeglad Geofizyczny **22** (1977), S. 183—197.

[35] SORBJAN, Z.; ULIASZ, M.: Some numerical urban boundary-layer studies. Boundary-Layer Meteor. **22** (1982), S. 481—502.

[36] ŠVEC, M. E.: Opredelenie koėfficienta turbulentnoj vjazkosti dlja atmosfernych dviženij. DAN SSSR **30** (1941), S. 705—709.

[37] SVOBODA, J.: Calculation methods for turbulent characteristics in the planetary boundary layer. Időjárás **79** (1975), S. 197—206.

[38] SWINBANK, W. C.: The exponential wind profile. Quart. J. Roy. Meteor. Soc. **90** (1964), S. 119—135.

[39] VAGER, B. G.; NADEŽINA, E. D.: Struktura pograničnogo sloja atmosfery v uslovijach gorizontal'noj neodnorodnosti. Izvest. AN SSSR, Fiz. Atm. i Okeana **11** (1975), S. 565—573.

[40] WALMSLEY, J. L.: Numerical experiments with an air-water boundary-layer model. J. Meteor. Soc. Japan, Ser. 2, **51** (1973), S. 388—399.

[41] WIPPERMANN, F.: A mixing-length hypothesis for a planetary boundary layer flow in the atmosphere. Beitr. Phys. Atmos. **44** (1971), S. 215—226.

[42] WIPPERMANN, F.: Universal profiles in the barotropic planetary boundary layer. Beitr. Phys. Atmos. **45** (1972), S. 148—163.

[43] WIPPERMANN, F.: The planetary boundary layer of the atmosphere. Ann. Meteor. (Neue Folge) **7** (1973), 346 S.

[44] WIPPERMANN, F.: Eddy diffusion coefficients in the planetary boundary layer. Adv. Geoph. **18A** (1974), S. 407—418.

[45] WIPPERMANN, F.: On the existence of similarity in the planetary boundary layer. Beitr. Phys. Atmos. **53** (1980), S. 213—232.

[46] WIPPERMANN, F.; YORDANOV, D.: Layers with a reduced eddy viscosity caused by the baroclinicity. Beitr. Phys. Atmos. **45** (1972), S. 267—275.

[47] ZILITINKEVIČ, S. S.: Dinamika pograničnogo sloja atmosfery. Leningrad: Gidrometeoizdat 1970. 291 S.

Abh. Meteorol. Dienstes DDR Nr. 140 (1988)

Modelle zur Berechnung des Windprofils in einer planetarischen Grenzschicht unter Verwendung von Ansätzen für den Turbulenzkoeffizienten

von H.-F. ALBERT

Zusammenfassung

Es werden sowohl ein Ein- als auch ein Zweischichtenansatz für den Turbulenzkoeffizienten zur Schließung der dynamischen Gleichungen der PGS angegeben. Dabei wird besonderer Wert auf die Bestimmung der in den Ansätzen enthaltenen Parameter gelegt, da nur so realistische Schließungsansätze konstruiert werden können. Im Falle einer stationären PGS werden geschlossene analytische Ausdrücke für das Windprofil angegeben. Die mit den diskutierten Modellen erzielten Ergebnisse geben sowohl die Eigenschaften einer stationären als auch die einer instationären PGS zumindest qualitativ richtig wieder.

Summary

A one- and a two-layer model for the eddy viscosity in a horizontal homogeneous Planetary Boundary Layer (PBL) are discussed. Care is taken to the evaluation of certain parameters contained in the models, because only in this way consistent models for closure can be constructed. In the case of a stationary PBL analytical expressions for the wind profile are given. The results obtained with the models under consideration are in accordance with the known properties of a stationary as well as instationary PBL, at least qualitatively.

Резюме

Обсуждаютая однослойная и двухслойная модель коэффициента турбулентности в горизонтально однородном планетарном пограничном слое (ППС). Придаётся большое значение определению содержащих в моделях параметров, потому что только таким образом построение реалистических подходов для заныкания динамических уравнений восможно. В случае стационарного ППС даются замкнутые аналитические выражения для профиля ветра. Полученные с помощью обсужденных моделей результаты по меньшей пере в качественном отношении правильно отражают свойства и стационарного и нестационарного ППС

1. Einleitung

In [2] werden Möglichkeiten der Berechnung des Windprofils in der Planetarischen Grenzschicht (PGS) nach der halbempirischen Theorie erläutert. In Abschnitt 2 werden dort Ansätze für den Turbulenzkoeffizienten (k) zur Schließung der Grenzschichtgleichungen diskutiert, wobei festgestellt wird, daß aus der Vielzahl publizierter Ansätze nur zwei als praktikabel ausgewählt werden können. Es handelt sich dabei um das Einschichtenmodell nach WALMSLEY:

$$K(Z;\, S_1, S_2) = Z \exp\,[-b(S_2)\, Z]/\varphi_B(S_1 Z)\,, \qquad (1)$$

$$Z_0 \leqq Z < \infty\,,$$

$$Z \equiv z/H\,, \qquad H = \varkappa u_*/f\,, \qquad S_1 = H/L\,.$$

$$K \equiv k/(fH^2)$$

Bezüglich der verwendeten Symbolik vergleiche [2]. S_1 und S_2 bezeichnen interne Stabilitätsparameter der Boden- und der Oberschicht. Da wir die Funktion $b(S_2)$ ad hoc vorgeben, braucht S_2 nicht weiter spezifiziert zu werden. In (1) bezeichnet $\varphi_B(\zeta)$ die universelle Funktion nach BUSINGER, die durch

$$\varphi_B(\zeta) = \begin{cases} (1 - 15\zeta)^{-1/4} \\ (1 + 4{,}7\zeta) \end{cases} \Leftrightarrow \zeta \begin{matrix} < 0 \\ \geqq 0 \end{matrix}$$

definiert ist. Desweiteren betrachten wir das Zweischichtenmodell, welches sich aus der Kopplung des Ansatzes von PRANDTL und TOLLMIEN mit dem nach LAJCHTMAN ergibt:

$$K(Z;\, S_1, Ro, \Lambda) = K(1)\, Z^V\,, \qquad (2a)$$

$$0 \leqq Z \leqq 1\,,$$

$$K(Z;\, S_2) = K(1) \exp\,[a(1 - Z)]\,, \qquad (2b)$$

$$1 \leqq Z < \infty\,,$$

$$H = z_M\,, \qquad S_1 = \frac{1}{\theta}\frac{\partial\theta}{\partial Z}\bigg|_{Z10}\,, \qquad Ro \equiv v_{g0}/(f z_0)\,.$$

$$\Lambda \equiv z_0/H\,, \qquad V = 1 - m\,.$$

Dabei bezeichnet z_M die Höhe, in der k sein Maximum annimmt, z_0 die Rauhigkeitshöhe und v_{g0} den Betrag des geostrophischen Windes am Erdboden.

$$m = f(S_1, Ro, \Lambda) \qquad (3)$$

ist der Exponent im Potenzprofil für das Verhältnis der Beträge des Windes in der erweiterten Bodenschicht

$$\frac{v(z_2)}{v(z_1)} = \left(\frac{z_2}{z_1}\right)^m, \qquad z_0 < z_{1,2} < z_M\,. \qquad (4)$$

Der in (3) enthaltene Parameter a ist eine ad hoc vorzugebende Funktion der Stabilität der Oberschicht. Wir definieren $a \in [0, 1]$ mit

$$a(S_2) = \begin{cases} 0 & \text{labile} \\ 1/2 & \text{neutrale} \\ 1 & \text{stabile} \end{cases} \text{Oberschicht}\,.$$

Die Modelle (1) und (2) sind keine ad hoc Ansätze im engeren Sinne, da sie Parameter enthalten, die vor der Rechnung unbekannt und simultan mit dem Windprofil zu bestimmen sind. Natürlich kann man auch andere als die hier verwendeten Ansätze für K konstruieren. Dabei müssen diese jedoch die gleichen Eigenschaften wie (1) und (2) aufweisen. Qualitativ andere Resultate kann man nur erwarten, wenn man zu nichtlinearen oder zu Schließungsansätzen höherer Ordnung übergeht.

Im folgenden behandeln wir nur eine PGS mit in Boden- und Oberschicht höhenkonstantem thermischem Wind. Dabei benutzen wir die folgenden Parameter.

$$Q_1 = v_g(z_M)/v_{g0}, \qquad Q_2 = v_g(h)/v_g(z_M), \tag{5}$$
$$\gamma_1 = \sphericalangle(\mathbf{v}_g(z_M), \mathbf{v}_{g0}), \qquad \gamma_2 = \sphericalangle(\mathbf{v}_g(h), \mathbf{v}_g(z_M)),$$

wobei $h > z_M$ eine noch vorzugebende Höhe bezeichnet. Das Profil des geostrophischen Windes ergibt sich dann zu ($\mathrm{i} \equiv \sqrt{-1}$)

$$(v_x)_g + \mathrm{i}(v_y)_g = v_{g0}[1 + Z(Q_1 \exp(\mathrm{i}\gamma_1) - 1)], \quad Z \leqq 1, \tag{6}$$
$$(v_x)_g + \mathrm{i}(v_y)_g = v_{g0} Q_1 \exp(\mathrm{i}\gamma_1)\,[1 + (Z-1) \times (Q_2 \exp(\mathrm{i}\gamma_2) - 1)/(F-1)], \quad Z \geqq 1, \quad F \equiv h/z_M.$$

2. Realisierung des Zweischichtenmodells für eine stationäre, horizontal homogene PGS

Bevor wir zur Bestimmung der Parameter kommen, die im Modell (2) enthalten sind, geben wir die Lösungen der Gleichungen für eine stationäre, horizontal homogene PGS bei Annahme einer konstanten Dichte, eines geostrophischen Windprofils nach (6) und eines Schließungsansatzes nach (2) an. Seien

$$P \equiv [v_x - (v_x)_g + \mathrm{i}(v_y - (v_y)_g)]/v_{g0} \tag{7a}$$

die dimensionslosen ageostrophischen Windabweichungen und

$$X \equiv (\tau_x + \mathrm{i}\tau_y)/(\varrho f v_{g0} H) \tag{7b}$$

die dimensionslosen turbulenten Spannungen, dann erhalten wir mit

$$P(Z) \xrightarrow[Z\to\infty]{} 0 \quad \text{und} \quad \mathbf{v}(z) \xrightarrow[z\to 0]{} 0$$

für ein Koordinatensystem, dessen x-Achse in die Richtung des geostrophischen Bodenwindes zeigt:

— $0 \leqq Z \leqq 1$:

$$P(Z; V, Q_1, \gamma_1) = q(RZ)^{V5}\{\Gamma(1-V1)\,[EI_{V1}(\zeta) - I_{-V1}(\zeta)] - \mathrm{i}q^2 V(1 - Q_1 \exp(\mathrm{i}\gamma_1))\,M_{V6,V1}(\zeta)/R\}, \tag{8a}$$

$$X(Z; Q_1, \gamma_1) = q\sqrt{RZ}\,\{\sqrt{\mathrm{i}}\,R\Gamma(1-V1)\,[EI_{V2}(\zeta) - I_{-V2}(\zeta)] + q^{V3}(1 - Q_1 \exp(\mathrm{i}\gamma_1))\,M_{V6+1,V2}(\zeta)\}, \tag{8b}$$

mit

$$q = \left(\frac{\sqrt{\mathrm{i}}}{2V4}\right)^{V1}, \qquad \zeta = \frac{\sqrt{\mathrm{i}}}{V4}(RZ)^{V4}, \qquad R = [K(1)]^{V2},$$
$$V1 = \frac{1-V}{2-V}, \qquad V2 = 1/(V-2),$$
$$V3 = V2 \cdot V, \qquad V4 = 1 - V/2,$$
$$V5 = (1-V)/2, \qquad V6 = (1+V)/(2-V),$$
$$V7 = (1-2V)/(4-2V),$$

— $1 \leqq Z < \infty$:

für

$a \neq 0$:

$$P(Z; a, Q_2, \gamma_2) = A\xi K_1(r\xi) + P_I(Z; a, Q_2, \gamma_2), \tag{9a}$$
$$X(Z; a, Q_2, \gamma_2) = -A\sqrt{\mathrm{i}K(1)}\,K_0(r\xi) + X_I(Z; a, Q_2, \gamma_2), \tag{9b}$$

mit

$$r = \frac{2}{a}(\mathrm{i}/K(1))^{1/2}, \qquad \xi = \exp(a(Z-1)/2),$$

und für $a = 0$:

$$P(Z) = A \exp(-\sqrt{\mathrm{i}/K(1)}\,Z), \tag{10a}$$
$$X(Z; \ldots) = -A\sqrt{\mathrm{i}K(1)}\exp(-\sqrt{\mathrm{i}/K(1)}\,Z) + K(1)\,Q_1 \exp(\mathrm{i}\gamma_1)\,(Q_2 \exp(\mathrm{i}\gamma_2) - 1)/(F-1), \tag{10b}$$

mit $F \equiv h/z_M$, h wie in (5).

Dabei sind A und E komplexe Konstanten, die aus den Stetigkeitsforderungen für Wind und turbulente Spannungen in z_M zu berechnen sind. Für $a \neq 0$ finden wir

$$E = \frac{I_{V1}(Y)\,K_0(U) + I_{-V2}(Y)\,K_1(U) + N}{I_{V1}(Y)\,K_0(U) + I_{V2}(Y)\,K_1(U)}, \tag{11a}$$

$$N = (Q_1 \exp(\mathrm{i}\gamma_1) - 1)\,[(2-V)^{-1} K_1(U)\,M_{V6+1,V2}(Y) - \mathrm{i}Vq^2 K_0(U)\,M_{V6,V1}(Y)]/(\Gamma(1-V1)\,R), \tag{11b}$$

$$A = q(K(1))^{-V1/2}\,\Gamma(1-V1)\,[EI_{V1}(Y) - I_{-V1}(Y)]/K_1(U) - \mathrm{i}q^2 V(1 - Q_1 \exp(\mathrm{i}\gamma_1))\,(Y/2)^{V1}\,M_{V6,V1}(Y)/K_1(U) \tag{11c}$$

mit

$$Y = \sqrt{\mathrm{i}/K(1)}/V4 \quad \text{und} \quad U = 2\sqrt{\mathrm{i}/K(1)}/a.$$

Für $a = 0$ finden wir

$$E = \frac{I_{-V1}(Y) + I_{-V2}(Y) + N}{I_{V1}(Y) + I_{V2}(Y)}, \tag{12a}$$

$$N = \mathrm{i}(1 - Q_1 \exp(\mathrm{i}\gamma_1))\,[Vq^2 M_{V6,V1}(Y) + \sqrt{\mathrm{i}}\,q^{V3} M_{V6+1,V2}(Y) + \sqrt{\mathrm{i}}\,q^{-1} K(1)^{V7}\,Q_1 \exp(\mathrm{i}\gamma_1)\,(1 - Q_2 \exp(\mathrm{i}\gamma_2))/(F-1)]/(\Gamma(1-V1)\,R), \tag{12b}$$

$$A = qK(1)^{-V1/2} \exp(V4Y) \{\Gamma(1 - V1) [E I_{V1}(Y) - I_{-V1}(Y)] - iq^2 V(1 - Q_1 \exp(i\gamma_1)) M_{V6, V1}(Y)/R\} . \quad (12c)$$

Dabei bezeichnen $\Gamma(...)$ die Gamma-Funktion, $I_n(...)$ modifizierte BESSEL-Funktionen n-ter Ordnung, $K_0(...)$ und $K_1(...)$ MACDONALD-Funktionen nullter und erster Ordnung und $M_{p,q}(...)$ modifizierte LOMMEL-Funktionen. Die hier benutzten LOMMEL-Funktionen hängen mit den in [9], S. 345 definierten wie folgt zusammen:

$$s_{p,q}(x) = 2^{p-1} \exp(\pm ip\pi/2) \cdot M_{p+1,q}(\exp(\mp ip\pi/2)\,x) .$$

In (9) bezeichnen P_I und X_I spezielle Lösungen der entdimensionierten inhomogenen Grenzschichtgleichungen im Intervall $(1, \infty)$ mit Nullrandbedingungen. Für diese können nur numerische Näherungsausdrücke konstruiert werden.

Nach dem Grenzübergang

$$X(Z) \xrightarrow[Z \to 0]{} (1 - V)\, gR\, |E| \exp\left(i\left(\varepsilon + \frac{\pi}{2} V1\right)\right),$$

mit

$$g \equiv \Gamma(1 - V1)/(\Gamma(1 + V1)(2 - V)^{2V1}) ,$$

$E = |E|\, e^{i\varepsilon}$ erhalten wir für die sogenannten Widerstandsgesetze

$$CG \equiv u_*/v_{g0} = [(1 - V)\, g\, |E|\, K(1)^{V2}/(\Lambda Ro)]^{1/2} \quad (13a)$$

und

$$\alpha_0 \equiv \lim_{z \to 0} \sphericalangle (\mathbf{v}_g, \mathbf{v}) = \frac{\pi}{2} V1 + \varepsilon . \quad (13b)$$

Das Formelsystem (8), (9), (11) für $a \neq 0$ bzw. (8), (10), (12) für $a = 0$ beschreibt das Verhalten des Windvektors und der turbulenten Spannungen in einer stationären, horizontal homogenen PGS bei schichtweise höhenkonstantem thermischem Wind, vorausgesetzt die dort enthaltenen Funktionen (3),

$$K(1) = F(V, a, Q_1, Q_2, \gamma_1, \gamma_2) \quad (14)$$

und

$$z_M = \varphi(V, a, K(1), Ro, z_0) \quad (15)$$

sind bekannt.

Zur Bestimmung der Funktionen (14) und (15) führen wir in Anlehnung an das Vorgehen in [7] zunächst einen neuen Parameter b über

$$u_* = \sqrt{b}\, v(z_0) \quad (16)$$

ein. Nun können wir $v(z_0)$ berechnen, wenn wir für das Potenzprofil (4) gemäß [7]

$$v(z) = cz^m , \qquad c = \lim_{z \to 0} z^{-m} v(z) , \qquad z < z_M$$

schreiben. Aus (8a) erhalten wir

$$c = (g\,|E|\, v_{g0})^{(2-V)V8} [(1 - V) f z_0^{2(V-1)}/b]^{(1-V)V8} ,$$

mit $V8 = 1/(3 - 2V)$. Kombination von (13a) und (16) mit diesen Beziehungen liefert

$$CG = \sqrt{b} \left[g\,|E| \left(\frac{1-V}{b} \right)^{V1} \right]^{(2-V)V8} Ro^{(V-1)V8} , \quad (17)$$

$$z_M = z_0 K(1)^{V2} (g\,|E|\, bRo/(1 - V))^{V8} , \quad (18)$$

$$k_M = f z_0^2 K(1)^{V3} (g\,|E|\, bRo/(1 - V))^{2V8} . \quad (19)$$

Das Widerstandsgesetz (17) ist von der Form $CG = aRo^c$, wobei a und c nur von Stabilitäts- und eventuell von Baroklinitätsparametern abhängen. Solche Ausdrücke wurden in [4] und [8] als sehr gute Näherungen für die allgemein benutzte Form für das Widerstandsgesetz angegeben.

Wie oben ausgeführt hängen alle Größen der turbulenten Grenzschicht von der Stabilität der Oberschicht nur über den Parameter a in (2b), ab. Ist b in (16) keine Funktion von a, was realistisch erscheint, dann entnimmt man (11a) und (17), daß der geostrophische Spannungskoeffizient CG nur über E von der Stabilität der Oberschicht abhängt. Da eine solche Abhängigkeit in der Natur nur schwach ausgeprägt ist, können wir sie ganz vernachlässigen. Andererseits ergibt sich für eine barotrope PGS, in der man nur den Schließungsansatz (2a) als Einschichtenmodell verwendet, $|E| \equiv 1$ (vergl. [1], S. 43, [7]). Nach [1], S. 65 bestimmen wir danach die noch nicht festgelegte Größe $K(1)$ so, daß

$$E_N(V, a, K(1)) - 1 = 0 \quad (20)$$

gilt, wobei $E_N \equiv |E(N = 0)|$ mit E und N nach (11a), (11b) bzw. nach (12a), (12b) gilt. Die Bedingung (20) ist gleichbedeutend mit der Forderung

$$\frac{d}{da} \tau_0 = \frac{d}{dS_2} \tau_0 = 0 . \quad (21)$$

Man beachte, daß für eine barokline Grenzschicht i. allg. $|E| \neq 1$ gilt, da N nur für eine barotrope Grenzschicht identisch verschwindet. Daher hängt das dimensionslose K-Modell (2) nicht, das entsprechende dimensionsbehaftete k-Modell jedoch auch von den Baroklinitätsparametern (5) ab. Wie numerische Realisierungen dieses Modells jedoch zeigen, ist diese Abhängigkeit nur schwach ausgeprägt.

Die noch unbekannten Funktionen für m und b kann man dadurch ermitteln, daß man das Potenzprofil (4) unter Verwendung von (16) in der Höhe h_0 mit einem Profil nach MONIN, OBUCHOV identifiziert. Dabei muß

$$z_0 \ll h_0 < z_B < z_M$$

gelten, was durch den Ansatz

$$z_M/z_0 = ch_0/z_0 \quad (22)$$

bei entsprechender Definition der Konstante c gewährleistet wird. Nimmt man noch ein Temperaturprofil nach MONIN, OBUCHOV für die Bodenschicht an, dann gelingt es, die Funktion (3) sowie

$$b = b(S_1, Ro, \Lambda)$$

näherungsweise zu bestimmen. Für neutrale Schichtung erhält man dabei noch übersichtliche Beziehungen mit

$$\sqrt{b} = \varkappa \left(\frac{h_0}{z_0}\right)^m \bigg/ \ln\left(\frac{h_0}{z_0} + 1\right), \qquad (23)$$

und

$$m = \frac{h_0}{z_0} \bigg/ \left[\left(\frac{h_0}{z_0} + 1\right) \ln\left(\frac{h_0}{z_0} + 1\right)\right]. \qquad (24)$$

Für $h_0/z_0 \gg 1$ erhalten wir daraus

$$b \cong \varkappa m (h_0/z_0)^m .$$

Unter Verwendung von (22) und (18) können dann b und m aus (23) und (24) iterativ bestimmt werden. Für nicht neutrale Schichtung teilen wir die entsprechenden Beziehungen hier nicht mit, da sie uns zu umständlich erscheinen.

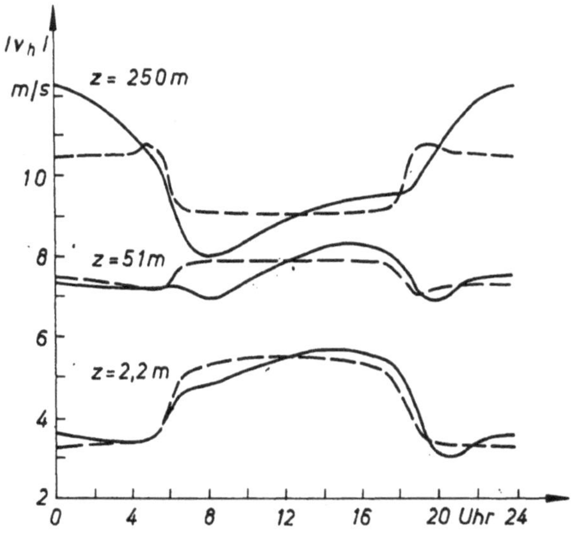

Abb. 1. Tagesgang von v_h nach dem Modell (1) für $z_0 = 0{,}01$ m, $v_g = 10$ m/s, $f = 10^{-4}$ s^{-1}, $\frac{\partial}{\partial z} v_g = 0$

——— instationäre PGS, - - - - Abfolge stationärer Profile

3. Überblick über einige Ergebnisse des Zweischichtenmodells für eine stationäre PGS

Wir betrachten hier nur einige Ergebnisse bezüglich der Modellparameter m, z_M, k_M, α_0, CG als Funktion der äußeren Grenzschichtparameter z_0, Ro, S_1 und S_2. Im einzelnen geben darüber die Tabellen 1 bis 3 Auskunft. Die Diskussion detaillierterer Ergebnisse betreffs des Windprofils als auch deren Vergleich mit Beobachtungen erfolgt in [3].

Tabelle 1 zeigt die in [2], Abb. 1, geforderte realistische Abhängigkeit von z_M und k_M bezüglich der Rauhigkeitshöhe z_0 und der Stabilität der Bodenschicht S_1. Des weiteren kommt dort der bekannte Effekt einer vor allem im stabilen Fall nur unbedeutenden Abhängigkeit des Ablenkungswinkels α_0 von der Rauhigkeitshöhe zum Ausdruck. Die anderen in Tabelle 1 enthaltenen Grenzschichtparameter hängen zwar deutlicher, letztlich aber auch nur schwach von der Rauhigkeitshöhe ab, wenn man

Tabelle 1

Einige Parameter nach dem Zweischichtenmodell (2) für eine barotrope PGS in Abhängigkeit von z_0 und S_1 für $v_g/f = 10^5$ m und $a = 0{,}5$ (neutrale Oberschicht)

$10^4 m S_1/z_M$	z_0/m	m	$10^3 b$	α_0 (°)	$100CG$	z_M (m)	$k_M\left(\frac{m^2}{s}\right)$
0,0	0,01	0,1429	3,27	20,97	3,49	102,72	10,41
n	0,02	0,1509	3,65	21,61	3,71	114,39	12,52
e	0,05	0,1598	4,10	22,30	4,08	135,40	16,97
u	0,10	0,1671	4,49	22,85	4,39	155,14	21,71
t	0,20	0,1749	4,93	23,41	4,75	179,20	28,19
r	0,50	0,1862	5,60	24,20	5,31	219,76	40,84
a	1,00	0,1954	6,19	24,82	5,81	259,27	55,17
l							
2,0	0,01	0,2334	8,95	27,15	2,70	53,70	2,11
s	0,02	0,2337	8,94	27,17	3,01	66,80	3,27
t	0,05	0,2346	8,93	27,22	3,47	88,88	5,77
a	0,10	0,2359	8,90	27,29	3,87	109,87	8,79
b	0,20	0,2400	8,79	27,50	4,20	128,21	11,52
i	0,50	0,2458	8,67	27,85	4,90	147,65	21,61
l	1,00	0,2577	8,44	27,49	5,37	208,12	29,75
−3,50	0,01	0,1027	2,23	17,31	3,75	133,67	20,99
l	0,02	0,1015	2,42	17,18	4,01	154,31	28,14
a	0,05	0,0971	2,71	16,73	4,42	190,76	43,94
b	0,10	0,0913	2,96	16,11	4,77	228,04	64,67
i	0,20	0,0834	3,24	15,22	5,15	276,72	99,38
l	0,50	0,0721	3,53	14,28	5,72	330,15	152,20
	1,00	keine Lösung möglich					

Tabelle 2
Zur Abhängigkeit einiger Parameter von der Stabilität der Oberschicht (a) nach dem Zweischichtenmodell (2) für eine barotrope PGS für $v_g/f = 10^5$ m, $z_0 = 0{,}10$ m, $S_1 = -5 \cdot 10^{-5} z_M/m$, $CG = 0{,}0451$, H_G: Höhe in der wahrer Wind erstmals die Richtung des geostrophischen erreicht

a	α_0 (°)	z_M (m)	H_G (m)	$k_M \left(\frac{m^2}{s}\right)$
0,75	22,66	171,91	914,56	29,06
0,50	20,97	171,42	1054,25	29,00
0,25	18,74	176,59	1345,60	29,74
0,00	15,76	204,56	2126,54	33,74

beachtet, daß diese in Tabelle 1 um zwei Größenordnungen variiert. Im übrigen zeigen Tabelle 1 und 2 zumindest qualitativ ein von Beobachtungen her bekanntes Bild. Nach Tabelle 2 ist die Abhängigkeit der Höhe H_G, in der der wahre Wind erstmals die Richtung des geostrophischen erreicht, von der Stabilität der Oberschicht — wie erwartet — stark ausgeprägt, daß gleiches auch für den Ablenkungswinkel α_0 gilt, ist überraschend. Tabelle 3 zeigt, daß die Baroklinität der PGS von den Grenzschichtparametern in erster Linie den Ablenkungswinkel α_0 beeinflußt. Allerdings sind die in Tabelle 3 benutzten Scherungswerte für den geostrophischen Wind nicht sehr groß. Man könnte die in den Tabellen enthaltenen Werte empirisch ermittelten Daten und in der Literatur mitgeteilten Nomogrammen gegenüberstellen. Da wir einen sehr detaillierten Vergleich des hier vorgestellten Zweischichtenmodells mit empirischem Material durchgeführt haben und diesen in [3] darstellen, gehen wir hier darauf nicht weiter ein.

Tabelle 3
Zur Abhängigkeit einiger Parameter von der Baroklinität der PGS bei verschiedenen Werten der Stabilität der Bodenschicht und für neutrale Oberschicht ($a = 0{,}5$) für

$$v_{g0}/f = 10^5\,\text{m}\,, \quad z_0 = 0{,}01\,\text{m}\,, \quad \frac{\partial^2}{\partial z^2}\mathbf{v}_g \equiv 0\,.$$

$$b_x \equiv \frac{\partial}{\partial z}(v_g)_x\,, \quad b_y = \frac{\partial}{\partial z}(v_g)_y$$

I. $b_x = b_y = 0$ (Barotropie)
II. $b_x = +0{,}003\ \text{s}^{-1}$, $b_y = -0{,}003\ \text{s}^{-1}$ (Rechtsdrehen von $\mathbf{v}_g$)
III. $b_x = -0{,}003\ \text{s}^{-1}$, $b_y = 0{,}003\ \text{s}^{-1}$ (Linksdrehen von $\mathbf{v}_g$)

	$10^4 m S_1/z_M$	α_0 (°)	$100CG$	z_M (m)	H_G (m)	$k_M \left(\frac{m^2}{s}\right)$
I	0,0	21,27	3,58	107,51	661,20	11,24
II	0,0	16,62	3,63	109,14	682,13	11,57
III	0,0	25,70	3,51	105,11	557,10	10,76
I	4,0	25,56	2,94	65,46	?	3,40
II	4,0	20,76	3,02	67,08	228,37	3,56
III	4,0	30,22	2,87	64,00	339,20	3,25
I	−3,0	17,85	3,93	144,02	908,76	23,75
II	−3,0	12,62	4,00	145,21	1277,85	24,11
III	−3,0	22,55	3,74	136,93	794,20	21,45

4. Realisierung des Einschichtenmodells für eine instationäre, horizontal homogene PGS

Die im Jahre 1984 an der HUB, Bereich Meteorologie und Geophysik vorgenommene Realisierung des Einschichtmodells (1) für eine instationäre PGS wurde ausführlich in [5] beschrieben und die dabei erzielten Ergebnisse in übersichtlicher Form dargestellt. Wir können uns daher hier auf einige zusammenfassende Bemerkungen beschränken.

Bei Verwendung des Schließungsansatzes (1) können für die instationären PGS-Gleichungen keine geschlossenen Ausdrücke für deren Lösung konstruiert werden. Man muß daher numerische Näherungsverfahren zur Lösung der Grenzschichtgleichungen anwenden. Um sich einen Anhaltspunkt für die Güte verschiedener numerischer Verfahren zu verschaffen, wird in [5] zunächst der physikalisch unbefriedigende Ansatz

$$k(z, t) = (1 + a \cos[\omega(t - t_0)]) \times \begin{cases}(k_1 z + K_0) \Leftrightarrow 0 \leqq z \leqq z_M \\ (k_1 z_M + K_0) \Leftrightarrow z_M \leqq z < \infty\end{cases}$$

betrachtet, für den geschlossene analytische Ausdrücke für die allgemeine Lösung der PGS-Gleichungen angegeben werden können. Der Vergleich von exakter und Näherungslösung ergibt dann gewisse Anhaltspunkte für die Auswahl und die Güte eines numerischen Näherungsverfahrens.

Die zeitlich variablen Antriebe einer instationären PGS sind ein zeitlich variabler Druckgradient sowie eine zeitlich veränderliche thermische Schichtung der PGS. Da wir zunächst an Prinzipstudien des Tagesganges des Windvektors interessiert waren, wurde letztere tagesperiodisch vorgegeben. Da dabei der Einfachheithalber S_2 in (1) festgehalten, und nur S_1 in vorgeschriebener Weise zeitlich variiert wurde, hat man in (1) nur noch einen unbekannten Parameter: $u_*(t)$.

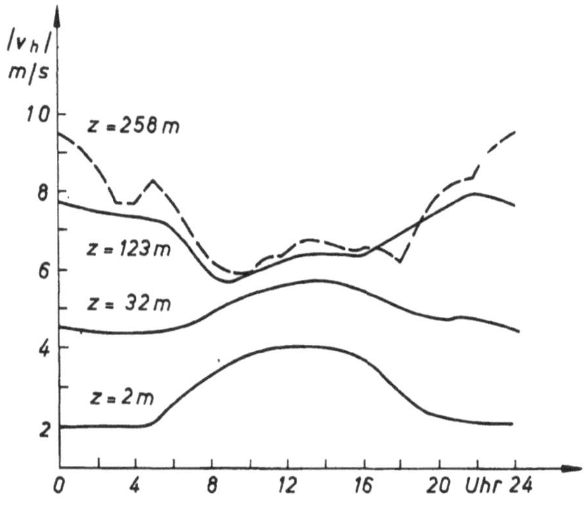

Abb. 2. Aus Messungen bestimmter Tagesgang der Windgeschwindigkeit in verschiedenen Höhen für die „wahre Jahreshälfte" nach [6], S. 276

Dieser wird mit Hilfe der Beziehungen

$$\tau_0 = \left(K \frac{\partial v}{\partial z}\right)\bigg|_{z=0} \quad \text{und} \quad u_* = (\tau_0/\varrho)^{1/2}$$

bei jedem Zeitschritt iterativ aus einer Anfangsnäherung berechnet. In [5] wurde auch das Zweischichtenmodell (2) in einer etwas vereinfachten Form zur Schließung der instationären PGS-Gleichungen verwendet. Der dabei erforderliche Aufwand zur Bestimmung der Modellparameter ist jedoch sehr viel höher als der für das Modell (1), so daß sich die ausschließliche Verwendung des letzteren empfiehlt.

Wie Abb. 1 zeigt, sind die nach dem instationären Modell berechneten Tagesgänge der Windgeschwindigkeit von einer Abfolge stationärer Zustände vor allem in Zeiten einer deutlichen Änderung der Stabilität (Morgen- und Abendstunden) verschieden. Darüber hinaus zeigt ein Vergleich der Abb. 1 und 2, daß mit dem Modell (1) wenigstens mittlere Tagesgänge des Windes realistisch berechnet werden können.

5. Schlußbemerkungen

Zusammenfassend kann festgestellt werden, daß bei Verwendung von Modellen für den Turbulenzkoeffizienten zur Schließung der PGS-Gleichungen durchaus realistische Resultate erzielt werden können, vorausgesetzt, die für das K-Modell benötigten Parameter werden richtig bestimmt. Wegen des geringen numerischen Aufwandes können daher realistische K-Modelle überall dort eingesetzt werden, wo man nicht an einem detaillierten Studium von Effekten interessiert ist, die auf eine komplizierte Höhenabhängigkeit der Stabilität, der Scherung des geostrophischen Windes und auf horizontale Inhomogenitäten zurückzuführen sind. Eine Verwendung von realistischen K-Modellen in Modellen zur allgemeinen Zirkulation, zur numerischen Wetterprognose und zur Ausbreitung von Luftverunreinigungen erscheint daher sinnvoll.

Literatur

[1] Albert, H.-F.: Über ad hoc-Ansätze für den Turbulenzkoeffizienten zur Berechnung des Windprofils in der Planetarischen Grenzschicht. Diss. A, HU Berlin, 1981 (unveröff.).

[2] Albert, H. F.; Bernhardt, K.; Mix, W.: Ergebnisse und Erfahrungen bei der halbemprischen Modellierung der Vertikalprofile von Wind und Turbulenzkoeffizient in der Planetarischen Grenzschicht. Abh. MD der DDR Nr. 140 (1988), S. 7—19.

[3] Albert, H.-F.; Mix, W.: Vergleiche berechneter und empirisch ermittelter Vertikalprofile in der Planetarischen Grenzschicht. Abh. MD der DDR Nr. 140 (1988), S. 27—32.

[4] Bernhardt, K.; Kiêu thi Xin: Zur Approximation des Widerstandsgesetzes. Z. Meteor. **29** (1979), S. 73—79.

[5] Heinemann, B.: Numerische Untersuchungen einer instationären Planetarischen Grenzschicht. Abh. MD der DDR, Nr. 139 (1987).

[6] Hellmann, G.: Über die Bewegung der Luft in den untersten Schichten der Atmosphäre. Meteor. Zeitschr. **37** (1917), S. 273—285.

[7] Prandtl, L.; Tollmien, W.: Die Windverteilung über dem Erdboden, errechnet aus den Gesetzen der Rohrströmung. Z. Geophys. **1** (1924), S. 47—55.

[8] Swinbank, W. C.: The Geostrophic Drag Coefficient. Bound. Layer Meteor. **7** (1974), S. 125—127.

[9] Watson, G. N.: A Treatise on the Theory of Bessel Functions. Cambridge 1966, 804 pp.

Abh. Meteorol. Dienstes DDR Nr. 140 (1988)

Vergleiche berechneter und empirisch ermittelter Vertikalprofile in der planetarischen Grenzschicht

von H.-F. ALBERT und W. MIX

Zusammenfassung

Es wird ein Überblick über die Ergebnisse der Verifikation von in [2] beschriebenen und von uns numerisch realisierten stationären als auch instationären Grenzschichtmodellen anhand aus Feldexperimenten gewonnener empirischer Daten gegeben. Zur Verifikation stationärer Modelle werden die Meppener Windprofile, für die instationären Modelle die GREIV-I-Meßdaten benutzt. Sowohl im stationären als auch im instationären Fall ergibt sich bezüglich des empirischen Materials kein qualitativer Unterschied zwischen Modellen, die mit einem *k*-Ansatz und solchen, die mit einem *l*-Ansatz geschlossen wurden. Die Abweichungen zwischen empirischem und theoretischem Windprofil liegen dabei im Mittel im Bereich der Meßgenauigkeit. Während dieser Vergleich im stationären Fall als repräsentativ angesehen werden kann, erscheint er im instationären Fall als nicht detailliert genug, um allgemeingültigere Aussagen ableiten zu können. Ein Vergleich theoretischer und aus Meßdaten berechneter Profile für den Turbulenzkoeffizienten *k* erscheint wegen der Unsicherheit letzterer wenig sinnvoll.

Summary

A review is given about the results of a verification of stationary as well as instationary boundary layer models [2] by use of empirical data obtained from special field experiments. For the verification of stationary models the Meppen windprofiles [9] are used, while for the verification of instationary models the GREIV-I measurements [3] are used. With respect to the observations in stationary as well as in instationary cases there does not exist any remarcable difference between models basing on a closure with an approach for the eddy viscosity *k*, and for the mixing length *l*, respectively. The difference between empirical and theoretical windprofiles are not greater than measuring errors. In the stationary case the results of the verification may be regarded as representative for the models used by us. In the instationary case measuring data and hence our comparison seem to be not detailed enough for making general statements. On the other hand, a comparison between theoretical profiles of the eddy viscosity *k* and such calculated from empirical data seems to be of minor importance because of the uncertanity of the latters.

Резюме

Представлен обзор результатов проверки стационарных и нестационарных моделей планетарного пограничного слоя атмосферы, описанных в работе [2] и реализованных на ЭВМ. Проверка выполнена на основании экспериментальных данных: для проверки стационарных модлей использованы полученные на основе эксперимента Меппен [9] данные вертикального профиля ветра, а для проверки нестационарных моделей — данные измерений по эксперимента GREIV-I [3]. В моделях, полученных путём замыкания уравнений выражением для коэффициента турбулентности *k* с одной сторной и выражением для масштаба турбулентности *l* с другой, нет качественной разницы как в стационарных, так и в нестадионарных случаях. Разность между теоретическими (модельными) и измерёнными (экспериментальными) профилями ветра в среднием не выходит из диапазона точности измерений. Это сравнение профилей можно считать репрезентативным только при стационарных условиях. При нестационарных условиях оно является недостаточно полным для получения обобщенных заключений. Сравнение теоретических и эмпирических профилей *k* менее важно чем сравнение соответствующих профилей ветра вследствие всегда неточного определения профилей коэффициента турбулентности по экспериментальным данным ветра.

1. Einleitung

Entsprechend den Anforderungen der meteorologischen Praxis wurden am Bereich Meteorologie und Geophysik seit Ende der 70er Jahre mehrere eindimensionale differentielle Grenzschichtmodelle vorgelegt, numerisch realisiert und Vergleichen mit experimentellem Datenmaterial unterzogen. Eine erste Unterteilung dieser Modelle ist hinsichtlich der verwendeten Modellgleichungen und damit grundlegender Strömungseigenschaften möglich. Die im folgenden als *stationäre Modelle* bezeichneten eindimensionalen Modelle der planetarischen Grenzschicht (PGS) gehen von den Bewegungsgleichungen für den beschleunigungsfreien Fall und einer dem 1. Hauptsatz der Thermodynamik entsprechenden thermodynamischen Gleichung für den stationären Fall aus und gestatten bei Nichtberücksichtigung des Vertikalbewegungsfeldes die näherungsweise mathematische Beschreibung einer quasibeschleunigungsfreien barotropen oder baroklinen, hinsichtlich des Temperaturfeldes quasistationären PGS mit quasihorizontaler Strömung. Solche Modelle sind also für die Beschreibung vor allem des geotriptischen Windfeldes (im Sinne von [8]) geeignet. Sogenannte eindimensionale *instationäre Modelle*, auf den genannten Gleichungen für den instationären Fall basierend, ermöglichen analog die näherungsweise mathematische Beschreibung von Instationaritätseffekten in einer — barotropen oder baroklinen — PGS ohne advektive Beschleunigungen.

Diese stationären und instationären PGS-Modelle unterscheiden sich jeweils grundsätzlich durch die bei der *Schließung* der Modellgleichungen zur Anwendung gebrachten Verfahren, über die in [2] eine Übersicht gegeben wird. Die vorliegende Arbeit hat eine zusammenfassende Darstellung der Hauptergebnisse bei der *Verifikation* unserer Modelle zum Gegenstand.

2. Verifikation der stationären Modelle

Bei den mit experimentellem Material verglichenen stationären PGS-Modellen handelt es sich um ein Modell auf der Grundlage eines (Schließungs-)Ansatzes für den skalaren Turbulenzkoeffizienten k (im folgenden: k-Modell) sowie um ein Modell auf der Grundlage eines (Schließungs-)Ansatzes für den Mischungsweg oder Turbulenzmaßstab l in Verbindung mit der PRANDTLschen k-l-Beziehung (im folgenden: l-Modell). Bei dem im erstgenannten Modell benutzten Ansatz ist k als analytischer Ausdruck in zwei Schichten gegeben, in denen die thermische Schichtung gesondert vorzugeben ist, wobei die Oberschicht der PGS stets als neutral geschichtet angenommen wird [1]. Das l-Modell wurde als Verallgemeinerung des Modells von WIPPERMANN [18] für den Fall vertikal inhomogener thermischer Schichtung zur Beschreibung vertikaler Profile in einer quasibeschleunigungsfreien PGS mit eingelagerter quasistationärer, großräumig horizontaler oder schwach geneigter Inversionsschicht realisiert [11]; bei Anwendung auf den Fall höhenkonstanter thermischer Schichtung entspricht dieses Modell im wesentlichen dem bekannten Modell [18].

Beide Modelle, das k-Modell und das l-Modell, liefern Vertikalprofile des ageostrophischen Windvektors $\mathbf{v}_{ag} = (v_{agx}, v_{agy})$ und des Turbulenzkoeffizienten k in Abhängigkeit von thermischer Schichtung und Baroklinität sowie in einem Koordinatensystem, dessen x-Achse in Richtung des Vektors der Bodenschubspannung orientiert ist. Der horizontale Windvektor $\mathbf{v}_h = (v_x, v_y)$ ergibt sich als Summe aus geostrophischer und ageostrophischer Windkomponente: $\mathbf{v}_h = \mathbf{v}_g + \mathbf{v}_{ag}$. Im l-Modell wurden außer dem WIPPERMANNschen Mischungswegansatz l_w auch die von WIPPERMANN [17] hinsichtlich der Berücksichtigung nichtneutraler Schichtung verallgemeinerten Mischungswegansätze von BLACKADAR (l_w), RUZIN et al. (l_R) und LETTAU (l_L) verwendet (vgl. [2]).

Ein Vergleich der mittels dieser Modelle berechneten Vertikalprofile mit empirischem Datenmaterial setzt voraus, daß das Datenmaterial mindestens konkrete Angaben über den Rauhigkeitsparameter z_0, die thermische Schichtung $\mu(z)$ bzw. $\partial T/\partial z$, die Baroklinität $\lambda_x(z)$, $\lambda_y(z)$ und den geostrophischen Bodenwind v_{g0} enthält. Mit Einschränkungen wird diese Forderung durch die Meppener Datensätze [9] erfüllt, die offensichtlich das beste Material darstellen, das für Vergleichszwecke derzeit zur Verfügung steht. Die Einschränkungen betreffen Ungenauigkeiten der genannten durch Messung bestimmten Größen, unzureichende Angaben über die thermische Schichtung und die Annahme einer höhenkonstanten Baroklinität, aber auch die Tatsache, daß die gemessenen Windprofile Instationaritäts- bzw. Beschleunigungseffekte enthalten und z. T. synoptischen Situationen mit sehr kleinem v_{g0} entsprechen. Die Meppener Windprofile sind Serienmittel aus meist 5 ... 10 Einzelaufstiegen über einen Zeitraum von mehreren Stunden. Der Mittelwertcharakter stellt einen wesentlichen Vorzug dieser Profile dar, da bei ihnen — im Gegensatz zu Profilen aus Einzelaufstiegen — vor allem Auswirkungen mikro- und mesoturbulenter Schwankungen, aber auch von Meßungenauigkeiten stark vermindert sein dürften.

Da das Meppener Datenmaterial einige vom l-Modell bei Anwendung auf den Fall höhenveränderlicher Schichtung als Modelleingangsgrößen benötigte wichtige Parameter nicht enthält, wurde 1982 im Rahmen einer Diplomarbeit [6] zunächst nur eine sehr stark vereinfachte l-Modellversion (Annahme *höhenkonstanter Schichtung* bzw. μ = const) — gemeinsam mit dem k-Modell — mit den Meppener Windprofilen verglichen. Dieser zusammenfassend in [7] diskutierte Vergleich ergibt einerseits nur relativ geringe Unterschiede der nach den beiden Modellvarianten berechneten Windprofile voneinander und andererseits Abweichungen der Modellwindprofile von den gemessenen Werten, die größtenteils innerhalb der Meßgenauigkeit liegen. Nur in Meßfällen mit Temperaturinversionen im Grundschichtbereich sowie mit ausgeprägter Instationarität ergeben sich erwartungsgemäß größere Differenzen zu den gemessenen Profilen. Die Standardabweichungen s_v und s_α der Modellergebnisse Windgeschwindigkeit $v_h = |\mathbf{v}_h|$ und Windrichtung α in bezug auf alle gemessenen Meppener Windprofile sind in Tabelle 1 zusammengestellt.

Hingegen ergibt der Vergleich der nach beiden Modellvarianten berechneten k-Profile mit den aus den Mep-

Tabelle 1
Standardabweichungen der Modellergebnisse für Windgeschwindigkeit (s_v) und Windrichtung (s_α) in bezug auf die Meppener Windprofile (nach [7] bei Annahme höhenkonstanter thermischer Schichtung)

Nummer des Windprofils		l-Modell		k-Modell	
	v_{g0} m/s	s_v m/s	s_α Grad	s_v m/s	s_α Grad
1	18,7	0,74	5,8	0,24	5,7
2	2,4	0,19	10,6	0,17	9,0
3	3,7	0,49	9,3	0,45	7,6
4	2,8	0,41	6,0	0,42	6,1
5	5,1	0,20	12,8	0,24	4,6
6	7,5	0,90	20,6	0,75	11,6
7	6,2	0,45	4,0	0,62	4,5
8	7,8	0,20	6,7	0,43	15,4
9	15,6	1,49	29,3	0,92	16,3
10	9,2	1,08	4,1	1,10	3,7
11	5,7	0,95	15,7	1,01	7,3
12	7,5	0,55	5,6	0,73	7,6
13	5,7	0,45	11,4	0,40	14,2
14	4,6	0,37	13,7	0,29	5,2
15	8,4	0,62	19,0	0,65	30,5
16	3,4	0,34	10,2	0,38	8,8
17	8,3	0,52	6,5	0,53	6,4
18	11,1	0,51	7,8	1,14	12,2
19	2,8	2,87	17,6	2,85	4,9
20	7,4	0,77	6,7	0,76	3,8
21	6,2	0,33	3,1	0,41	3,4
22	3,3	0,26	12,4	0,30	10,4
23	9,1	0,81	10,0	0,80	7,4
24	5,5	0,37	9,5	0,40	6,7
Mittel	7,0	0,66	10,8	0,67	8,9

pener Windprofildaten nach verschiedenen Verfahren abgeleiteten k-Profilen meist deutliche Unterschiede sowohl zwischen den modellmäßig berechneten sowie meist große Differenzen zwischen den einzelnen modellmäßig berechneten und den „experimentellen" k-Profilen. Deren Verlauf und damit die Genauigkeit von „experimentellen" k-Profilen hängt nach den Ergebnissen detaillierter neuerer Untersuchungen [14] stark vom verwendeten Verfahren und der Genauigkeit der bei der k-Profilbestimmung benötigten Parameter ab. Diese Genauigkeit ist i. allg. aber völlig unzureichend, so daß die nach verschiedenen Verfahren aus empirischem Material bestimmten k-Profile stark voneinander differieren, solche k-Profile selbst mithin für die quantitative Verifikation von Modellergebnissen nur sehr bedingt geeignet sind. Die Aussagekraft des k-Profilvergleichs ist also geringer als die des Windprofilvergleichs. Immerhin ergaben (in [14]) die verwendeten Verfahren für die k-Bestimmung aus Winddaten einige qualitativ übereinstimmende Merkmale der k-Profile, wie das Auftreten charakteristischer Extremwerte des Turbulenzkoeffizienten in jeweils ungefähr demselben Höhenbereich, beispielsweise von k-Minima, die an Inversionsschichten gebunden sind.

Des weiteren wurde versucht, das l-Modell für vorgegebene *höhenveränderliche thermische Schichtung* auf die in dem Meppener Datenmaterial enthaltenen Fälle einer PGS mit freier Inversion oder Bodeninversion anzuwenden und zu verifizieren. Eine solche Verifikation kann derzeit allerdings nur mit erheblichen Einschränkungen vorgenommen bzw. versucht werden, da wichtige — weil das resultierende vertikale Windprofil stark beeinflussende — Parameter, insbesondere die großräumige Neigung von Inversionsschichten bzw. -grenzen, bislang weder in Feldexperimenten ermittelt wurden noch mit Hilfe routinemäßiger Radiosondierungen auch nur annähernd genau bestimmt werden können. Allerdings ist — nach den Ergebnissen der mit dem l-Modell für eine PGS mit eingelagerter geneigter Inversionsschicht durchgeführten Modellrechnungen — das Vertikalprofil von k offenbar wesentlich stärker durch die Existenz einer Inversionsschicht selbst beeinflußt als durch deren Neigung; der direkte Schichtungseffekt ist im Falle des k-Profils demnach von wesentlich größerer Bedeutung als der Effekt der großräumigen Inversionsneigung, welcher letztlich einen speziellen Baroklinitätseffekt darstellt. Unter diesem Gesichtspunkt wären modellmäßig berechnete k-Profile besser verifizierbar als die entsprechenden, von der Inversionsneigung sowohl in ihrer ageostrophischen als auch in ihrer geostrophischen Komponente deutlich beeinflußten Windprofile, *sofern* eine ausreichende Qualität des empirischen Vergleichsmaterials vorausgesetzt werden könnte (hierzu s. o.). Praktisch bedeutet das, daß bei der modellmäßigen k-Profilberechnung die Kenntnis des ohnehin kaum verfügbaren Parameters Inversionsneigung nicht vorrangig erforderlich ist und eine freie Inversionsschicht bzw. Bodeninversionsobergrenze dementsprechend als horizontal angenommen werden kann. Obwohl die Qualität des empirischen Vergleichsmaterials, d. h. der aus gemessenen Windprofilen abgeleiteten k-Profile, für einen quantitativen Vergleich i. allg. nicht ausreichend ist, erbrachte

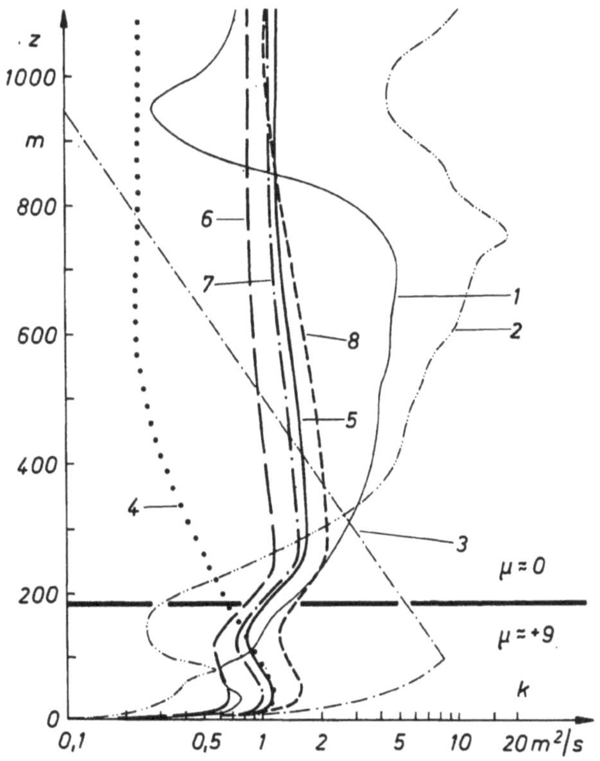

Abb. 1. Vertikalprofile des Turbulenzkoeffizienten k nach Beobachtungsdaten an der Station Meppen [9] in einer PGS mit Bodeninversion und nach Modellrechnungen (Profilfall Meppen 15). Die Inversionsobergrenze wird als horizontal angenommen, die PGS ist baroklin mit

$$\lambda_x = \frac{\varkappa^2}{f}\frac{\partial v_{gx}}{\partial z} = -9{,}5 \quad \text{und} \quad \lambda_y = \frac{\varkappa^2}{f}\frac{\partial v_{gy}}{\partial z} = +1{,}9\,.$$

1 — Messung (Auswertung der Windprofildaten in [9])
2 — Messung (Auswertung der Windprofildaten aus [9] in [14] nach Verfahren II/2, wobei anstelle von $\mathbf{v}_g$ an der PGS-Obergrenze der dort gemessene Höhenwindvektor verwendet wird)
3 — k-Modell
4 — l-Modell mit l_W bei Nichtberücksichtigung der vertikalen Inhomogenität der thermischen Schichtung (Annahme $\mu = \mu_0 = +9 = \text{const}$)
5 — l-Modell mit l_W bei Berücksichtigung der vertikal inhomogenen thermischen Schichtung ($\mu = +9$ in der stark stabilen bodennahen Schicht, $\mu = 0$ in der nahezu neutralen oberen Schicht)
6 — l-Modell mit l_B analog zu Kurve 5
7 — l-Modell mit l_R analog zu Kurve 5
8 — l-Modell mit l_L analog zu Kurve 5

der dessen ungeachtet unter den vorstehend genannten Bedingungen vorgenommene, an anderer Stelle bereits ausführlicher diskutierte [12, 13] k-Profilvergleich einige interessante Ergebnisse. So zeigt Abb. 1, daß die mit dem l-Modell solcherart berechneten k-Profile — im Unterschied zu den für höhenkonstante Schichtung berechneten k-Profilen, s. o. — mit den „experimentellen" k-Profilen in den nachstehend genannten wichtigsten Profilmerkmalen qualitativ übereinstimmen: Minimum in der freien Inversionsschicht oder in ihrer unmittelbaren Umgebung, Hauptmaximum unterhalb der freien Inversionsschicht bzw.: Minimum im oberen Teil der Bodeninversion, Hauptmaximum oberhalb und Nebenmaximum in der Bodeninversion. Die Vergleichsrechnungen bestätigen ferner die Anwendbarkeit der ein-

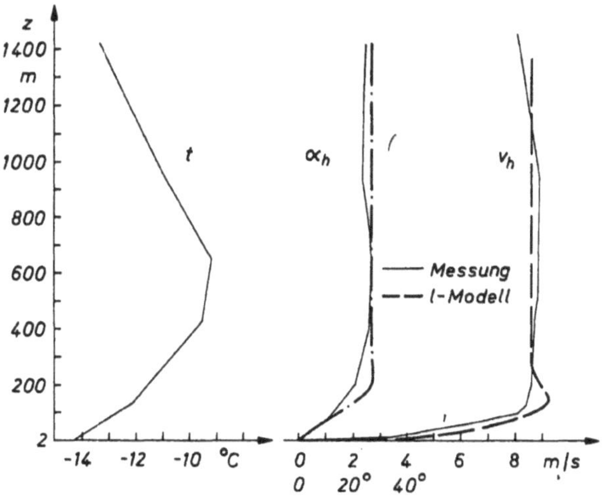

Abb. 2. Mittlere Vertikalprofile von Windgeschwindigkeit (v_h) und Windrichtung (Azimutwinkel α_h) aus Einzelaufstiegen ($n = 16$) an der Station Voejkovo in einer quasibarotropen PGS ($v_g \approx 8{,}6$ m/s) mit hochreichender Bodeninversion [10] und entsprechende, mit dem l-Modell berechnete Vertikalprofile. Die Inversionsobergrenze wird als horizontal angenommen

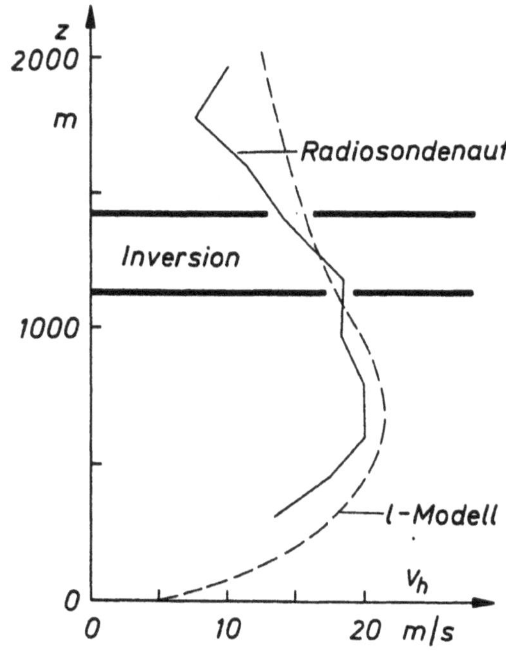

Abb. 3. Vertikalprofil der Windgeschwindigkeit (v_h) nach Messung (Radiosondenaufstieg 12 GMT an der Station Lindenberg, 2. 4. 1980) und — im Rahmen der Arbeit [4] ausgeführter — Berechnung mit dem l-Modell. Die Inversion zwischen 1130 m und 1440 m Höhe wird als horizontale Schicht angenommen: die PGS ist baroklin: $v_{g0} = 24$ m/s; v_g (850 hPa) — v_g (1000 hPa) = —7 m/s; α_g (850 hPa) — α_g (1000 hPa) = —30°

gangs genannten, ursprünglich für konstante thermische Schichtung konzipierten Mischungswegansätze auch für höhenveränderliche Schichtung.

Die bei *diesen* Rechnungen implizierte Annahme einer horizontalen Lage der Inversionsschicht im Falle freier Inversionen bzw. der Inversionsobergrenze im Falle von Bodeninversionen ist gleichbedeutend mit der Annahme eines höhenkonstanten thermischen Windes und entspricht so dem bei der experimentellen Bestimmung des ageostrophischen Windprofils in [9] zugrundegelegten linearen geostrophischen Windprofil.

Auf dieser Grundlage experimentell bestimmte ageostrophische Windprofile eignen sich ihrerseits natürlich nur dann für die Verifikation von modellmäßig berechneten Profilen der ageostrophischen Windabweichung, wenn die zugrundegelegte Annahme eines konstanten thermischen Windes mit der Realität übereinstimmt. Damit ist aber gerade im Bereich von Inversionsschichten im allgemeinen nicht zu rechnen; dort dürften unter der Voraussetzung höhenkonstanten thermischen Windes experimentell bestimmte Profile der ageostrophischen Windabweichung von den tatsächlichen („wahren") ageostrophischen Windprofilen abweichen.

Insgesamt wird damit deutlich, daß ein *gezielter* Vergleich von mit dem l-Modell für eine bestimmte Inversionsneigung berechneten ageostrophischen Windprofilen mit wahren, d. h. unter Berücksichtigung der Nichtkonstanz des thermischen Windes aus gemessenen Windprofilen bestimmten experimentellen ageostrophischen Windprofilen derzeit nicht möglich ist. Ursache ist das Fehlen von — sowohl bei der Anwendung des l-Modells als auch bei der Bestimmung von „experimentellen ageostrophischen Windprofilen" benötigten — Informationen über den Verlauf des geostrophischen Windprofils an großräumig auftretenden Inversionen. Damit reduzieren sich die Vergleichsmöglichkeiten auf eine lediglich formale Gegenüberstellung von unter der Voraussetzung horizontaler Inversionslage modellmäßig berechneten und unter der Voraussetzung konstanten thermischen Windes aus gemessenen Windprofilen abgeleiteten Vertikalverteilungen der ageostrophischen Windabweichung. Hierbei ist zu beachten, daß sich nach den durchgeführten Modellrechnungen die für eine PGS mit horizontaler Inversionsschicht berechneten ageostrophischen Windprofile nur gering von entsprechenden ageostrophischen Windprofilen für eine PGS mit konstanter nichtinverser Schichtung (d. h. ohne freie Inversion) bzw. für eine PGS mit konstanter inverser Schichtung (anstelle einer Bodeninversion mit horizontaler oberer Grenze) unterscheiden. Dies gilt auch für die korrespondierenden geostrophischen Windprofile, so daß das für eine PGS mit einer als horizontal angenommenen Inversionsschicht schließlich resultierende Profil des Horizontalwindvektors im wesentlichen den eingangs diskutierten, mit einer stark vereinfachten l-Modellversion berechneten Windprofilen entspricht, die — wie erwähnt — bei Vorhandensein von Inversionen teilweise erheblich von den gemessenen Meppener Windprofilen abweichen. Deshalb wurde anfangs die Anwendung des l-Modells auf vertikal inhomogene thermische Schichtung bei willkürlich als horizontal angenommener Lage der freien Inversionsschicht bzw. Bodeninversionsobergrenze als nicht sehr zweckmäßig eingeschätzt, solange nur die Berechnung von Windprofilen, nicht aber die von k-Profilen von Interesse ist. Spätere Anwendungen dieser vereinfachten l-Modell-Version auf sehr *unterschiedliche Meßdaten* erbrachten allerdings überraschend gute Vergleichsresultate, wie die in den Abbildungen 2 und 3 dargestellten typischen Einzelbeispiele belegen. Bei den in [10] zusammengestellten Datensätzen handelt es sich um mittlere Windprofile, die für die Station Voejkovo aus routinemäßigen Radiosondendaten eines längeren, mehrjährigen Zeitraums gefunden wurden. Es ist anzunehmen, daß in solchen Windprofilen infolge der Mittelung historisch nicht zusammenhängender, verschiedenen synoptischen Situationen entstammender gemessener Windprofile inversionsneigungsbedingte Baroklinitätseffekte mehr oder weniger eliminiert sind, die Annahme einer horizontalen Lage der Inversionsschicht bzw. Bodeninversionsobergrenze deshalb in erster Näherung gerechtfertigt und die gute Übereinstimmung zwischen mittlerem experimentellem und berechnetem Windprofil plausibel ist. Ein solcher Mittelungs- bzw. Eliminationseffekt ist naturgemäß bei Verwendung von gemessenen (Einzel-)Windprofilen ausgeschlossen. Um so überraschender ist die bei der Bearbeitung und versuchten Simulation niedertroposphärischer Windmaxima [4] gefundene insgesamt gute Übereinstimmung der mittels der vereinfachten l-Modell-Version berechneten mit routinemäßig an der Station Lindenberg gemessenen (Einzel-)Windprofilen.

3. Verifikation der instationären Modelle

Für die instationären PGS-Modelle wurden die folgenden beiden Schließungsansätze verwendet:

Modell 1: Hier wurde der in [1] ausführlich diskutierte k-Ansatz nach WALMSLEY benutzt, wobei der dort auftretende Parameter $b(S_2)$ für eine nahezu neutrale Oberschicht mit $b = 8$ festgesetzt wurde.

Modelle 2: Hier wurde ein modifizierter l-Ansatz nach [16] mit

$$k = \left(\frac{\varkappa z}{1 + Fz}\right)^2 \left(\left|\frac{\partial v_h}{\partial z}\right|^2 - m\right)^{1/2},$$

$$F = \varkappa f/(0{,}000\,27 v_{g0} S), \qquad m = \begin{Bmatrix} 0 \\ \dfrac{g}{T}\dfrac{\partial \theta}{\partial z} \end{Bmatrix} \Leftrightarrow \frac{\partial \theta}{\partial z} \begin{matrix} \geqq \\ \leqq \end{matrix} 0,$$

$$S = \begin{Bmatrix} (100a + 1)^{-1} \\ 7{,}9\,|a|^{1/4} + 1 \end{Bmatrix} \Leftrightarrow \frac{\partial \theta}{\partial z} \begin{matrix} \geqq \\ \leqq \end{matrix} 0, \qquad a = \frac{\partial \theta}{\partial z} \Big/ \left(\frac{K}{m}\right)$$

verwendet.

In Modell 2 wurde das Feld der potentiellen Temperatur $\Theta = \Theta(z, t)$ nach

$$\frac{\partial \theta}{\partial t} = \frac{\theta}{T} \frac{\partial}{\partial z}\left(k\left(\frac{\partial \theta}{\partial z} + \gamma\right)\right)$$

und den Randbedingungen

$$\Theta_0(t) = \Theta(z_0, t), \qquad \Theta_H = \Theta(H) = \text{const}$$

bestimmt. γ bezeichnet dabei den trockenadiabatischen vertikalen Temperaturgradienten und H eine fest vorzugebende Höhe außerhalb der PGS.

Zur Verifikation dieser Modelle wurden die in [3] wiedergegebenen GREIV-I-Meßdaten herangezogen. Diese wurden während eines Grenzschichtexperiments gewonnen, das vom 16. 4. bis zum 30. 4. 1974 in 10 Meßperioden im Emsland in der BRD durchgeführt wurde. Während Meßdaten für eine Reihe von physikalischen Größen der Bodenschicht in der Regel als 10-Minuten-Mittel über 24 Stunden hin vorliegen, wurden Wind- und Temperaturprofile im gesamten Bereich der PGS in den Meßperioden jeweils nur über einen Zeitraum von 1 bis 3 Stunden, in einem Fall von 10 Stunden, in kurzer (im Durchschnitt 10-minütiger) Aufeinanderfolge erstellt. Dabei handelt es sich um aus Einzelaufstiegen gewonnene Profile, die augenscheinlich stark von turbulenten Fluktuationen beeinflußt sind und die sich damit nicht für die angestrebte Verifikation eignen. Um diesen Mangel zu beheben, wurden in [5] aus den Einzelprofilen mittlere Profile berechnet, von denen bei einer Aufeinanderfolge im Abstand von 30 Minuten angenommen wird, daß sie den zeitlichen Gang des Windvektors in der PGS in dem entsprechendem Zeitraum einer Meßperiode annähernd repräsentieren. Allerdings nimmt man bei diesem Vorgehen eine drastische Verringerung der für einen Vergleich zur Verfügung stehenden Windprofile in Kauf.

Des weiteren mußten aus den zur Verfügung stehenden Meßdaten die in den Modellen 1 und 2 enthaltenen Grenzschichtparameter berechnet werden. Das sind die Rauhigkeitshöhe z_0, das Profil des geostrophischen Windes und im Fall von Modell 1 die MONIN-OBUCHOV-Länge sowie im Fall von Modell 2 die Temperatur im Niveau z_0 als Funktion der Zeit. Die beiden letztgenannten Größen konnten dabei nach einem in [15] angegebenen Verfahren recht zuverlässig aus Meßwerten für die Windgeschwindigkeit und die Temperatur in zwei Meßhöhen im Bereich der Bodenschicht bestimmt werden. Da diese Meßwerte als 10-Minuten-Mittel über einen Zeitraum von 24 Stunden vorlagen, konnte der volle Tagesgang dieser Parameter ermittelt werden. Gleiches trifft nicht für das Profil des geostrophischen Windes und die Rauhigkeitshöhe zu. Letztere wurde für alle Meßperioden konstant mit $z_0 = 0{,}1$ m festgesetzt, da die aus den Meßdaten ermittelten Beträge so stark streuten, daß sie als unbrauchbar eingeschätzt werden mußten. Das Profil des geostrophischen Windes wurde für jede Meßperiode als zeitlich konstant aus einem mittleren empirischen Windprofil bei Annahme eines höhenkonstanten thermischen Windes nach einem in [6, 14] konzipierten Verfahren bestimmt. Dabei war klar, daß ein solches objektiv bedingtes Vorgehen die Aussagekraft des angestrebten Vergleichs zwischen den so erstellten empirischen Windprofilen sowie den zugehörigen Modelleingangsparametern mit den berechneten Profilen stark einschränkt. Es konnten hier keine den in Abschnitt 2 für den stationären Fall vergleichbaren Ergebnisse erzielt werden.

Die in [5] erhaltenen Resultate des Vergleichs der aus den GREIV-I-Meßdaten erstellten empirischen mit den nach Modell 1 und 2 berechneten Windprofilen lassen sich folgendermaßen zusammenfassen:

1. Im Mittel liegen die Abweichungen zwischen empirischem und theoretischem Windprofil bei 1 m/s für die Windgeschwindigkeit und rund 10° für die Windrichtung, also im Bereich der Meßgenauigkeit.

2. Besonders große Abweichungen zwischen empirischem und berechnetem Windprofil treten im Bereich eines Windmaximums auf.

3. Ein Vergleich zwischen instationären Windprofilen und einer Abfolge stationärer Windprofile unter sonst gleichen Bedingungen ergab, daß bei stabilen Schichtungsverhältnissen die für den instationären Fall berechneten Windprofile die empirischen Profile etwas besser approximieren. Bei labiler und neutraler Schichtung wird dieser Unterschied unwesentlich.

4. Im Mittel sind die instationären gegenüber einer Abfolge stationär berechneter Windprofile in bezug auf die empirischen Daten nicht signifikant besser. In einigen Einzelfällen ist jedoch das Gegenteil der Fall, wie auch Abb. 4 verdeutlicht.

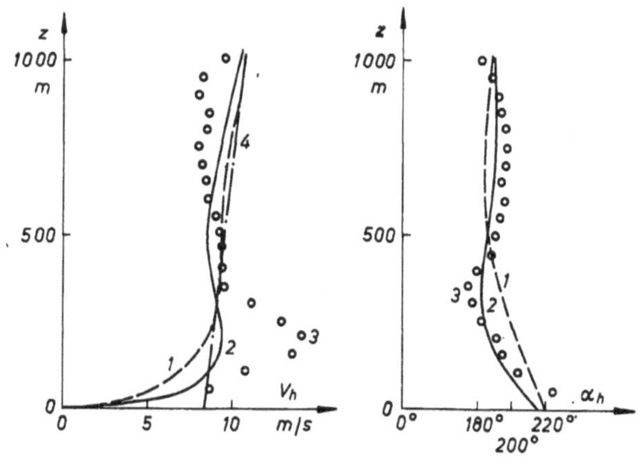

Abb. 4. Betrag und Richtung des mittleren wahren Windes für die Meßperiode VIII, 6.00 Uhr, an der Station Meppen (nach [5]).
1 — Modell 1 für stationäre Verhältnisse
2 — Modell 1 für instationäre Verhältnisse
3 — Messung
4 — Betrag des geostrophischen Windvektors

Zusammenfassend muß hier gesagt werden, daß ein Datenmaterial — wie in [3] wiedergegeben — für eine Verifikation instationärer Modelle der PGS nicht ausreichend ist. Für eine Bearbeitung des hierfür benötigten Umfangs an Datenmaterial ist eine weitere Automatisierung der Datenbearbeitung unabdinglich. Andererseits ist die Möglichkeit einer Verifikation instationärer Grenzschichtmodelle insofern eingeschränkt, als keine Verfahren zur Bestimmung des zeitabhängigen Vertikalprofils des geostrophischen Windvektors zur Verfügung stehen. Daher sollten die in diesem Abschnitt vorgestellten Untersuchungen als ein Versuch gewertet werden, ein sich mit der Modellierung der PGS zwangsläufig ergebendes Problem zu bearbeiten, der nicht auf diese Weise fortgeführt werden sollte.

Literaturverzeichnis

[1] ALBERT, H.-F.: Modelle zur Berechnung des Windprofils in einer Planetarischen Grenzschicht unter Verwendung von Ansätzen für den Turbulenzkoeffizienten. Abh. Meteor. Dienst DDR Nr. 140 (1988), S. 21—26.

[2] ALBERT, H.-F.; BERNHARDT, K.; MIX, W.: Ergebnisse und Erfahrungen bei der halbempirischen Modellierung der Vertikalprofile von Wind und Turbulenzkoeffizient in der planetarischen Grenzschicht. Abh. Meteor. Dienst DDR Nr. 140 (1988), S. 7—19.

[3] BEYER, R.; ROTH, R.: GREIV-I — 1974: Meßdaten. Ber. Inst. Meteor. u. Klim. Techn. Univ. Hannover, Nr. 16 (1976), 532 S.

[4] BEYRICH, F.: Empirische und theoretische Untersuchungen zu niedertroposphärischen Windmaxima. Diplomarbeit Humboldt-Univ. Berlin 1985, 104 S. (unveröff.).

[5] BITTORF, P.: Nachweis von Instationaritätseffekten in Grenzschichtmodellen. Diplomarbeit Humboldt-Univ. Berlin 1985, 47 S. (unveröff.).

[6] DITTRICH, M.: Vertikalprofile von Wind und Turbulenzkoeffizient nach Messung und Berechnung. Diplomarbeit Humboldt-Univ. Berlin 1983, 55 S. (unveröff.).

[7] DITTRICH, M.: Vergleich gemessener und berechneter Vertikalprofile des horizontalen Windvektors. Z. Meteor. **36** (1986), S. 89—103.

[8] JOHNSON, W. B.: The "geotriptic" wind. Bull. Amer. Meteor. Soc. **47** (1966), S. 982.

[9] LEYKAUF, H.: Experimentelle Bestimmung universeller Profile und deren Abhängigkeit von Parametern der atmosphärischen Grenzschicht. Diss. Techn. Hochschule Darmstadt 1974, D 17, 222 S.

[10] ORLENKO, L. P.; ŠKLJAREVIČ, O. B.: Nekotorye osobennosti v raspredelenii vetra i temperatury v pograničnom sloe v cholodnyj period. Tr. GGO 297 (1973), S. 184—197.

[11] MIX, W.: Über die Möglichkeit der Modellierung des Windfeldes in einer planetarischen Grenzschicht mit eingelagerter Temperaturinversion im (quasi-)stationären Fall. Z. Meteor. **33** (1983), S. 12—34.

[12] MIX, W.: Vertikale Profile des Windvektors und des Turbulenzkoeffizienten in einer (quasistationären) planetarischen Grenzschicht mit freier Inversion. Z. Meteor. **33** (1983), S. 293—314.

[13] MIX, W.: Vertikale Profile des Windvektors und des Turbulenzkoeffizienten in einer (quasistationären) Grundschicht bzw. planetarischen Grenzschicht vom (Boden-) Inversionstyp. Z. Meteor. **34** (1984), S. 231—246.

[14] MIX, W.; DITTRICH, M.; BIELING, U.; RENTSCH, H.: Zur Bestimmung des Turbulenzkoeffizienten aus dem vertikalen Windprofil. Z. Meteor. **34** (1984), S. 319—338.

[15] SKEIB, G.; RICHTER, S. H.: Praktische Anwendung voll normierter universeller Funktionen für das turbulente Stromfeld in der bodennahen Luftschicht. Z. Meteor. **34** (1984), S. 247 bis 252.

[16] SORBJAN, Z.; ULIASZ, M.: Some numerical urban boundary-layer studies. Bound.-Layer Meteor. **22** (1982), S. 481—502.

[17] WIPPERMANN, F.: Eddy diffusion coefficients in the planetary boundary layer. Adv. Geoph. **18A** (1974), S. 407—418.

[18] WIPPERMANN, F.: The planetary boundary layer of the atmosphere. Ann. Meteor. (Neue Folge) **7** (1973), 346 S.

Abh. Meteorol. Dienstes DDR Nr. 140 (1988)

Qualitative Erfassung von Beschleunigungseinflüssen in der planetarischen Grenzschicht

von W. Mix

Zusammenfassung

Es wird ein Verfahren für die Abschätzung der in der planetarischen Grenzschicht (PGS) vorhandenen Effekte individueller Beschleunigungen skizziert. Betrachtet werden solche Beschleunigungsvorgänge, bei denen das geostrophische Windfeld längs einer Trajektorie konstant ist. Unter dieser Voraussetzung ist die Anwendung eines einfachen eindimensionalen stationären PGS-Modells möglich, wobei die individuellen Horizontalbeschleunigungen als vorgegebene Zusatzgrößen in die Modellgleichungen einzuführen sind. Auf diese Weise können die meisten horizontalen Beschleunigungsvorgänge qualitativ erfaßt werden. Die unter Verwendung verschiedener Mischungswegansätze für den Fall einer barotropen PGS erhaltenen numerischen Ergebnisse zeigen, daß das vertikale Windprofil, der vertikale Impulsaustausch, der Ablenkungswinkel α_0 und der geostrophische Spannungskoeffizient durch die in der PGS vorhandenen individuellen Beschleunigungen wesentlich beeinflußt werden können, wobei die Beschleunigungseffekte in Abhängigkeit von der thermischen Schichtung unterschiedlich sind.

Summary

A method for estimating the effects of the individual accelerations existing in the planetary boundary layer (PBL) is outlined. Only accelerations are considered for which the geostrophic wind field is constant along a trajectory. In this case the use of a simple one-dimensional stationary PBL model is possible, if the individual horizontal accelerations will be introduced into the model equations as given additional quantities. In this way most of the horizontal acceleration processes can be taken into consideration qualitatively. Numerical results obtained for a barotropic PBL by use of different mixing-length formulations show the cross-isobar angle α_0, the geostrophic drag coefficient C_g, the vertical profiles of the absolute value v_h (or v_h/v_g) and the azimuth angle α_h of the horizontal wind-vector as well as the vertical profile of the eddy viscosity k as significantly influenced by individual accelerations. These effects are obtained as depending on the stratification (μ), see tables 1—3 and fig. 2. Figures 1 and 3 reflect the vertical profiles for several accelerated situations in the case of neutral stratification ($\mu = 0$). A discussion of the suppositions and the results presented here is given in more detail in [1, 2].

Резюме

Представлен метод оценки существующих в планетарном пограничном слое (ППС) эффектов индивидуальных ускорений. Рассматриваются такие явления ускорения, при которых геострофическое поле ветра постоянно вдоль траекторий. Вследствие этого становится возможным применение простой одномерной стационарной модели с необходимостью внедрения индивидуальных ускорений в уравнения модели в качестве заданных дополнительных величин. Таким образом возможно учитывать большинство горизонтальных явлений ускорения. По полученным численным результатам с применением различных выражений для пути смешения l (или $L = l/H_*$ в безразмерном виде) определяются вертикальные профили вектора ветра (т. е. модуля v_h или отношения v_h/v_g и азимутального угла α_h) и коэффициента трубулентности k, а также угол отклонения α_0 и геострофический коэффициент напряжения C_g под влиянием индивидуальных ускорений. Эффекты ускорений являются, в какой то мере, зависящими от термической стратификации (μ), см. табл. 1—3 и рис. 2. Рис. 1 и рис. 2 отражают вертикальные профили для отдельных случаев или значений ускорений при нейтральной стратификации ($\mu = 0$). Предпосылки этой работы и результаты численных расчётов подробнее обсуждены в работах [1, 2].

1. Zielstellung und Voraussetzungen

Obgleich die Strömung in der realen PGS in 1. Näherung als eine dem Gleichgewicht aus Druckgradient-, Turbulenzreibungs- und Corioliskraft entsprechende Gleichgewichtsströmung („geotriptischer Wind“) angesehen werden kann, stellt das *völlige* Verschwinden der individuellen Beschleunigungen — abgesehen vom unteren Rand der Atmosphäre — den Ausnahmefall dar. In einer quasistationären und horizontal homogenen Strömung sind die Beschleunigungsbeträge mit $|d\mathbf{v}/dt| \lesssim 10^{-4}$ m/s² um eine volle Größenordnung kleiner als die Einzelbeträge von Druckgradient-, Turbulenzreibungs- und Coriolisbeschleunigung (jeweils $\approx 10^{-3}$ m/s²) in der PGS. Durchaus nicht so selten, wie oft angenommen, dürften aber auch — im Zusammenhang mit instationären oder/und horizontal inhomogenen Bewegungen in der PGS — Beschleunigungsbeträge resultieren, die von der angegebenen Größenordnung der einzelnen Beschleunigungsanteile sind, d. h. magn $|d\mathbf{v}/dt| = 10^{-3}$ m/s².

Bei verschiedenen Problemstellungen stellt sich die Frage, wie groß die Beschleunigungseffekte in der PGS tatsächlich sind, in welchem Maße insbesondere wesentliche Charakteristika der PGS, wie der Ablenkungswinkel α_0 des Bodenschubspannungsvektors $\boldsymbol{\tau}_0$ vom geostrophischen Bodenwindvektor $\mathbf{v}_{g0}$ und der geostrophische Spannungskoeffizient $C_g = u_*/v_{g0}((|\tau_0|\varrho)^{1/2} = u_*, v_{g0} = |\mathbf{v}_{g0}|)$ sowie die Vertikalprofile von Windvektor und turbulentem Diffusionskoeffizienten („Turbulenzkoeffizient“ k) von auftretenden Beschleunigungen beeinflußt werden. Im Zusammenhang damit steht auch die Frage, inwieweit die mit eindimensionalen stationären PGS-Modellen erhaltenen Ergebnisse auch auf eine nicht beschleunigungsfreie PGS übertragbar oder, mit anderen Worten, inwieweit Beschleunigungseinflüsse vernachlässigbar sind. Eine *qualitative* Behandlung dieser Fragestellungen ist unter gewissen Voraussetzungen mit Hilfe eines eindimensionalen stationären PGS-Modelles möglich, wenn in die entsprechenden Modellgleichungen für eine horizontale Grenzschichtströmung über ebenem Untergrund die individuellen Horizontalbeschleunigungen $d\boldsymbol{v}_h/dt = (dv_x/dt, dv_y/dt)$ als vorzugebende zusätzliche Größen eingeführt werden. Dafür eignet sich u. a. das vom Verfasser vorgelegte einfache numerische Modell für die diagnostische Berechnung der Vertikalprofile von Horizontalwind und Turbulenzkoeffizient in einer barotropen oder baroklinen PGS mit vertikal inhomogener thermischer Schichtung (vgl. [1] sowie auch die Beiträge von ALBERT, BERNHARDT, MIX; 3. Abschnitt und ALBERT, MIX; 2. Abschnitt, in diesem Heft), das im einfachsten Fall einer PGS mit konstanter Schichtung und Baroklinität im wesentlichen mit dem in [4] beschriebenen stationären PGS-Modell übereinstimmt. Diese Grundversion mit konstanter Schichtung wurde bei der hier diskutierten Untersuchung ausschließlich verwendet.

Es ist zu beachten, daß die Anwendung stationärer PGS-Modelle selbstverständlich die *Stationarität* auch *des geostrophischen Windvektors* $\boldsymbol{v}_g$ impliziert, in welcher die *Hauptvoraussetzung* besteht, unter der *hier* Beschleunigungseffekte in der PGS untersucht werden. Diese Voraussetzung ist akzeptabel, da sie lediglich Beschleunigungsvorgänge infolge synoptischer Druckfeldänderungen einschließlich jener bei Frontdurchgängen von unserer Betrachtung ausschließt. Dagegen werden die meisten Typen horizontaler Strömungsbeschleunigungen berücksichtigt. Das betrifft insbesondere die beim Tagesgang des Windfeldes in der PGS auftretenden, wie aber auch alle anderen Beschleunigungsvorgänge individueller Luftpartikel, die nicht mit wesentlichen Änderungen von $\boldsymbol{v}_g$ längs der Trajektorien verbunden sind bzw. für die $|\partial\boldsymbol{v}_g/\partial t| \cong 0$ bei $|\partial\boldsymbol{v}_h/\partial t| \neq 0$ oder/und $|\boldsymbol{v}_h \cdot \nabla\boldsymbol{v}_g| \cong 0$ bei $|\boldsymbol{v}_h \cdot \nabla\boldsymbol{v}_h| \neq 0$ ist. Mit dem Ausschluß der durch synoptische Druckfeldänderungen bedingten großräumigen Beschleunigungsvorgänge von unserer Untersuchung hat die genannte Voraussetzung $|d\boldsymbol{v}_g/dt| \cong 0$ die bei der Interpretation der Ergebnisse zu beachtende Konsequenz, daß die Beträge der von uns vorzugebenden bzw. als gegeben anzunehmenden individuellen Beschleunigungsterme der horizontalen Bewegungsgleichungen im wesentlichen nur *einen* Scalebereich bzw. Scale-Teilbereich atmosphärischer Bewegungen repräsentieren (dasselbe gilt selbstverständlich für die als Ergebnis resultierenden Beschleunigungseffekte). Dabei sind zunehmend größere Beschleunigungsbeträge i. allg. an zunehmend kleinere charakteristische Zeiten und Längen der betreffenden Bewegungsvorgänge geknüpft und entsprechen dann Vorgängen zunehmend mesoskaligen Charakters. In der realen PGS ist natürlich damit zu rechnen, daß Beschleunigungen in mehreren Scalebereichen gleichzeitig vorhanden sind. Es dürften aber in der Regel die *einem* dieser Scalebereiche bzw. Scale-Teilbereiche zuzuordnenden Beschleunigungseinflüsse deutlich dominieren, so daß auch aus dieser Sicht die Hauptvoraussetzung akzeptiert werden kann. Das gilt auch für die weniger relevante *zweite Voraussetzung*, die in der Konstanz der thermischen Schichtung besteht. Hierauf und auf weitere die Voraussetzungen betreffenden Aspekte wird ausführlicher in [2] eingegangen.

2. Gleichungssystem

Das zu lösende Gleichungssystem lautet in dimensionsloser Form (vgl. [1] sowie Abschnitt 3 in dem in diesem Heft befindlichen Beitrag von ALBERT, BERNHARDT, MIX) allgemein

$$\frac{d^2W_x}{dZ^2} + \frac{W_y}{K} = +\lambda_y + \frac{\varkappa}{fu_*}\frac{d}{dZ}\left(\frac{dv_x}{dt}\right),$$
$$\frac{d^2W_y}{dZ^2} - \frac{W_x}{K} = -\lambda_x + \frac{\varkappa}{fu_*}\frac{d}{dZ}\left(\frac{dv_y}{dt}\right) \tag{1}$$

mit $\varkappa = 0{,}4$ und

$$\frac{dv}{dt} = \left(\frac{dv}{dt}\right)_H \cdot F(Z), \qquad \frac{d}{dZ}\left(\frac{dv}{dt}\right) = \left(\frac{dv}{dt}\right)_H \cdot \frac{dF}{dZ}, \tag{2}$$

wobei $(dv_x/dt)_H$, $(dv_y/dt)_H$ die für die Troposphäre oberhalb der PGS charakteristischen, hier vorzugebenden horizontalen Komponenten von $d\boldsymbol{v}_h/dt$ sind und die Funktion $F(Z)$ so zu wählen ist, daß innerhalb der PGS eine Änderung der Beschleunigungskomponenten von Null im Niveau $Z = Z_0$ auf $\text{magn}\,|dv_x/dt| = \text{magn}\,|(dv_x/dt)_H|$, $\text{magn}\,|dv_y/dt| = \text{magn}\,|(dv_y/dt)_H|$ an der PGS-Obergrenze gewährleistet ist. Eine grobe, für unsere Zwecke aber ausreichende Näherung für die Grenzschichthöhe ist die interne Skalenhöhe der PGS $H_* = \varkappa u_*/f$ bzw. (bei Verwendung der Vertikalkoordinate $Z = z/H_*$) die dimensionslose Höhe $Z = 1$ (f: Coriolisparameter). Für die Berücksichtigung der Höhenabhängigkeit der Beschleunigungskomponenten in (2) wurde

$$F(Z) = 1 - \left(\frac{1}{1 + Z - Z_0}\right)^m, \qquad \frac{dF}{dZ} = \frac{m}{(1 + Z - Z_0)^{m+1}} \tag{3}$$

verwendet, hauptsächlich mit $m = 2$.

Die gesuchten ageostrophischen Windabweichungen v_{agx}, v_{agy} (damit letztlich das vertikale Windprofil), das Vertikalprofil des Turbulenzkoeffizienten $k = \varkappa^2 u_*^2 K/f$ sowie verschiedene PGS-Charakteristika ergeben sich durch numerische Integration der modifizierten (und noch zu schließenden) Bewegungsgleichungen (1) bei Beachtung der Randbedingungen (4) für die Komponenten W_x, W_y der dimensionslos gemachten turbulenten Schubspannung und die Beschleunigungskomponenten.

$$Z = Z_0: W_x = 1, \quad W_y = 0; \quad \frac{dv_x}{dt} = \frac{dv_y}{dt} = 0,$$
$$Z \to \infty: W_x = W_{x\infty}, \quad W_y = W_{y\infty}; \tag{4}$$
$$\frac{dv_x}{dt} = \left(\frac{dv_x}{dt}\right)_H, \quad \frac{dv_y}{dt} = \left(\frac{dv_y}{dt}\right)_H.$$

Dabei ergeben sich die ageostrophischen Windkomponenten v_{agx}, v_{agy} aus

$$v_{agx} = \frac{u_*}{\varkappa}\left(+\frac{\partial W_y}{\partial Z} - \frac{\varkappa}{u_* f}\left(\frac{dv_y}{dt}\right)_H \cdot F(Z)\right) = v_{agx,\,R} + v_{agx,\,B},$$
$$v_{agy} = \frac{u_*}{\varkappa}\left(-\frac{\partial W_x}{\partial Z} + \frac{\varkappa}{u_* f}\left(\frac{dv_x}{dt}\right)_H \cdot F(Z)\right) = v_{agy,\,R} + v_{agy,\,B}, \tag{5}$$

d. h. als Summe aus jeweils einer turbulenzreibungsbedingten, im Falle $(dv_x/dt)_H \neq 0$ und/oder $(dv_y/dt)_H \neq 0$ aber beschleunigungsbeeinflußten Windkomponente

$$v_{agx,R} = + \frac{u_*}{\varkappa} \frac{\partial W_y}{\partial Z}, \qquad v_{agy,R} = - \frac{u_*}{\varkappa} \frac{\partial W_x}{\partial Z} \tag{6}$$

sowie aus jeweils einer ausschließlich beschleunigungsbedingten Windkomponente

$$\begin{aligned} v_{agx,B} &= -\frac{1}{f}\left(\frac{dv_y}{dt}\right)_H \cdot F(Z), \\ v_{agy,B} &= +\frac{1}{f}\left(\frac{dv_x}{dt}\right)_H \cdot F(Z). \end{aligned} \tag{7}$$

Die für die Berechnung von $v_{agx,R}$ und $v_{agy,R}$ benötigte Schubspannungsgeschwindigkeit u_* wird ebenso wie α_0 vom Modell als Teilergebnis der numerischen Integration bereitgestellt.

Für die *Schließung* des Gleichungssystems (1) bis (4) wird der PRANDTLsche Ansatz für den Vertikalaustausch

$$K = \frac{L}{\varkappa}\sqrt{W} \quad \left(W = \sqrt{W_x^2 + W_y^2} \equiv \frac{|\tau|}{|\tau_0|}\right) \tag{8}$$

in Verbindung mit Mischungswegansätzen benutzt, wobei für den Mischungsweg l in seiner dimensionslosen Form $L = l/H_*$ neben dem Ansatz von WIPPERMANN [3]

$$L = L_\infty - (L_\infty - L_0)\, W^p \equiv L_W$$

mit

$$p = -\frac{\varkappa}{\left(\frac{\partial W}{\partial Z}\right)_0 (L_\infty - \varkappa Z_0)} \times \left(1 - Z_0\left[2\left(\frac{\partial W}{\partial Z}\right)_0^2 + \frac{1}{2}\left(\frac{dW}{dZ}\right)_0\right]\right) \tag{9a}$$

noch die hinsichtlich der Berücksichtigung nichtneutraler thermischer Schichtung in [5] verallgemeinerten Mischungswegansätze von

BLACKADAR: $$L = \frac{\varkappa Z}{1 + \varkappa(Z - Z_0)/L_\infty} \equiv L_B \tag{9b}$$

RUZIN et al.:
$$L = L_\infty - (L_\infty - \varkappa Z_0) \exp\left[-\varkappa(Z - Z_0)/L_\infty\right] \equiv L_R \tag{9c}$$

und

LETTAU: $$L = \frac{\varkappa Z}{1 + \varkappa(Z - Z_0)^{5/4}/L_\infty} \equiv L_L \tag{9d}$$

Verwendung finden. In (9a) bis (9d) ist $L_\infty = 10^{-\frac{\mu + 44.2}{24.4}}$ der die thermische Schichtung repräsentierende lokale interne Parameter mit

$$\mu = -\frac{\varkappa \frac{g}{T} \frac{P}{\varrho c_p}}{f u_*^2}$$

als dem eigentlichen Stabilitätsparameter (P: vertikaler Turbulenzwärmestrom); vgl. dazu Abschnitt 3 des Beitrages von ALBERT, BERNHARDT, MIX in diesem Heft.

Das nunmehr geschlossene Gleichungssystem (1) bis (4), (8), (9) wurde für vorgegebene Werte von $(dv_x/dt)_H$ und $(dv_y/dt)_H$ in Fällen einer neutral ($\mu = 0$), labil ($\mu = -15$) und stark stabil ($\mu = +15$) geschichteten barotropen PGS (d. h. $\lambda_x = \lambda_y = 0$) mit $f = 10^{-4}\,s^{-1}$ (mittlere Breiten) numerisch integriert.

3. Ergebnisse

Eine Auswahl von Ergebnissen ist in den Tabellen 1 bis 3 zusammen- bzw. in den Abbildungen 1 bis 3 dargestellt. Hinsichtlich der an dieser Stelle nicht vorgesehenen detaillierten Ergebnisdiskussion sei auf die Arbeit [2] verwiesen. Insgesamt belegen die mitgeteilten Ergebnisse eine für alle verwendeten Mischungswegansätze gleichartige, z. T. ausgeprägte Abhängigkeit der Größen C_g und α_0 sowie der vertikalen Profile der Windgeschwindigkeit und des Turbulenzkoeffizienten von den in der PGS wirkenden individuellen Beschleunigungen. Das betrifft auch die vertikale Verteilung der Windrichtung. Es zeigt sich, daß bei $|dv_h/dt| \lessapprox 2 \cdot 10^{-4}\,m/s^2$ die Ergebnisse sich von jenen für eine beschleunigungsfreie PGS nicht sehr stark unterscheiden.

In den Tabellen ermöglicht die Angabe der Extremwerte des Turbulenzkoeffizienten und der Windgeschwindigkeit eine ausreichende Charakterisierung der Vertikalprofile beider Größen. Der „unterste" — bodennächste — Extremwert (stets ein Maximum) ist in jedem Fall angegeben, weitere Extremwerte sind dann enthalten, wenn sich diese — bei der in den Tabellen vorgenommenen Rundung der Zahlenwerte — unterscheidbar angeben lassen. Für verschiedene Beschleunigungssituationen ergibt sich kein Extremwert (Maximum) der Windgeschwindigkeit v_h in der PGS, sondern eine monotone v_h-Zunahme mit der Höhe. Die in den Tabellen angegebene Größe $(v_h/v_g)_\infty$ ist das Verhältnis v_h/v_g an der weit oberhalb der internen Skalenhöhe der PGS ($z = H_*$ bzw. $Z = 1$) bzw. einer physikalisch definierten Grenzschichthöhe befindlichen Modellobergrenze („$Z \to \infty$"; konkret: $Z = 10$) und ermöglicht eine vollständige qualitative Bewertung des v_h-Profils; eine solche ist im Falle des k-Profils wegen $k(Z \to \infty) = 0$ im barotropen Fall immer möglich.

Das Symbol N in den Tabellen bedeutet, daß für die betreffende Beschleunigungssituation mit dem betreffenden L-Ansatz keine numerische Lösung des Gleichungssystems erhalten werden konnte („Nichtkonvergenz" des Lösungsverfahrens).

Es versteht sich, daß bei gleichzeitig vorhandener Baroklinität mit wesentlichen Modifikationen der Ergebnisse bzw. mit Deformationen der hier vorgestellten, für den Fall einer barotropen PGS erhaltenen Vertikalprofile zu rechnen ist; vgl. [2].

Tabelle 1

Einfluß der individuellen Beschleunigung auf den Ablenkungswinkel α_0, den geostrophischen Spannungskoeffizienten $C_g = u_*/v_g$ und auf die Vertikalprofile des Turbulenzkoeffizienten k und der Windgeschwindigkeit v_h. Die genannten Vertikalprofile werden durch die Extrem-

$\left(\frac{dv_x}{dt}\right)_H$ m/s²	$\left(\frac{dv_y}{dt}\right)_H$ m/s²	α_0 °				$10^4 \cdot C_g$				k_{extr} m²/s				$z(k_{extr})$ m			
		L_W	L_B	L_R	L_L	L_W	L_B	L_R	L_L	L_W	L_B	L_R	L_L	L_W	L_B	L_R	L_L
0	0	22,6	22,6	21,4	20,4	341	302	324	334	5,3	3,2	4,8	5,9	136	127	126	141
$-2 \cdot 10^{-3}$	0	N	−13,2	−17,0	−20,6	N	224	233	230	N	3,4	4,3	5,1	N	253	221	216
$-1{,}5 \cdot 10^{-3}$	0	N	− 2,0	− 4,9	− 7,4	N	261	276	280	N	3,6	4,9	6,1	N	248	196	223
$-1 \cdot 10^{-3}$	0	N	7,2	4,9	3,0	N	283	302	309	N	3,6	5,1	6,4	N	202	171	196
$-5 \cdot 10^{-4}$	0	N	15,3	13,5	12,2	N	296	317	326	N	3,4	5,0	6,3	N	160	143	164
$-2 \cdot 10^{-4}$	0	19,6	19,8	18,3	17,2	338	301	322	332	5,4	3,3	4,9	6,1	145	137	132	148
$+2 \cdot 10^{-4}$	0	25,6	25,4	24,3	23,5	342	303	324	334	5,2	3,1	4,6	5,7	131	121	123	137
$+5 \cdot 10^{-4}$	0	29,9	29,4	28,6	28,0	342	302	323	333	5,0	2,9	4,4	5,4	118	106	110	126
$+1 \cdot 10^{-3}$	0	36,6	35,6	35,2	35,0	336	298	318	327	4,6	2,6	4,0	4,8	105	90	95	110
										1,4	1,0	1,2	1,4	379	300	358	369
										2,1	1,7	2,0	2,3	600	533	568	585
$+1{,}5 \cdot 10^{-3}$	0	42,8	41,3	41,4	41,5	327	293	310	319	4,1	2,4	3,5	4,2	95	76	83	95
										0,9	0,5	0,7	1,2	293	233	247	254
										2,9	2,3	2,7	3,3	585	523	554	540
$+2 \cdot 10^{-3}$	0	49,1	47,1	47,7	48,4	319	288	304	312	3,8	2,2	3,2	3,8	85	65	72	80
										1,7	1,1	1,6	2,2	227	183	193	198
										3,5	2,9	3,6	4,4	570	514	515	497
0	$-2 \cdot 10^{-3}$	N	16,8	15,6	14,2	N	441	484	508	N	7,7	11,9	15,5	N	249	225	260
0	$-1{,}5 \cdot 10^{-3}$	N	18,7	17,4	16,2	N	405	442	462	N	6,3	9,7	12,4	N	200	193	230
0	$-1 \cdot 10^{-3}$	N	20,4	19,1	17,9	N	370	402	418	N	5,0	7,7	9,8	N	168	165	199
0	$-5 \cdot 10^{-4}$	21,8	21,6	20,4	19,3	384	336	362	376	6,9	4,0	6,1	7,7	155	145	143	166
										0,5	0,3	0,5	0,1	968	756	915	948
										0,7	0,6	0,7	0,7	1090	952	1030	1190
0	$-2 \cdot 10^{-4}$	22,3	22,3	21,0	20,0	358	316	339	350	5,9	3,5	5,3	6,6	143	134	132	150
0	$+2 \cdot 10^{-4}$	23,0	23,0	21,7	20,8	324	289	308	317	4,7	2,9	4,3	5,3	130	123	122	135
0	$+5 \cdot 10^{-4}$	23,6	23,7	22,6	21,5	298	268	284	291	3,9	2,5	3,6	4,4	122	120	118	131
0	$+1 \cdot 10^{-3}$	25,1	25,0	23,6	22,7	253	231	242	245	2,7	2,1	2,7	3,4	140	261	163	195
0	$+1{,}5 \cdot 10^{-3}$	27,1	26,6	25,1	24,2	217	189	193	190	1,8	2,0	2,4	2,8	98	260	240	214
										1,6				231			
										1,8				436			
0	$+2 \cdot 10^{-3}$	N	28,5	26,8	25,7	N	132	126	113	N	1,5	1,6	1,7	N	211	179	143

Tabelle 2

Wie Tabelle 1, aber für labile Schichtung ($\mu = -15$)

$\left(\frac{dv_x}{dt}\right)_H$ m/s²	$\left(\frac{dv_y}{dt}\right)_H$ m/s²	α_0 °				$10^4 \cdot C_g$				k_{extr} m²/s			
		L_W	L_B	L_R	L_L	L_W	L_B	L_R	L_L	L_W	L_B	L_R	L_L
0	0	15,6	15,8	14,2	14,6	378	350	362	364	20,2	13,5	19,7	18,3
$-2 \cdot 10^{-3}$	0	N	N	N	N	N	N	N	N	N	N	N	N
$-1{,}5 \cdot 10^{-3}$	0	N	−22,6	−32,7	−30,4	N	218	205	220	N	15,7	19,0	18,0
$-1 \cdot 10^{-3}$	0	N	− 8,7	−12,5	−11,2	N	292	295	301	N	18,7	25,9	23,3
$-2 \cdot 10^{-4}$	0	11,4	11,5	9,6	10,1	364	345	356	358	20,7	14,9	21,9	20,0
										0,4	0,6	0,6	
										1,1	1,0	1,1	

werte k_{extr} und $(v_h/v_g)_{extr}$ sowie durch die Höhen $z(k_{extr})$ und $z((v_h/v_g)_{extr})$ charakterisiert, in denen diese nach den Modellrechnungen auftreten; weitere Erläuterungen siehe Text. Die Modellrechnungen wurden für neutrale thermische Schichtung ($\mu = 0$) ausgeführt.
Verwendete Parameter: $Z_0 = 10^{-5} \triangleq z_0 \approx 1$ cm; $v_g = 10$ m/s = const; $\lambda_x = \lambda_y = 0$ (Barotropie); $m = 2$

$(v_h/v_g)_{extr}$				$z((v_h/v_g)_{extr})$ m				$(v_h/v_g)_\infty$			
L_W	L_B	L_R	L_L	L_W	L_B	L_R	L_L	L_W	L_B	L_R	L_L
1,068	1,065	1,066	1,064	543	429	515	531	1,000	1,000	1,000	1,000
N	—	—	—	N	—	—	—	N	2,008	1,942	1,881
N	—	—	—	N	—	—	—	N	1,764	1,720	1,682
N	—	1,297	1,291	N	—	960	983	N	1,494	1,467	1,445
		1,296	1,286			1080	1100				
N	1,168	1,166	1,166	N	594	713	734	N	1,228	1,216	1,206
	1,142	1,137	1,133		942	1010	1160				
1,108	1,102	1,103	1,102	605	479	575	634	1,083	1,083	1,079	1,075
1,053	1,053	1,051	1,050	1080	852	1020	1050				
1,031	1,031	1,031	1,029	486	383	460	474	0,932	0,932	0,936	0,939
0,980	0,986	0,983	0,981	432	341	409	421	0,867	0,871	0,878	0,883
0,906	0,921	0,915	0,911	338	267	319	329	0,895	0,911	0,917	0,917
0,786	0,796	0,801	0,803	848	753	802	826				
0,841	0,867	0,857	0,852	293	233	247	285	1,092	1,118	1,117	1,115
0,735	0,754	0,755	0,753	736	586	697	717				
0,783	0,821	0,806	0,798	227	195	216	222	1,392	1,426	1,414	1,402
0,704	0,734	0,726	0,715	570	515	543	558				
N	—	—	—	N	—	—	—	N	2,955	2,955	2,963
N	—	—	—	N	—	—	—	N	2,456	2,460	2,464
N	—	—	—	N	—	—	—	N	1,960	1,964	1,967
1,304	—	1,303	1,313	769	—	727	845	1,472	1,472	1,475	1,477
1,300		1,301	1,311	910		815	948				
1,157	1,150	1,155	1,157	640	503	606	626	1,186	1,186	1,187	1,188
1,121	1,116	1,122	1,124	1010	797	960	992				
0,984	0,985	0,977	0,977	460	365	437	504	0,821	0,821	0,819	0,818
0,865	0,872	0,863	0,855	377	302	360	413	0,580	0,581	0,573	0,568
0,686	0,695	0,678	0,664	286	233	243	276	0,433	0,430	0,407	0,393
0,425	0,422	0,400	0,387	2400	2190	2700	2750				
0,554	0,521	0,497	0,476	184	179	183	214	0,751	0,743	0,720	0,707
0,518	0,515	0,492	0,475	489	320	326	270				
N	—	—	—	N	—	—	—	N	1,204	1,181	1,166

$z(k_{extr})$ m				$(v_h/v_g)_{extr}$				$z((v_h/v_g)_{extr})$ m				$(v_h/v_g)_\infty$			
L_W	L_B	L_R	L_L	L_W	L_B	L_R	L_L	L_W	L_B	L_R	L_L	L_W	L_B	L_R	L_L
478	352	408	365	1,045	1,046	1,044	1,045	1070	884	1030	1030	1,000	1,000	1,000	1,000
N	N	N	N	N	N	N	N	N	N	N	N	N	N	N	N
N	550	518	467	N	1,304	1,217	1,248	N	1740	1840	1750	N	1,372	1,267	1,313
					1,299	1,205	1,237		2190	2310	2210				
N	657	592	538	N	1,251	1,217	1,226	N	1850	1870	1700	N	1,298	1,247	1,264
					1,241	1,200	1,209		2330	2650	2410				
580	436	505	428	1,083	1,082	1,079	1,081	1300	1100	1270	1140	1,057	1,057	1,051	1,053
2310	1950	2260		1,047	1,046	1,042	1,043	2310	1950	2260	2270				
2590	2190	2530													

Tabelle 2 (Fortsetzung)

$\left(\frac{dv_x}{dt}\right)_H$ m/s²	$\left(\frac{dv_y}{dt}\right)_H$ m/s²	α_0 °				$10^4 \cdot C_g$				k_{extr} m²/s			
		L_W	L_B	L_R	L_L	L_W	L_B	L_R	L_L	L_W	L_B	L_R	L_L
$+2 \cdot 10^{-4}$	0	19,7	19,8	18,6	18,9	386	353	366	367	19,4	12,2	17,6	16,6
$+1 \cdot 10^{-3}$	0	35,0	34,0	34,1	34,0	387	352	364	363	15,2	8,7	11,7	11,5
										6,2	3,2	5,7	4,4
										14,5	13,8	19,1	15,8
$+1{,}5 \cdot 10^{-3}$	0	44,1	43,5	45,3	44,7	376	350	359	358	12,6	7,4	9,2	9,2
										9,8	6,1	8,4	8,0
										12,6	20,6	28,5	23,7
$+2 \cdot 10^{-3}$	0	52,9	57,0	62,8	60,7	353	333	321	326	9,8	25,8	33,1	28,4
										9,0			
										9,8			
										8,2			
										9,8			
0	$-2 \cdot 10^{-3}$	N	1,8	− 0,6	0,8	N	594	638	633	N	60,1	93,7	80,8
0	$-1{,}5 \cdot 10^{-3}$	N	5,8	3,5	4,7	N	530	566	563	N	42,8	67,0	58,3
0	$-1 \cdot 10^{-3}$	N	9,7	7,6	8,5	N	468	495	494	N	29,1	45,3	40,2
0	$-2 \cdot 10^{-4}$	14,3	14,8	13,2	13,6	407	373	388	389	24,9	15,5	23,0	21,2
0	$+2 \cdot 10^{-4}$	17,0	16,7	15,2	15,5	349	327	336	338	16,2	11,9	17,3	15,9
0	$+1 \cdot 10^{-3}$	22,9	21,2	19,8	19,7	260	218	212	218	5,2	11,1	14,2	12,7
										4,9			
										6,8			
0	$+1{,}5 \cdot 10^{-3}$	N	23,7	21,4	21,7	N	108	80	99	N	5,9	5,0	5,6
0	$+2 \cdot 10^{-3}$	N	N	N	N	N	N	N	N		N	N	N

Tabelle 3
Wie Tabelle 1, aber für stark stabile Schichtung ($\mu = +15$)

$\left(\frac{dv_x}{dt}\right)_H$ m/s²	$\left(\frac{dv_y}{dt}\right)_H$ m/s²	α_0 °				$10^4 \cdot C_g$				k_{extr} m²/s			
		L_W	L_B	L_R	L_L	L_W	L_B	L_R	L_L	L_W	L_B	L_R	L_L
0	0	32,8	31,3	31,4	28,7	254	224	244	275	0,8	0,5	0,8	1,4
$-2 \cdot 10^{-3}$	0	N	12,7	12,1	5,7	N	213	233	256	N	0,5	0,8	1,4
$-1{,}5 \cdot 10^{-3}$	0	N	17,7	17,3	12,3	N	219	239	266	N	0,5	0,8	1,5
$-1 \cdot 10^{-3}$	0	N	22,5	22,3	17,9	N	223	243	272	N	0,5	0,8	1,5
$-2 \cdot 10^{-4}$	0	31,1	29,6	29,7	26,3	255	225	245	276	0,8	0,5	0,8	1,5
$+2 \cdot 10^{-4}$	0	34,6	33,0	33,2	30,7	253	224	243	275	0,8	0,5	0,7	1,4
$+1 \cdot 10^{-3}$	0	41,2	39,3	39,8	38,4	247	220	238	268	0,8	0,5	0,7	1,3
$+1{,}5 \cdot 10^{-3}$	0	45,1	43,1	43,6	43,0	242	217	234	262	0,7	0,4	0,7	1,2
											0,1		0,3
											0,2		0,4
$+2 \cdot 10^{-3}$	0	48,8	46,6	47,3	47,2	236	212	228	254	0,7	0,4	0,6	1,1
										0,1	0,1	0,1	0,2
										0,3	0,2	0,3	0,5
0	$-2 \cdot 10^{-3}$	N	30,6	31,1	27,9	N	285	313	367	N	0,9	1,3	2,7
0	$-1{,}5 \cdot 10^{-3}$	N	30,9	31,3	28,3	N	270	296	344	N	0,7	1,1	2,3
											0,1	0,1	0,2
											0,2	0,2	0,3
0	$-1 \cdot 10^{-3}$	N	31,1	31,4	28,5	N	255	278	321	N	0,7	1,0	2,0
													0,1
													0,2

$z(k_{extr})$ m				$(v_h/v_g)_{extr}$				$z((v_h/v_g)_{extr})$ m				$(v_h/v_g)_\infty$			
L_W	L_B	L_R	L_L	L_W	L_B	L_R	L_L	L_W	L_B	L_R	L_L	L_W	L_B	L_R	L_L
388	316	367	328	1,012	1,014	1,011	1,013	868	708	822	825	0,952	0,951	0,955	0,954
246	177	190	183	0,898	0,918	0,914	0,911	490	396	410	410	0,920	0,935	0,934	0,935
490	396	410	410	0,807	0,821	0,821	0,819	1550	1410	1450	1450				
1110	1050	1030	1030												
180	145	150	148	0,825	0,868	0,854	0,853	337	279	286	286	1,069	1,080	1,048	1,059
300	249	227	227	0,746	0,765	0,739	0,742	1060	1110	1280	1140				
534	992	1020	904												
141	1000	909	824	0,744	0,782	0,719	0,733	251	188	153	164	1,331	1,268	1,186	1,214
224				0,675	0,668	0,582	0,602	708	842	909	874				
316															
708															
1580															
N	1190	1140	1010	N	—	—	—	N	—	—	—	N	2,983	2,983	2,983
N	920	950	850	N	—	—	—	N	—	—	—	N	2,485	2,486	2,486
N	664	703	624	N	—	—	—	N	—	—	—	N	1,983	1,987	1,986
515	375	438	391	1,171	1,166	1,170	1,169	1450	1190	1380	1240	1,193	1,193	1,194	1,194
				1,158	1,153	1,159	1,156	2050	1670	1950	1960				
496	413	425	381	0,934	0,938	0,929	0,934	786	655	756	760	0,812	0,812	0,810	0,811
185	570	534	490	0,627	0,538	0,507	0,522	293	261	284	280	0,395	0,366	0,343	0,342
369				0,390	0,361	0,339	0,338	3000	2460	2680	3090				
1040															
N	344	253	249	N	0,650	0,633	0,618	N	1090	897	990	N	0,699	0,666	0,669
					0,645	0,624	0,611		1370	1130	1250				
N	N	N	N	N	N	N	N	N	N	N	N	N	N	N	N

$z(k_{extr})$ m				$(v_h/v_g)_{extr}$				$z((v_h/v_g)_{extr})$ m				$(v_h/v_g)_\infty$			
L_W	L_B	L_R	L_L	L_W	L_B	L_R	L_L	L_W	L_B	L_R	L_L	L_W	L_B	L_R	L_L
32	36	30	49	1,084	1,081	1,083	1,083	215	179	195	277	1,000	1,000	1,000	1,000
N	59	37	63	N	—	—	—	N	—	—	—	N	2,409	2,401	2,307
N	47	33	56	N	—	—	—	N	—	—	—	N	2,030	2,025	1,958
N	44	32	54	N	1,275	1,283	1,292	N	282	307	387	N	1,656	1,654	1,610
					1,272	1,278	1,281		316	366	487				
33	37	30	50	1,121	1,113	1,118	1,118	228	201	219	293	1,115	1,112	1,112	1,103
				1,052	1,049	1,050	1,050	405	319	369	493				
30	34	29	47	1,052	1,049	1,052	1,048	202	169	194	246	0,902	0,907	0,907	0,915
28	29	26	41	0,940	0,944	0,939	0,928	157	140	151	191	0,822	0,852	0,845	0,866
				0,752	0,722	0,768	0,779	786	556	650	479				
26	27	25	37	0,868	0,889	0,878	0,864	137	122	132	166	1,052	1,087	1,077	1,089
	137		186	0,690	0,714	0,707	0,713	344	307	332	417				
	218		295												
25	24	23	32	0,810	0,840	0,825	0,807	119	107	115	144	1,396	1,433	1,420	1,422
133	120	129	161	0,644	0,676	0,666	0,675	299	268	289	361				
237	213	229	270												
N	52	36	67	N	—	—	—	N	—	—	—	N	2,890	2,886	2,905
N	48	35	63	N	—	—	—	N	—	—	—	N	2,401	2,399	2,415
	304	333	438												
	430	471	614												
N	44	34	58	N	—	—	—	N	—	—	—	N	1,919	1,917	1,930
			455												
			573												

Tabelle 3 (Fortsetzung)

$\left(\frac{dv_x}{dt}\right)_H$ m/s²	$\left(\frac{dv_y}{dt}\right)_H$ m/s²	α_0 °				$10^4 \cdot C_g$				k_{extr} m²/s			
		L_W	L_B	L_R	L_L	L_W	L_B	L_R	L_L	L_W	L_B	L_R	L_L
0	$-2 \cdot 10^{-4}$	32,9	31,3	31,4	28,7	261	231	251	284	0,9	0,5	0,8	1,6
0	$+2 \cdot 10^{-4}$	32,8	31,4	31,4	28,7	247	218	237	266	0,8	0,5	0,7	1,4
0	$+1 \cdot 10^{-3}$	32,7	31,7	31,5	28,9	218	194	210	229	0,6	0,4	0,6	1,0
0	$+1{,}5 \cdot 10^{-3}$	32,8	32,0	31,7	29,2	199	178	192	205	0,5	0,3	0,5	0,8
0	$+2 \cdot 10^{-3}$	33,0	32,5	32,0	29,5	179	161	172	179	0,4	0,3	0,4	0,6

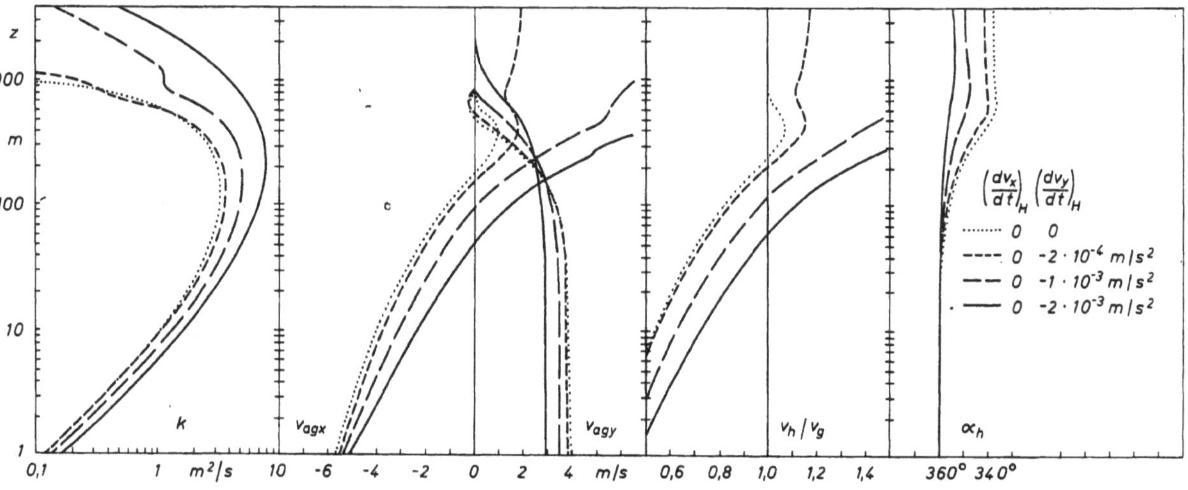

Abb. 1. Abhängigkeit der Vertikalprofile von k, v_{agx}, v_{agy}, v_h/v_g und α_h vom Betrag des in den betrachteten Spezialfällen als normal zur Richtung des Bodenschubspannungsvektors τ_0 orientiert angenommenen Beschleunigungsvektors nach Modellrechnungen für neutrale Schichtung ($\mu = 0$) und unter Verwendung des Mischungsweganssatzes L_B (verwendete Parameter wie in Tab. 1)

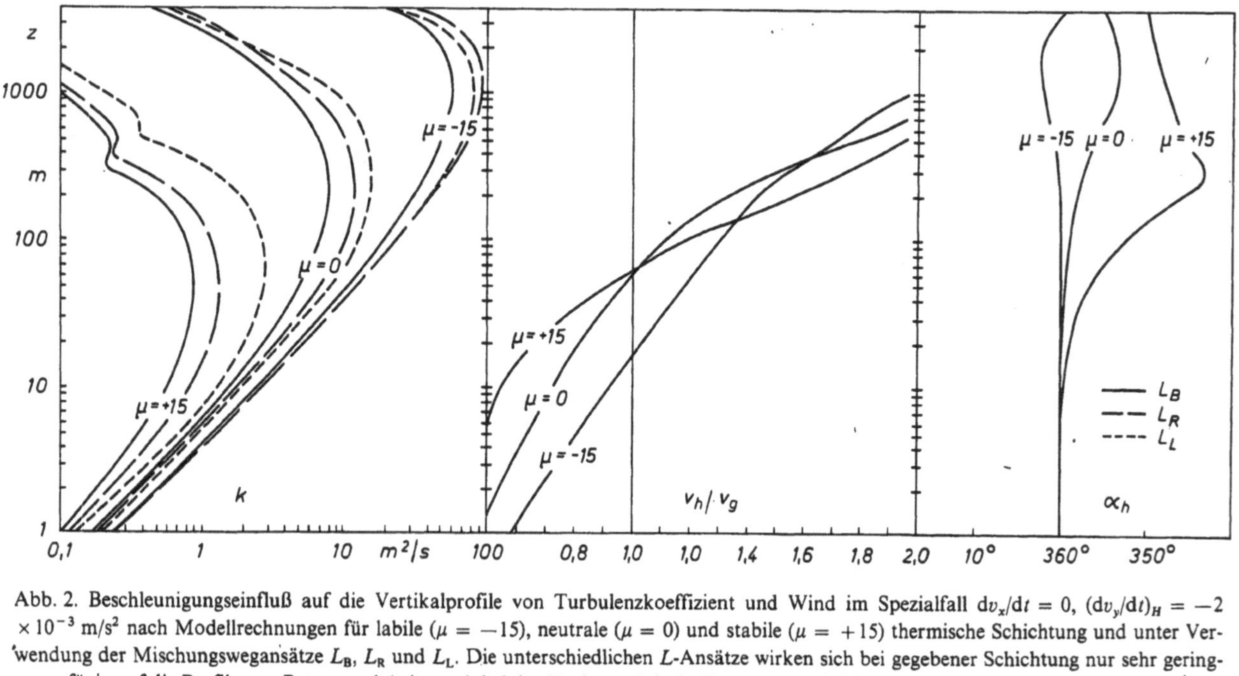

Abb. 2. Beschleunigungseinfluß auf die Vertikalprofile von Turbulenzkoeffizient und Wind im Spezialfall $dv_x/dt = 0$, $(dv_y/dt)_H = -2 \times 10^{-3}$ m/s² nach Modellrechnungen für labile ($\mu = -15$), neutrale ($\mu = 0$) und stabile ($\mu = +15$) thermische Schichtung und unter Verwendung der Mischungswegansätze L_B, L_R und L_L. Die unterschiedlichen L-Ansätze wirken sich bei gegebener Schichtung nur sehr geringfügig auf die Profile von Betrag und Azimutwinkel des Horizontalwindvektors aus, so daß hier nur jeweils eine Kurve erscheint

$z(k_{extr})$ m				$(v_h/v_g)_{extr}$				$z((v_h/v_g)_{extr})$ m				$(v_h/v_g)_\infty$			
L_W	L_B	L_R	L_L	L_W	L_B	L_R	L_L	L_W	L_B	L_R	L_L	L_W	L_B	L_R	L_L
33	38	31	51	1,139	1,133	1,138	1,145	234	184	225	286	1,172	1,174	1,174	1,178
				1,075	1,076	1,076	1,087	371	327	356	453				
31	35	29	48	1,033	1,030	1,031	1,022	197	174	189	268	0,840	0,837	0,837	0,832
26	30	25	41	0,838	0,840	0,835	0,801	155	138	149	183	0,561	0,544	0,541	0,497
				0,540	0,525	0,523	0,484	1380	1230	1410	1630				
24	27	23	37	0,726	0,730	0,721	0,674	141	113	136	164	0,843	0,831	0,826	0,784
				0,546	0,535	0,530	0,495	447	400	431	518				
21	102	21	33	0,623	0,625	0,615	—	143	108	123	—	1,267	1,260	1,253	1,218
				0,615	0,604	0,600		254	228	258					

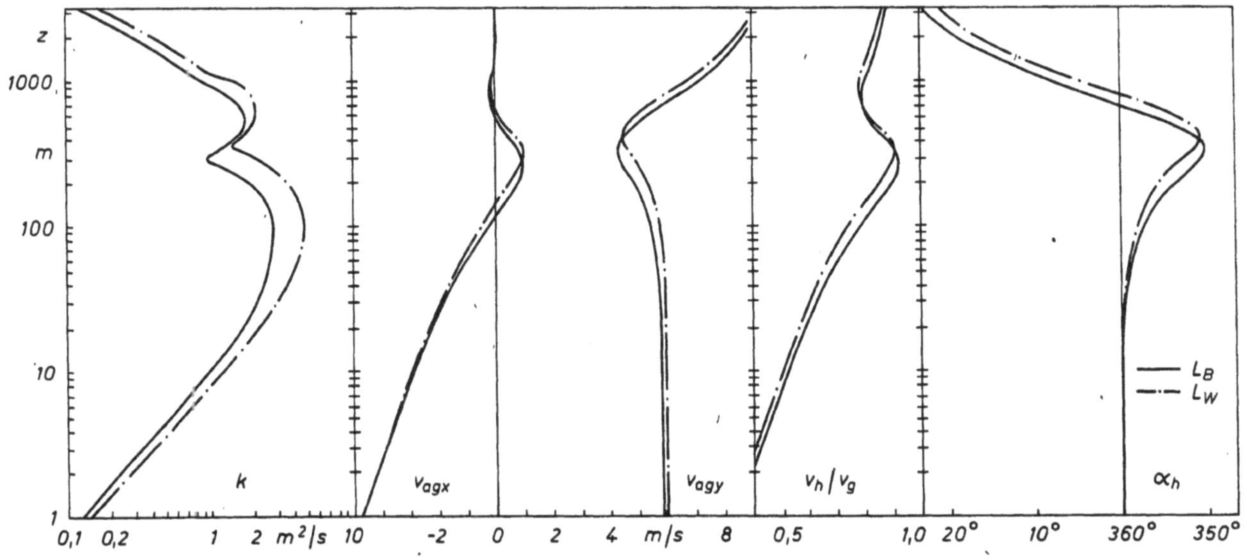

Abb. 3. Beschleunigungseinfluß auf die Vertikalprofile von k, v_{agx}, v_{agy}, v_h/v_g und α_h im Spezialfall $(dv_x/dt)_H = +10^{-3}$ m/s², $dv_y/dt = 0$ (τ_0 und $d\boldsymbol{v}_h/dt$ weisen in diesem Spezialfall in dieselbe Richtung) nach Modellrechnungen für neutrale Schichtung ($\mu = 0$) und unter Verwendung der Mischungswegansätze L_W und L_B (verwendete Parameter wie in Tab. 1)

Literatur

[1] Mix, W.: Über die Möglichkeit der Modellierung des Windfeldes in einer planetarischen Grenzschicht mit eingelagerter Temperaturinversion im (quasi-)stationären Fall. Z. Meteor. **33** (1983), S. 293–314.

[2] Mix, W.: Qualitative Abschätzung von Beschleunigungs- und Baroklinitätseffekten in einer quasihorizontalen Grenzschichtströmung.
Teil I: Grundlagen und Voraussetzungen. Z. Meteor. **39** (1989), im Druck
Teil II: Ergebnisse. Z. Meteor. **39** (1989), im Druck.

[3] Wippermann, F.: A mixing-length hypothesis for a planetary boundary layer flow in the atmosphere. Beitr. Phys. Atmos. **44** (1971), S. 215–226.

[4] Wippermann, F.: The planetary boundary layer of the atmosphere. Ann. Meteor. (Neue Folge) **7** (1973), 346 S.

[5] Wippermann, F.: Eddy diffusion coefficients in the planetary boundary layer. Adv. Geoph. **18A** (1974), S. 407–418.

Abh. Meteorol. Dienstes DDR Nr. 140 (1988)

Radiosondenwindprofile

von B. KLOSE

Zusammenfassung

Auf der Basis einer Feinauswertung von Radiosondendaten der Station Lindenberg (Jahr 1980) entstand ein Datenspeicher mit 1335 Windprofilen für einen Höhenbereich zwischen 450 und 3000 m. Dieser wurde für Verifikationszwecke durch Temperatur- und Feuchteprofile ergänzt, so daß erste empirische Ergebnisse zum Auftreten von niedertroposphärischen Windmaxima und zum Verhalten des horizontalen Windvektors in der planetarischen Grenzschicht formuliert werden konnten.

Die Auswertungen zeigen, daß 7,3 % aller Windprofile niedertroposphärische Maxima aufweisen, wobei diese in 75 % aller Fälle supergeostrophisch sind. Des weiteren konnte abgeleitet werden, daß die Beschreibung der Geschwindigkeit des wahren Windes in der planetarischen Grenzschicht mittels Potenzansatz zu brauchbaren Ergebnissen führt, dieser aber insgesamt gesehen besser für die Bodenschicht geeignet ist. Die geringsten Abweichungen zwischen den gemessenen und berechneten Werten traten in der Boden- und der Oberschicht sowohl bei Verwendung des linear-logarithmischen als auch des Potenzgesetzes unter labilen Schichtungsverhältnissen auf.

Summary

On the basis of a special analysing of radiosonde ascents of the station Lindenberg in the year 1980 a data storage was built up containing 1335 wind profiles for a height range between 450 and 3000 m. For the use of verification this was completed by profiles of temperature and humidity that as first empirical results could be formulated on the occurence of wind maxima and to the characterization of the horizontal wind vector in the planetary boundary layer.

The results show that 7.3 % of all wind profiles have wind maxima in the lower part of the troposphere which are supergeostrophic in 75 % of all cases. Furthermore, it could be deduced that the description of true wind by power law provides useful results, but the power law can better describe the wind profile within the surface layer than in the Ekman layer. The smallest deviations between measured and calculated wind values appeared both by using logarithmic-linear and power law in the surface and in the Ekman layer under unstable conditions.

Резюме

На основе специальной обработки аэрологических данных (станция Линденберг, 1980 год) были получены 1335 вертикальных профилей ветра для высот от 450 до 3000 метров. С целью верификации эти данные были дополнены профилями температуры и влажности, так что стало возможным сформулировать первые эмпирические результаты к явлению мезоструй и к поведению горизонтального ветра в пограничном слое атмосферы.

Оказалось, что 7,3% всех ветровых профилей являются мезоструйными, причём в 75% они — сверхгеострофические. В дальнейшем был сделан вывод, что фактический ветер в пограничном слое хорошо описывается степеным законом, причём лучшие результаты получаются для приземного слоя. Минимальные отклонения между измеренными и вычисленными значениями для приземного и верхнего слоёв получаются при использовании линейно-логарифимического и степенного закона при неустойчивой стратификации.

1. Einleitung

Neue theoretische Erkenntnisse über die Struktur der Turbulenz sowie die in den letzten Jahrzehnten rasch voranschreitende Entwicklung der Nachrichten- und Computertechnik ermöglichten der Meteorologie nicht nur die Schaffung eines globalen Beobachtungssystems als Ausgangspunkt für die mittelfristige numerische Wettervorhersage (z. B. ECMWF-Modell), sondern auch die Realisierung hochauflösender Meßprinzipien für die detaillierte Erfassung von thermo- und hydrodynamischen Zustandsgrößen als Eingangsparameter in mesosynoptische Modelle sowie leistungsfähiger Methoden der Datenerfassung, -übertragung, -verarbeitung und -interpretation, so daß eine Verbesserung des operativen meteorologischen Beratungs- und Wetterwarnungssystems für den Kürzestfristbereich noch in den 80er Jahren als durchaus möglich erscheint. Einen wesentlichen Beitrag hierzu stellt die Entwicklung neuer bzw. die ständige Verbesserung bereits bekannter Meßverfahren dar, und obwohl man z. B. im Vergleich zur Routineradiosonde mit den Mitteln der aktiven indirekten Sondierung heute bereits teilweise genauere Informationen über die vertikale Wind-, Temperatur- und Feuchteverteilung in der planetarischen Grenzschicht (PGS) erlangen kann, wird jenes traditionelle Meßverfahren sicher seinen angestammten Platz bewahren, da sich die damit gewonnenen Meßreihen wegen ihrer Komplexität und annähernden Homogenität vorzüglich zur klimatologischen Bearbeitung von Grenzschichtparametern eignen, zumal durch eine Feinauswertung der Primärradiosondendaten eine Verdichtung des Datenmaterials erreicht werden kann. Im Bewußtsein der Vorteile von Radiosondenwindprofilen, aber auch deren Mängel — Schrägprofil mit in Abhängigkeit von der Steiggeschwindigkeit relativ geringer vertikaler Auflösung — nicht vergessend, entstand im Bereich Meteorologie und Geophysik ein Datenspeicher, der auf einer Feinauswertung der Originalregistrierstreifen der Radiosondenaufstiege der Station Lindenberg für das Jahr 1980 (vergl. hierzu [4, 9, 11]) beruht.

2. Datenmaterial

Ausgehend von der empirischen Erfahrung, daß der horizontale Wind vom Wert Null am Boden bei zunächst nur geringfügiger Richtungsänderung bereits im Höhenintervall zwischen 200 und etwa 800 m auf seinen im wesentlichen geostrophischen Wert zunimmt und anschließend bis annähernd 3000 m etwa konstant bleibt oder eine nur geringfügige Geschwindigkeitsabnahme aufweist, wurde der Bereich der unteren Troposphäre als ausreichend für die Erstellung dieses Datenspeichers erachtet, so daß bei einer mittleren Steiggeschwindigkeit der Sonden von 250 bis 300 m/min jeweils die ersten zehn Minuten des betreffenden Aufstieges in die Auswertung einbezogen wurden. Nach sorgfältiger Korrektur des Datenmaterials unter Berücksichtigung der Tatsache, daß die ersten Windwerte wegen der Schwierigkeiten beim Einfangen der Radiosonde nicht in jedem Fall als gesichert angesehen werden können, sowie von Herauslesefehlern infolge mangelnder Sorgfalt bzw. schlechter Qualität des Registrierstreifens oder des Druckes standen 1335 Windprofile für eine Höhenbereich von 2,5 bis 3,5 km (3/4 aller Fälle) mit Anfangshöhen zwischen 350 und 550 m (2/3 aller Fälle) zur Verfügung. Gemäß [9] beträgt bei realistischer Wahl der Einflußgrößen der nach der rechnerischen Methode abgeschätzte mittlere quadratische Fehler 2 bis 3 m/s, der Größtfehler 3 bis 6 m/s für die Windgeschwindigkeit bzw. 10 bis 30° sowie 30 bis 60° für die Windrichtung. Maximale Fehlerbeträge treten hierbei für beide Größen bei kleinen Höhenwinkeln und großen Schrägentfernungen, hinsichtlich der Windrichtung außerdem noch bei geringen Windgeschwindigkeiten auf. Bei der oben angeführten mittleren Steiggeschwindigkeit der Radiosonde stellen somit die Windrichtung und -geschwindigkeit einen Mittelwert für den Horizontalwind in einer 150 m mächtigen Schicht dar, wobei der mittlere quadratische Fehler der Höhenmessung 20 m beträgt. Für die vertikale Windscherung $\partial v_h/\partial z$ ergibt sich ein Fehler der Größenordnung 0,02 s^{-1}, so daß für Scherbeträge von weniger als 2 m · s^{-1}/100 m der relative Fehler 100% überschreitet.

Um die Verifikation theoretischer Windprofile zu ermöglichen bzw. das Auftreten mesosynoptischer niedertroposphärischer Windmaxima (NWM) studieren zu können, erstellte Tippmann [23] unter Berücksichtigung der bereits angeführten Kriterien zusätzlich einen Datenspeicher „Temperatur", der die in den Ergebnislistings der automatischen Meßdatenauswertung ausgedruckten markanten Punkte des Temperatur- und Feuchteprofils enthält, wobei der erste Temperaturwert der Bodentemperatur entspricht. Für die insgesamt 1368 erstellten Profile beträgt die mittlere Anzahl der markanten Punkte je Aufstieg 6, die maximale Anzahl 10, und wie Abb. 1 verdeutlicht, entfallen annähernd 50% derselben auf den Höhenbereich bis 1000 m. Zusätzlich dazu wurden alle Profile mit Boden- (BI) und freien Inversionen (FI), die in 25 bzw. 17% aller Fälle auftraten, ausgewertet. Auffallend groß ist hierbei die Häufigkeit von BI auch in den Sommermonaten, wobei jedoch in dieser Jahreszeit ihre vertikale Mächtigkeit 600 m meist nicht überschreitet, wie man aus Tab. 1 entnehmen kann. Generell liegt nur bei 16,4% der ausgewählten Profile die Obergrenze der BI höher als 700 m. Hinsichtlich der Untergrenze FI (s. Tab. 2) zeigt sich, daß diese bei 36% der Profile tiefer als 700 m liegen, was besonders im Winter der Fall ist. Beide Resultate stehen in guter Übereinstimmung mit den Auswertungen von Bernhardt und Helbig [1].

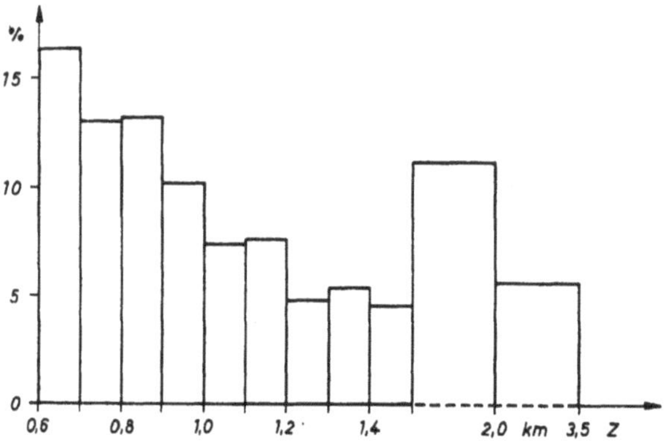

Abb. 1. Relative Häufigkeit der Höhen der ersten markanten Punkte mit $z \geqq 700$ m

Tabelle 1
Absolute Häufigkeit der Höhen der Obergrenzen von BI für Lindenberg 1980

Höhe der Obergrenze in mm über NN	J	F	M	A	M	J	J	A	S	O	N	D	Jahr
<300	6	2	0	1	4	7	5	7	13	8	1	0	54
300 ... 399	7	4	3	11	11	7	9	12	15	9	1	6	95
400 ... 499	6	6	2	7	11	6	4	11	8	7	1	4	73
500 ... 599	3	1	2	3	4	5	3	3	4	2	0	5	35
600 ... 699	6	4	3	3	1	4	0	0	1	1	2	4	29
700 ... 2500	19	11	3	1	3	2	0	1	1	5	4	6	56
Erdboden ... 699	28	17	10	25	31	29	21	33	41	27	5	19	286

Tabelle 2
Absolute Häufigkeit der Höhen der Untergrenzen von FI für Lindenberg 1980 bis in eine Höhe von 1500 m

Höhe der Untergrenze in m über NN	J	F	M	A	M	J	J	A	S	O	N	D	Jahr
<300	2	4	2	0	0	2	0	0	0	2	0	0	12
300 ... 399	7	8	0	0	1	00	0	0	0	0	1	1	18
400 ... 499	3	1	4	0	1	0	0	0	1	0	5	3	18
500 ... 599	5	3	3	1	0	1	0	0	0	0	1	3	17
600 ... 699	4	1.	6	0	0	1	0	0	0	1	2	2	17
700 ... 1500	19	17	22	8	7	2	3	4	19	6	25	13	147
Erdboden ... 699	21	17	15	1	2	4	0	0	1	3	9	9	82

3. Profile mit niedertroposphärischen Windmaxima

3.1. Definition NWM

Ausgehend von der Beobachtungstatsache, daß im Grenzschichtbereich oft supergeostrophische Maxima der horizontalen Windgeschwindigkeit auftreten, aber z. Z. keine einheitliche Theorie zur Beschreibung dieses offenbar auf verschiedene Entstehungsursachen zurückzuführenden Phänomens existiert und deshalb für derartige Erscheinungen die unterschiedlichsten Bezeichnungen gebräuchlich sind (vergl. hierzu [7, 12, 15]), wird zur Charakterisierung derselben in Anlehnung an den hochtroposphärischen Strahlstrom häufig der Terminus Low-Level Jet bzw. Grenzschichtstrahlstrom verwendet. Dies ist jedoch nur bedingt berechtigt, wenn man das Jetstream-Kriterium der WMO zugrunde legt (s. Tab. 3), da es in seiner Gesamtheit durch NWM nur in seltenen Fällen gänzlich erfüllt wird. Vielmehr scheinen NWM bezüglich ihrer räumlichen Ausdehnung in der Regel um eine Größenordnung kleiner zu sein, während ihre vertikalen Scherbeträge — besonders im Bereich der Bodenschicht mit Maximalwerten > 6 m/s auf 30 m — diejenigen des hochtroposphärischen Jets übertreffen.

Da in unserem Fall bei der Verwendung nur einer einzigen Radiosondenstation nichts über die horizontalen Scherbeträge ausgesagt werden kann, sich ein Jet aber stets durch große horizontale und vertikale Scherungen auszeichnet, wird im folgenden auf die Bezeichnung NWM zurückgegriffen.

3.2. Empirische Untersuchungen

Zur Auswertung der Radiosondenwindprofile durch Beyrich [2] wurden als Intervallgrenzen 500 und 3000 m festgelegt, der Betrag der Maximalwindgeschwindigkeit $v_{h\,max} \geqq 15$ m/s gewählt, als Geschwindigkeitsdifferenz zwischen dem Windmaximum und dem darüberliegenden

Tabelle 3

Strahlstromkriterien der WMO und charakteristische Größenordnungen niedertroposphärischer Windmaxima

	Strahlstrom (WMO)	NWM
horizontale Ausdehnung (strömungsparallel)	$> 10^3$ km	10^2 km
horizontale Ausdehnung (strömungsnormal)	$> 10^2$ km	$10^1 \ldots 10^2$ km
vertikale Ausdehnung	10^0 km	einige 100 m
vertikale Windscherung	$5 \ldots 10$ m · s^{-1}/km	$1 \ldots 5$ m · s^{-1}/100 m
horizontale Windscherung	5 m · s^{-1}/100 km	5 m · s^{-1}/100 km
Maximalwind-geschwindigkeit	$\geqq 30$ m/s	15 ... 30 m/s

Minimum $(v_{h\,max} - v_{h\,min}) \geqq 1/3 v_{h\,max}$ sowie in Anlehnung an entsprechende Kriterien aus der Literatur für den Scherungsbetrag oberhalb des Windmaximums

$$\frac{v_{h\,max} - v_{h\,max+2}}{h_{max} - h_{max+2}} \geqq 1{,}3 \text{ m} \cdot \text{s}^{-1}/100 \text{ m}$$

— mit h_{max+2} als zweitem Meßpunkt oberhalb der Höhe des Windmaximums — gefordert.

So kamen, bedingt durch dieses relativ strenge Auswahlprinzip, 98 von den insgesamt 1335 Profilen, was einer relativen Häufigkeit von 7,3% entspricht, für die weiteren Betrachtungen in Frage, wobei der Wert von 7,3% gut mit den Angaben von Orlenko [17] übereinstimmt, wonach 5—8% aller Radiosondenaufstiege ein $v_{h\,max} \geqq 15$ m/s aufweisen. Zitiert werden sollen an dieser Stelle auch die Ergebnisse von Snitkovskij/Kosel'kova [20] sowie Stubler [21], die NWM in 6,2% für den Moskauer Raum (Jahr 1966) bzw. in 3,8% der Fälle für die Lindenberger Aufstiege (1961 bis 1970; 14,391 Profile) fanden.

Bei der anschließenden Charakterisierung der NWM anhand von Häufigkeitsstatistiken zur Geschwindigkeit im Maximalwindniveau, hinsichtlich ihrer vertikalen Scherbeträge und des Verhältnisses v_h/v_g sowie zu ihrer Höhenlage und Verknüpfung mit der thermischen Schichtung der Atmosphäre ergab sich, daß in 67% der Fälle Maximalwindgeschwindigkeiten zwischen 15 und 20 m/s auftraten und bei 14% der Profile Beträge von 25 m/s überschritten wurden, wobei insgesamt in 90% der Fälle übergeostrophische Windmaxima zu verzeichnen waren, die bei 75% der Profile Beträge von $1{,}0 \leqq v_{h\,max}/v_g \leqq 2{,}0$ erreichten. Des weiteren ist zu bemerken, daß es sich bei den Profilen mit $v_{h\,max} < 1{,}0$ meist um solche Situationen handelt, in denen teilweise eine beträchtliche Abnahme des geostrophischen Windes zwischen dem Boden und der 850-hPa-Fläche zu beobachten ist. Dagegen weisen 12 Profile mit $v_{h\,max}/v_g \geqq 2{,}0$ eine Zunahme von v_g mit der Höhe auf, so daß das Verhältnis im Maximalwindniveau kleinere Beträge annimmt. Ebenso wie in [17] kann auf eine negative Korrelation zwischen $v_{h\,max}/v_g$ und v_g verwiesen werden. Bezüglich der vertikalen Windscherung oberhalb des Windmaximums ergaben sich Werte zwischen 1,5 m · s^{-1}/100 m und 3,0 m · s^{-1}/100 m in 70% der Fälle.

Die mittlere Höhenlage der NWM weist einen Jahresgang auf und beträgt 1035 m im Winter sowie 1388 m im Sommer. Bei den insgesamt 98 Profilen lag das Maximalwindniveau in 59 Fällen unterhalb 1200 m, in 29 Fällen bis 2000 m Höhe und in 10 Fällen darüber. Hinsichtlich der Kopplung von NWM an charakteristische Höhenlagen von Inversionen ist keine eindeutige statistische Aussage möglich, obgleich 60% der NWM im Zusammenhang mit Inversionen oder stark stabilen Schichtungsverhältnissen beobachtet wurden. Dies ist nicht verwunderlich, da sich bis heute trotz der Vielzahl der experimentellen Befunde keine allgemeinen Gesetzmäßigkeiten hierzu angeben lassen, zumal neben der häufigen Bindung der NWM an Inversionen auch der Einfluß der Baroklinität, des Tagesganges der Stabilität und des Windvektors in der PGS sowie der Orographie auf die Ausbildung von NWM aus theoretischen Untersuchungen bekannt ist und des weiteren ihr Zusammenhang mit atmosphärischen Fronten durch die Literatur dokumentiert wird.

4. Anschluß der Radiosondenwindprofile an den Bodenwind

Um einen Anschluß der Profile an den Bodenwind zu erhalten, wurde auf empirische und theoretische Ansätze über das vertikale Windprofil aus der Literatur zurückgegriffen, so auf das im wesentlichen schon auf PRANDTL zurückgehende und durch die MONIN-OBUCHOVsche Ähnlichkeitstheorie für adiabatische Schichtungsverhältnisse in der Bodenschicht bestätigte logarithmische Windgesetz

$$u(z) = \frac{u_*}{\varkappa} \ln\left(\frac{z}{z_0}\right) \quad (1)$$

Tabelle 4
Exponent p des Potenzgesetzes im Vergleich mit den Ergebnissen anderer Autoren

Autor/ Beobachtungsort	thermische Schichtung	Bermerkungen	Exponent p
BORISENKO	• neutral	Fernsehturm	0,25
Leningrad	• Mittelwert (5jährig)		0,29
DEMARRAIS	• invers	Windmast	0,46—0,59
Brookhaven	• stabil		0,35
	• neutral		0,29
	• überadiabatisch		0,19
HELBIG	• Jahresmittel	Radiosonden-	0,24
Lindenberg	• Sommer	aufstiege	0,21
	• Winter		0,28
HÖGSTRÖM	• stark stabil	Windmast	0,56
Marviken	• stabil		0,20
	• neutral		0,10
	• labil		0,04
Ringhals	• stark stabil		0,56
	• stabil		0,25
	• neutral		0,13
	• labil		0,05
JOHNSON Suffield	• nahezu neutral	Windmast	0,165
PETERSON Risø	• neutral	Windmast	0,13
SZEPESI	• stark stabil (SSW, 0,5 m/s)	Radiosonden-aufstiege und	0,6
Budapest	• labil (windstill)	Pilot-ballone	<0,4
TIPPMANN	• Jahresmittel	Radiosonden-	0,305
Lindenberg	• Sommer	aufstiege	0,30
	• Winter		0,325
	• stabil, leicht stabil		0,32
	• neutral		0,31
	• labil		0,24

(hier in der Form $u(z) = a \cdot \ln z + b$ genutzt), worin u_* der Schubspannungsgeschwindigkeit, $\varkappa$ der VON KÁRMÁNSCHEN Konstanten, z der geometrischen Höhe, z_0 dem Rauhigkeitsparameter (hier $z_0 = 10$ cm), L der MONIN-OBUCHOVschen Stabilitätslänge sowie a und b Konstanten entsprechen. Für diabatische Schichtungsverhältnisse fand das linear-logarithmische Gesetz

$$u(z) = \frac{u_*}{\varkappa}\left[\ln\left(\frac{z}{z_0}\right) + \frac{\beta}{L}(z - z_0)\right] \quad (2)$$

Verwendung. Der in Abhängigkeit von der Schichtung unterschiedliche Zahlenwert β mußte von uns nicht explizit bestimmt werden, da der Ausdruck (2) in der Form $u(z) = a_1 \cdot \ln \frac{z}{z_0} + b_1(z - z_0)$ in die Rechnungen einging.

Weiterhin erfolgte auf der Basis des ersten Sondierungswertes — hier meist 650 bis 750 m Höhe — und des Bodenwindes mittels des Potenzprofils

$$u(z_2) = u(z_1)\left(\frac{z_2}{z_1}\right)^p, \quad (3)$$

welches in der Praxis mit gutem Erfolg für Höhen unterhalb des ersten Windmaximums Anwendung finden kann, die Bestimmung des Exponenten p für alle Profile, die die Bedingungen $u(z_1) < u(z_2)$ für $z_1 < z_2$ erfüllten. Mittels desselben wurde dann die schrittweise Berechnung der Windgeschwindigkeitswerte (in 100-m-Stufen) in den tieferliegenden Niveaus bis zur Obergrenze der Bodenschicht, die mit 100 m festgelegt wurde, durchgeführt. Die anschließende Interpolation der in der Bodenschicht benötigten Windwerte erfolgte mit Schrittweiten von 25 m anhand des logarithmischen bzw. linear-logarithmischen Ansatzes. Die hierzu benötigten Konstanten a und b sowie a_1 und b_1 lassen sich aus Windmessungen in zwei bzw. drei verschiedenen Höhen (vergl. hierzu [14]) zu

$$a = \frac{u(z_2) - u(z_1)}{\ln z_2 - \ln z_1}, \qquad b = u(z_1) - a \cdot \ln z_1,$$

$$b_1 = \frac{u(z_2)(\ln z_1 - \ln z_0) - u(z_1)(\ln z_2 - \ln z_0)}{(z_2 - z_0)(\ln z_1 - \ln z_0) - (z_1 - z_0)(\ln z_2 - \ln z_0)},$$

$$a_1 = \frac{u(z_1) - b_1(z_1 - z_0)}{\ln z_1 - \ln z_0}$$

bestimmen.

Der bei den Berechnungen stets mit ermittelte Exponent p, der sich als Funktion der Schichtung und Rauhigkeitshöhe z_0 darstellen läßt und somit in Abhängigkeit von der Windrichtung und -geschwindigkeit sowie der Höhe der gemessenen Windwerte variiert, ist in Tab. 4 im Vergleich mit den Ergebnissen anderer Autoren aufgeführt.

Wie aus Tab. 4 ersichtlich, wird durch TIPPMANN das aus der Literatur bekannte Resultat, daß der Exponent p mit zunehmender Stabilität der Schichtung wächst, bestätigt. In Bezug auf die Abhängigkeit des Exponenten p von der Windgeschwindigkeit ergab sich eine Abnahme desselben mit wachsenden Bodenwindwerten, was auch bereits SZEPESI bei der Auswertung von Budapester Radiosonden- und Pilotballonaufstiegen ermittelte. Hinzugefügt werden muß, daß in unserem Falle die größte Abnahme der p-Werte bei labilen Schichtungsverhältnissen sowie allgemein bei einer Zunahme der Windgeschwindigkeit von 1 m/s auf 2 m/s beobachtet wurde.

Um des weiteren eine Aussage über die Güte der für den Datenspeicher mittels der theoretischen und empirischen Ansätze (1) bis (3) notwendigerweise für die Boden- und den unteren Teil der Ekmanschicht zu interpolierenden Windwerte treffen zu können, wurden dieselben auf vollständige Profile angewendet.

4.1. Profile nach ORLENKO

Bei ORLENKO [17] sind für unterschiedliche Schichtungsverhältnisse, Grenzschichthöhen und Werte der geostrophischen Windgeschwindigkeit mittlere Profile (gemittelt über den Zeitraum 1958—1976) angegeben, aber leider nur mit relativ geringer vertikaler Auflösung für die Bodenschicht, so daß für eine Verifikation nur der Potenzansatz geeignet war. Mit diesem erfolgte zunächst die Bestimmung des Exponenten p und nachfolgend die Berechnung der Windgeschwindigkeit für die vorgegebenen Höhen von 430, 200, 130, 100, 10,0, 8,6, 4,0 und 2,0 m ab 500 m abwärts sowie ein Vergleich dieser berechneten Werte mit den von ORLENKO aufbereiteten.

Generell läßt sich hieraus ableiten, daß sich durch einen Potenzansatz das Windverhalten in der Bodenschicht wesentlich besser als in der Oberschicht beschreiben läßt. Im Hinblick auf die Schichtungsverhältnisse im einzelnen kann gesagt werden, daß die größten Differenzen zwischen den gemessenen und berechneten Windwerten bei stabilen Schichtungsverhältnissen im Sommer mit einer mittleren Abweichung von 0,2 m/s in der Boden- bzw. 1,8 m/s in der Oberschicht — im Vergleich zu $<0{,}4$ m/s bzw. $\approx 1{,}0$ m/s im Winter — auftraten. Die beste Approximation des Windprofils durch das Potenzgesetz ergab sich für labile Schichtungsverhältnisse in den Sommermonaten mit 0,2 m/s Abweichung im Mittel für die gesamte Schicht.

Bei adiabatischen Schichtungsverhältnissen wurde außerdem ein starker Einfluß der Grenzschichthöhe bzw. der geostrophischen Windgeschwindigkeit auf die Approximationsgüte zu allen Jahreszeiten festgestellt.

4.2. Meppener Profile

Die in den Jahren 1971/72 durchgeführten und von LEYKAUF [13] veröffentlichten Feinsondierungen von Meppen, für die in Abhängigkeit von der thermischen Schichtung und der Baroklinität universelle Profile abgeleitet wurden, bereitete DITTRICH [6] auf, so daß in unserem Falle für die Profile 1, 6, 8, 12, 16 und 19 eine Approximation mittels Potenzansatz für die gesamte sowie logarithmisch-linearem Ansatz für die Bodenschicht möglich war und ein entsprechender Vergleich zwischen den berechneten und gemessenen Windgeschwindigkeiten für die Höhenstufen 16, 32, 64, 100, 150, 200, ..., 650 m erfolgen konnte.

Allgemein ließ sich feststellen, daß die Verwendung des Potenzgesetzes bei stabil geschichteter Atmosphäre auf zu hohe, bei labiler Schichtung auf zu geringe Windgeschwindigkeiten führt. Die Approximation mittels linear-logarithmischem Ansatz liefert für den Bereich der Bodenschicht überwiegend zu geringe, aber im Vergleich mit dem Potenzansatz dennoch bessere Werte, wie eine Betrachtung der mittleren Abweichung von 0,14 m/s zu 0,53 m/s erbringt. Keine Bestätigung erfährt die Schlußfolgerung nach ORLENKO, daß die Beschreibung des Windverhaltens durch das Potenzgesetz in der Bodenschicht besser als in der darüberliegenden Schicht ist und von der Stabilität abhängt.

4.3. Modellprofile

Ein von MIX [16] für eine quasistationäre, horizontal homogene und barokline PGS entwickeltes Modell gestattet auf der Grundlage der durch numerische Integration der geotriptischen Bewegungsgleichung gewonnenen Vertikalprofile des Schubspannungsvektors Profile für den Turbulenzkoeffizienten und den horizontalen Windvektor abzuleiten. Das vertikale Profil des Windvektors ergibt sich damit aus dem Zusammenwirken von Turbulenzreibungs- und Baroklinitätseffekten und ist durch eine rasche Zunahme der Windgeschwindigkeit in Bodennähe bis zum Erreichen eines reibungsbedingten, meist supergeostrophischen Maximums gekennzeichnet. Im Prinzip liefert das Modell ein weitgehend von Irregularitäten freies Windprofil, das für eine PGS mit eingelagerter freier Inversion im allgemeinen für Höhen bis zu 2000 m in guter Übereinstimmung mit dem im Datenspeicher vorhandenen Radiosondenwindprofilen steht.

Für die vorliegenden Betrachtungen wurden 13 Modellprofile mit hoher vertikaler Auflösung bis in 600 m Höhe sowie ohne Windmaxima ausgewählt und ein Vergleich zwischen den Modell- und Radiosondenwindprofilen durchgeführt. Wie bei ORLENKO ergab sich, daß mittels Potenzansatz unabhängig von den Schichtungsverhältnissen für die Bodenschicht eine bessere Beschreibung des wahren Windes als für die Oberschicht erreicht werden kann, sowie die beste Approximation durch diesen Ansatz in der gesamten Schicht bei labiler Atmosphäre erfolgt. In der Bodenschicht wiederum ist bei neutraler Schichtung dem linear-logarithmischen Ansatz der Vorzug zu geben, da bei seiner Anwendung nur geringe Abweichungen vom wahren Wind auftreten. Bei labilen Schichtungsverhältnissen hingegen liefern beide Ansätze etwa vergleichbare Ergebnisse.

5. Zusammenfassende Bemerkungen

Auf der Basis einer Feinauswertung primärer Radiosondendaten entstand ein Datenspeicher mit 1335 Windprofilen für einen Höhenbereich zwischen 450 und 3000 m. Dieser wurde für Verifikationszwecke durch Auswertung der Ergebnislistings der entsprechenden

Aufstiege um Temperatur- und Feuchteprofile erweitert, so daß erste empirische und theoretische Ergebnisse zum Auftreten von NWM und zum Verhalten des horizontalen Windvektors in der PGS formuliert werden konnten.

Bei Verwendung der in den Ausführungen dargelegten Kriterien ergab sich, daß 7,3% aller Profile NWM aufweisen, wobei in 75% der Fälle ein supergeostrophisches Maximum auftritt, und die vertikale Scherung oberhalb des Windmaximums meist Werte zwischen $1{,}5\ \mathrm{m \cdot s^{-1}/100\ m}$ und $3{,}0\ \mathrm{m \cdot s^{-1}/100\ m}$ annimmt. In 60% der Fälle lag das Maximalwindniveau unterhalb 1200 m. Hinzugefügt werden kann noch, daß die überwiegende Anzahl der NWM in Verbindung mit zyklonalen Wetterlagen bei einer Abnahme oder Konstanz des geostrophischen Windes mit der Höhe stand und daß 60% der NWM an Inversionen oder stark stabile Schichtungsverhältnisse gebunden waren.

Zur Verifikation der theoretischen Ansätze aus der Literatur bzw. nach Modellrechnungen wurden nur solche Profile ausgewählt, die keine Irregularitäten im Bereich der Grenzschicht bis 600 m Höhe aufwiesen, ganz im Gegensatz zu den im Datenspeicher vorhandenen Windprofilen, deren Verlauf im unteren Teil der PGS nicht bekannt ist und z. B. durch das Auftreten von Bodeninversionen in Verbindung mit NWM modifiziert werden kann. Allgemein läßt sich ableiten, daß die Beschreibung des wahren Windverhaltens mittels Potenzansatz bei Zulassung eines mittleren Fehlers von etwa 1 m/s mit Ausnahme stabiler Schichtungsverhältnisse (mittl. Abweichung bis zu 2 m/s) für die gesamte Schicht in der Mehrzahl der Fälle zu brauchbaren Ergebnissen führt. Des weiteren gilt, daß mittels Potenzansatz das Windverhalten innerhalb der Bodenschicht besser als in der Oberschicht beschrieben wird.

Ein Vergleich zwischen linear-logarithmischem und Potenzansatz für die Bodenschicht erbrachte eine mittlere Abweichung von 0,15 m/s zu 0,53 m/s, so daß ersterem der Vorzug gebührt. Die geringsten Abweichungen zwischen den gemessenen und berechneten Werten traten bei beiden Ansätzen im Bereich der Boden- und Oberschicht bei labilen Schichtungsverhältnissen auf.

Literatur

[1] Bernhardt, K.; Helbig, A.: Zur Klimatologie niedertroposphärischer Inversionen über dem Gebiet der DDR. Abh. des Meteor. Dienstes der DDR XVII (1982) 128, S. 115—128.

[2] Beyrich, F.: Empirische und theoretische Untersuchungen zu niedertroposphärischen Windmaxima. Diplomarbeit. Humboldt-Univ. Berlin 1985, 104 S. (unveröff.).

[3] Borisenko, M. M.: Vertikal'nye profili vetra i temperatury v nižnich slojach atmosfery. Trudy GGO 320 (1974), 204 S.

[4] Bormann, U.: Erstellung und Auswertung von Windprofilen aus Radiosondendaten. Diplomarbeit. Humboldt-Univ. Berlin 1983, 90 S. (unveröff.).

[5] DeMarrais, G. A.: Wind-speed profiles at Brookhaven National Laboratory. J. Appl. Meteor. **16** (1959) 2, S. 181—190.

[6] Dittrich, M.: Vertikalprofile von Wind und Turbulenzkoeffizient nach Messungen und Berechnungen. Diplomarbeit. Humboldt-Univ. Berlin 1983, 55 S. (unveröff.).

[7] Freytag, C.: Häufigkeit niedertroposphärischer Windmaxima. Meteor. Rdsch. **34** (1981) 4, S. 105—113.

[8] Helbig, A.: Beiträge zur Meteorologie der Stadtatmosphäre. Dissertation B. Humboldt-Univ. Berlin 1984, 209 S.

[9] Hübel, B.: Zur vertikalen Windverteilung in der planetarischen Grenzschicht nach Routineradiosondendaten. Diplomarbeit. Humboldt-Univ. Berlin 1982, 89 S. (unveröff.).

[10] Johnson, O.: An examination of the vertical wind profile in the lowest layer of the atmosphere. J. Appl. Meteor. **16** (1959) 2, S. 144—148.

[11] Klose, B.; Hübel, B.: Windprofile in der unteren Troposphäre nach Feinauswertung primärer Radiosondendaten. Z. Meteor. **33** (1983) 6, S. 315—321.

[12] Kottmeier, Ch.: Trajektorien unter Einfluß eines nächtlichen Grenzschichtstrahlstromes. Meteor. Rdsch. **31** (1978) 5, S. 129—133.

[13] Leykauf, H.: Experimentelle Bestimmung universeller Profile und deren Abhängigkeit von Parametern der atmosphärischen Grenzschicht. D. 17: Darmstadt 1974, 60 S.

[14] Mayer, H.: Mittelwerte der Schubspannungsgeschwindigkeit, der Schubspannung und des Quotienten β/L_* über Wald in neutral und labil geschichteter Atmosphäre. Meteor. Rdsch. **26** (1973) 5, S. 133—137.

[15] Mix, W.: Empirische Befunde über die vertikale Verteilung des horizontalen Windvektors an niedertroposphärischen Inversionen unter besonderer Beachtung des Low-Level-Jet. Z. Meteor. **31** (1981) 4, S. 220—242.

[16] Mix, W.: Vertikale Profile des Windvektors und des Turbulenzkoeffizienten in einer quasistationären PGS mit freier Inversion. Z. Meteor. **33** (1983) 5, S. 293—314.

[17] Orlenko, L. P.: Stroenie planetarnogo pograničnogo sloja atmosfery. Leningrad. Gidrometeoizdat 1979, 270 S.

[18] Peterson, E. W.: On the use of power laws for estimates of wind power potential. J. Appl. Meteor. **17** (1978) 3, S. 390 to 394.

[19] Smedman-Högström, A.-S.; Högström, U.: A practical method for determining wind frequency distributions for the lowest 200 m routine meteorological data. J. Appl. Meteor. **17** (1978) 7, S. 942—954.

[20] Snitkovskij, A. I.; Košel'kova, G. A.: Mezostruj nad Moskvoj. Trudy GMC **56** (1969), S. 3—13.

[21] Stubler, N.: Zusammenhänge zwischen niedertroposphärischen Inversionen und Windmaxima über Lindenberg. Diplomarbeit. Humboldt-Univ. Berlin 1973, 35 S. (unveröff.).

[22] Szepesi, D.: Die Bestimmung des Windprofils der unteren Luftschicht von 300 m durch Pilotballonmessungen. Z. Meteor. **20** (1968) 1—6, S. 88—93.

[23] Tippmann, A.: Erstellung vertikaler Windprofile im Grenzschichtbereich bis 600 m anhand von Radiosondendaten. Diplomarbeit. Humboldt-Univ. Berlin 1985, 60 S. (unveröff.).

Abh. Meteorol. Dienstes DDR Nr. 140 (1988)

Zur Modellierung niedertroposphärischer Windmaxima

von F. BEYRICH und B. KLOSE

Zusammenfassung

Vorgestellt wird ein aus der Literatur adaptiertes und erweitertes instationäres Zweischichtmodell zur Simulation von Windmaxima in der nächtlichen Grenzschicht sowie das Verhalten seines Lösungsvektors bei Berücksichtigung von Baroklinitäts-, Instationaritäts- und Stabilitätseffekten. Entsprechend den Modellgleichungen ergeben sich je nach Wahl der Modelleingangsparameter zu Sonnenuntergang supergeostrophische Windmaxima von 1,1 bis $1{,}9 V_g$ in der oberen nächtlichen Modellschicht sowie zusätzlich in der unteren Schicht, wenn man die Reibungskoeffizienten in Abhängigkeit von der thermischen Schichtung variiert.

Als aussichtsreich zur Verbesserung der Modellergebnisse erwies sich auch die Inkooperation der advektiven Beschleunigungsterme sowie von Entrainmenteffekten in den Ausgangsgleichungen, worüber aber noch zu berichten ist.

Summary

Topic of this paper is the presentation of an adopted from the literature and improved non-stationary two-layer model for the simulation of wind speed maxima in the nocturnal boundary layer, and the discussion of his results in considering effects of baroclinity, non-stationarity and stability. According to choice of model input parameters at sunset supergeostrophic wind maxima of 1.1 up to $1.9 V_g$ are obtained in the nocturnal upper layer and in the lower layer, too, if the near-surface drag coefficients are varied in dependence on atmospheric stability in this layer.

An improvement of model results can be expected by incooperation of the advective acceleration terms and effects of entrainment into the basic equations, but this will be discussed in a following paper.

Резюме

Предметам этой опубликации ябляется анализ и усовершенствование нестационарной двухуворенной модели мезоструй ветра в ночном пограничном слое. Приведены результаты и дискуссии бароклинных, нестационарных и устойчивых эффектов. В зависимости от вводимых данных для вечерних часов, для верхнего слоя модели получены сверхгеострофические скорости ветра в пределах 1,1—1,9 V_g. Это имеет место и в нижнем слое модели, когда в зависимости от термической стратификации коэофициенты трения изменяются.

Улучшение результатов модели возможно при включении адвективных членов в исходные уравнения и эффектов вовлечения, что обсуждается в следующей статье.

0. Symbolverzeichnis

c_D	Reibungskoeffizient
c_{DN}, c_{DS}	Reibungskoeffizient bei neutralen bzw. stabilen Schichtungsverhältnissen
f	Coriolisparameter
h	Höhe
h_{max}	Höhe, in der das Windmaximum auftritt
k	Turbulenzkoeffizient
t	Zeit
t_{max}	Zeit, zu der das Windmaximum seine größte Intensität erreicht
u	x-Komponente der Windgeschwindigkeit
u_g	x-Komponente des geostrophischen Windes
u_*	Schubspannungsgeschwindigkeit
v	y-Komponente der Windgeschwindigkeit
v_g	y-Komponente des geostrophischen Windes
$\mathbf{v}_h$	Vektor der horizontalen Windgeschwindigkeit
$\mathbf{v}_g$	Vektor des geostrophischen Windes
V_h	Betrag der horizontalen Windgeschwindigkeit
$V_{h\,max}$	Maximum von V_h
V_g	Betrag des geostrophischen Windes
x, y, z	kartesische Koordinaten eines mit der Erdoberfläche fest verbundenen Koordinatensystems
z_0	Rauhigkeitshöhe
α_h	Windrichtung
α_g	Richtung des geostrophischen Windes
α^*	Ablenkungswinkel des wahren gegenüber dem geostrophischen Wind
ϱ	Luftdichte
$\boldsymbol{\tau}$	horizontaler Vektor der Schubspannung
τ_x, τ_y	x- bzw. y-Komponente von $\boldsymbol{\tau}$
φ	geographische Breite
o, s	Indizes für Werte am Erdboden
d, l, u	Indizes für Modellschichtwerte am Tag sowie für die untere bzw. obere nächtliche Modellschicht

1. Einleitung

Auf der Basis wichtiger, bereits im 17. und 18. Jahrhundert entwickelter Meßprinzipien und -instrumente und der in den letzten 20 Jahren des vergangenen Jahrhunderts eingeführten selbsttätigen Meßwertaufzeichnungen bot sich neben den Beobachtungen an den Bergobservatorien (z. B. auf dem Hohen Peißenberg seit dem 1. Januar 1781) und denjenigen mittels bemannter Ballonflüge nach der Jahrhundertwende auch in zunehmendem Maße durch Drachen- und Pilotballonaufstiege, Wettererkundungsflüge und schließlich die Schaffung eines Radiosondennetzes die Möglichkeit, Kenntnisse über die vertikale Verteilung der Temperatur, der Feuchte und des Windes in der unteren Troposphäre zu erhalten. Dabei gaben bereits erste Auswertungen Hinweise auf niedertroposphärische Windmaxima und zeigten, daß diese häufig in Verbindung mit Inversionen stehen, d. h. bevorzugt an der Peplopause bzw. insbesondere im oberen Teil oder an der Obergrenze von Bodeninversionen auftreten. Das wird auch durch neuere Untersuchungen bestätigt, obgleich bis zum heutigen Tag keine eindeutige Zuordnung zwischen den vertikalen Profilen der Temperatur und des Windvektors gelingt. Die Begründung liegt wahrscheinlich darin, daß niedertroposphärische Windmaxima (NWM) Phänomene unterschiedlicher Entstehungsart sind, d. h., daß sie ebenso im Zusammenhang mit der Baroklinität der Atmosphäre, dem Tagesgang der Stabilität, des Turbulenzkoeffizienten und des Windvektors in der planetarischen Grenz-Schicht (PGS) sowie mit Fronten und der Orographie entstehen, was auch erklärt, daß eine geschlossene Theorie zur Beschreibung derselben noch aussteht. Waren es somit zunächst vorwiegend empirische Untersuchungen, so traten im letzten Jahrzehnt Modellbetrachtungen in den Vordergrund, wobei nicht nur Windmaxima mit beträchtlichen vertikalen und horizontalen Scherungen — im eigentlichen Sinne also Low-Level-Jets — simuliert, sondern anhand eindimensionaler Grenzschichtmodelle auch der Einfluß der thermischen Schichtung, der Baroklinität und des Tagesganges der Stabilität bzw. tagesperiodischer Schwankungen des Turbulenzkoeffizienten auf den maximalen Betrag des horizontalen Windvektors abgeschätzt wurden. Generell läßt sich hieraus ableiten, daß in einer baroklinen PGS Windmaxima mit einer um etwa 10%, in einer baroklinen, instationären PGS hingegen schon um 20% übergeostrophischen Geschwindigkeit auftreten können.

Im folgenden wird von uns ein aus der Literatur adaptiertes und weiterentwickeltes instationäres Zweischichtmodell vorgestellt, mit dessen Hilfe man nächtliche Windmaxima in relativ geringen Höhen (200 bis 400 m) innerhalb der PGS simulieren kann, wobei diese Maxima signifikant supergeostrophische Werte aufweisen. Zahlreiche Hinweise auf die Existenz solcher NWM sind aus der Literatur bekannt, und nach KOTTMEIER et al. [15] läßt sich aufführen, daß in Norddeutschland in 10,4% aller Nächte derartige Windmaxima auftreten. Die auf BLACKADAR [4] zurückgehende einfache theoretische Erklärung basiert auf der Annahme, daß die bei einer ungestörten Wetterlage nach Sonnenuntergang rasch einsetzende Stabilisierung der untersten Luftschichten und nachfolgende Ausbildung einer Bodeninversion den vertikalen Impulsaustausch beträchtlich reduziert, so daß der Einfluß der Bodenreibung letztendlich nur noch in einer flachen turbulent durchmischten Schicht wirksam ist, wodurch das Kräftegleichgewicht in der oberhalb der Bodeninversion gelegenen, entkoppelten Schicht beträchtlich gestört wird und damit die in fast jedem Fall vorhandene ageostrophische Windkomponente einer Trägheitsschwingung unterliegt, was einige Stunden nach Sonnenuntergang zur Ausbildung übergeostrophischer Windgeschwindigkeitsmaxima oberhalb der Bodeninversion führt. Eine solche Trägheitsschwingung des Windes wurde mittlerweile vielfach bestätigt (s. dazu CLARKE [6], HARADA [11], KOTTMEIER [13], NIEUSTADT und DRIEDONKS [21], ROTH et al. [22]).

2. Instationäres Zweischichtmodell nach THORPE/GUYMER

2.1. Modellstruktur

Gestützt auf Beobachtungen, wonach unter den Bedingungen der thermischen Konvektion tagsüber eine einheitlich gut durchmischte PGS mit nahezu höhenkonstanten Profilen der potentiellen Temperatur und des Windes existiert (vergl. CLARKE [6], TENNEKES und DRIEDONKS [24]) und darauf, daß es in der nächtlichen PGS häufig zur Ausbildung zweier Schichten kommt (z. B. nach MAHRT [16] und ROTH et al. [22]), nämlich einer die ganze Nacht hindurch voll turbulenten Reibungsschicht (bis etwa 120 m Höhe), einer Zwischenschicht von 20 bis 50 m vertikaler Mächtigkeit und einer entkoppelten Oberschicht mit nur schwacher oder verschwindender Turbulenz, entwickelten THORPE und GUYMER [25] ein diesem Sachverhalt entsprechendes Zweischichtmodell (s. Abb. 1), welches von MALCHER und KRAUS [17] weiter ausgebaut wurde. So werden für die Nacht eine untere gut durchmischte Schicht der Höhe h_l und eine obere entkoppelte Schicht mit der vertikalen Mächtigkeit $h_u - h_l$ betrachtet. Der Einfachheit halber kann $h_u = h_d$ angenommen werden, was jedoch nicht zwingend ist. Die Höhe h_l ist in der Regel klein gegen h_u ($h_l = 1/4 \ldots 1/10 h_u$), wie sich aus Beobachtungen ergibt. Oberhalb von h_d bzw. h_u schließt sich an die PGS die freie Atmosphäre an, für die das geostrophische Kräftegleichgewicht gelten soll. Innerhalb der PGS wird ein höhenkonstanter geostrophischer Wind v_g vorausgesetzt.

Obwohl das Modell drei wesentliche Mängel aufweist, nämlich Unstetigkeiten des Windprofils an den Schichtgrenzen, die Vorgabe abrupter Änderungen einiger Grenzschichtparameter zu Sonnenauf- und Sonnenuntergang sowie eines mittleren Windes für die turbulent durchmischte Schicht in der Nacht, war seine Realisierung dennoch wünschenswert, da es zum einen mit Hilfe einfacher Beziehungen gestattet, den Einfluß verschiedener Effekte auf die Ausbildung nächtlicher NWM zu untersuchen, und es zum anderen ermöglicht, ohne großen numerischen Aufwand ihre Größenordnung abzuschätzen.

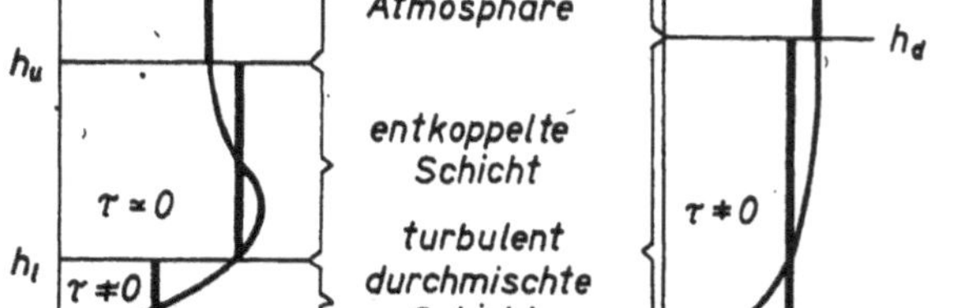

Abb. 1. Grenzschichtmodell nach THORPE und GUYMER (1977) (——— realistisches Windprofil)

2.2. Modellgleichungen

Ausgangspunkt für die mathematische Behandlung sind die hydrodynamischen Bewegungsgleichungen einer mittleren, ausgeglichenen Luftströmung auf der rotierenden Erde, wobei Vertikalbewegungen ausgeschlossen werden sollen, in der Form

$$\frac{du}{dt} = \frac{\partial u}{\partial t} + u\frac{\partial u}{\partial x} + v\frac{\partial u}{\partial y} = f(v - v_g) + \frac{1}{\varrho}\frac{\partial \tau_x}{\partial z},$$
$$\frac{dv}{dt} = \frac{\partial v}{\partial t} + u\frac{\partial v}{\partial x} + v\frac{\partial v}{\partial y} = -f(u - u_g) + \frac{1}{\varrho}\frac{\partial \tau_y}{\partial z}. \tag{2.1}$$

Durch Integration dieser Beziehungen über z in den Grenzen von Null bis h_d (bzw. Null bis h_l und h_l bis h_u) ergeben sich die entsprechenden Gleichungen für die mittleren Windkomponenten der einzelnen Modellschichten. Die Höhenabhängigkeit der Dichte wird dabei vernachlässigt und für τ_x bzw. τ_y eine lineare Abnahme vom Wert τ_{x0} bzw. τ_{y0} am Erdboden auf den Wert Null in der Höhe h_d bzw. h_l angenommen. Diese Annahme wird für den Fall der konvektiv durchmischten PGS am Tage vielfach durch Beobachtungen gestützt (Clarke [6], Tennekes und Driedonks [24], Wyngaard [28]), die ein lineares τ_x-Profil in Richtung des Bodenwindes und ein annähernd lineares τ_y-Profil zeigen, wobei zusätzlich $\tau_y \ll \tau_x$ gilt, so daß die geringfügigen Nichtlinearitäten im τ_y-Profil nicht ins Gewicht fallen. Unter stabilen Bedingungen wird zwar immer noch ein nahezu lineares τ_x-Profil angegeben, das τ_y-Profil ist jedoch in starkem Maße nichtlinear, und die Bedingung $\tau_y \ll \tau_x$ kann nicht mehr im gesamten Bereich der durchmischten Schicht als gültig angesehen werden. (2.1) erhält durch den Übergang zu dieser integralen Betrachtung somit die folgende Form:

$$\frac{d\bar{u}}{dt} + \bar{u}\frac{\partial \bar{u}}{\partial x} + \bar{v}\frac{\partial \bar{u}}{\partial y} = f(\bar{v} - v_g) - \frac{1}{\varrho}\frac{\tau_{x0}}{h_d},$$
$$\frac{d\bar{v}}{dt} + \bar{u}\frac{\partial \bar{v}}{\partial x} + \bar{v}\frac{\partial \bar{v}}{\partial y} = -f(\bar{u} - u_g) - \frac{1}{\varrho}\frac{\tau_{y0}}{h_d} \tag{2.2}$$

($\bar{u}$ und $\bar{v}$ stellen dabei Schichtmittelwerte dar, die Kennzeichnung durch den Querstrich wird jedoch im folgenden wieder fortgelassen).

Für die untere Schicht der nächtlichen PGS steht anstelle von h_d als entsprechende Höhe h_l, und für die obere Schicht verschwindet der jeweils letzte Term auf der rechten Seite von (2.2). Das mathematische Problem besteht damit in der Lösung eines Systems von jeweils zwei miteinander gekoppelten Differentialgleichungen für die einzelnen Modellschichten. Zunächst enthalten diese dynamischen Gleichungen jedoch vier Unbekannte, so daß zusätzliche Annahmen zur Schließung des Systems notwendig sind. Sie betreffen die Parametrisierung von τ_{x0} bzw. τ_{y0}. Von Thorpe und Guymer [25] werden dafür die Ansätze

$$\tau_{xs} = \varrho k_s u, \qquad \tau_{ys} = \varrho k_s v \tag{2.3a}$$

bzw.

$$\tau_{xs} = \varrho c_D u \sqrt{u^2 + v^2}, \qquad \tau_{ys} = \varrho c_D v \sqrt{u^2 + v^2} \tag{2.3b}$$

verwendet.

Die Annahme einer linearen Abhängigkeit der Komponenten der turbulenten Schubspannung von der Windgeschwindigkeit (2.3a) kann theoretisch zwar nicht begründet werden, es zeigt sich jedoch, daß auch mit diesem Ansatz brauchbare Ergebnisse resultieren. Er besitzt außerdem den Vorteil, eine analytische Lösung des Gleichungssystems zu gestatten.

(2.3a) kann auf den quadratischen Ansatz (2.3b) zurückgeführt werden, wenn k_s als Produkt des Reibungskoeffizienten c_D mit einer mittleren Bodenwindgeschwindigkeit $\bar{V}_h$ angesehen wird. k_s besitzt die Dimension $m \cdot s^{-1}$.

Der quadratische Ansatz (2.3b) ist auf der Basis der Ähnlichkeitstheorie abgeleitet und wird gegenwärtig allgemein zur Parametrisierung der Bodenreibung empfohlen (vergl. Arya [1, 2]). Das System (2.2) ist damit lösbar, sofern $\partial u/\partial x$, $\partial u/\partial y$, $\partial v/\partial x$, $\partial v/\partial y$ als konstant und bekannt vorausgesetzt werden, ebenso wie die Größen u_g, v_g, c_D (bzw. k_s) und h_l bzw. h_d.

Um die Eindeutigkeit der Lösung zu gewährleisten, ist zusätzlich die Vorgabe von Anfangsbedingungen erforderlich. Diese werden so formuliert, daß zu Sonnenunter- (SU) bzw. -aufgang (SA) jeweils der Impuls innerhalb der gesamten PGS erhalten bleibt, so daß für die obere Schicht:

$$u_u(\mathrm{SU}) = u_d(\mathrm{SU}) \quad \text{und} \quad v_u(\mathrm{SU}) = v_d(\mathrm{SU}), \tag{2.4a}$$

untere Schicht:

$$u_l(\mathrm{SU}) = u_d(\mathrm{SU}) \quad \text{und} \quad v_l(\mathrm{SU}) = v_d(\mathrm{SU}), \tag{2.4b}$$

$$u_d(\mathrm{SA}) = -\frac{h_l}{h_d} u_l(\mathrm{SA}) + \frac{h_u - h_l}{h_d} u_u(\mathrm{SA})$$

und

$$v_d(\mathrm{SA}) = \frac{h_l}{h_d} v_l(\mathrm{SA}) + \frac{h_u - h_l}{h_d} v_u(\mathrm{SA}) \tag{2.4c}$$

gilt.

Mit der Vorgabe dieser Anfangsbedingungen ist die mathematische Aufgabe vollständig formuliert. Eine Abschätzung der Größenordnung der einzelnen Terme in (2.2.) mit charakteristischen Werten zeigt, daß der erste auf der linken und die beiden Glieder auf der rechten Seite von der Größenordnung $10^{-3}\ m \cdot s^{-2}$ sind, während die Terme mit den horizontalen Ableitungen der Geschwindigkeitskomponenten die Größenordnung $10^{-4}\ m \cdot s^{-2}$ aufweisen. Von letzteren ist also lediglich eine modifizierende Wirkung auf die Lösung zu erwarten.

2.3. Einfache Lösungen

2.3.1. Der lineare Reibungsansatz

Für eine horizontal homogene Atmosphäre sowie einer mit der x-Achse des Koordinatensystems zusammenfallenden Richtung des geostrophischen Windes kann bei Verwendung des linearen Reibungsansatzes das Gleichungssystem (2.2.) wie folgt geschrieben werden:

$$\frac{\partial u}{\partial t} = fv - k_s\frac{u}{h}, \tag{2.5}$$
$$\frac{\partial v}{\partial t} = -f(u - u_g) - k_s\frac{v}{h},$$

wobei für den Tag $h = h_d$, für die untere nächtliche Schicht $h = h_l$ zu setzen ist. Die analytische Lösung desselben ergibt sich hieraus für die beiden Komponenten des Windvektors zu

$$u = \frac{u_g}{1 + \beta^2} + e^{-(k_s/h)t} (c_1 \cos ft + c_2 \sin ft), \quad (2.6)$$

$$v = \frac{\beta \cdot u_g}{1 + \beta^2} + e^{-(k_s/h)t} (c_2 \cos ft - c_1 \sin ft),$$

mit

$$\beta = \frac{k_s}{fh}.$$

Für die obere nächtliche Schicht reduziert sich diese auf

$$u = u_g + c_1 \cos ft + c_2 \sin ft, \quad (2.6a)$$

$$v = c_2 \cos ft - c_1 \sin ft.$$

Die Konstanten c_1 und c_2 in den Lösungen für die einzelnen Modellschichten sind aus den Anfangsbedingungen (2.4a) bis (2.4c) zu bestimmen. Zur Initialisierung werden sie zu Sonnenuntergang aus der stationären Lösung des Gleichungssystems für die PGS am Tag ermittelt und ergeben sich zu

$$c_{1l} = u_g \left(\frac{1}{1 + \beta_d^2} - \frac{1}{1 + \beta_n^2} \right),$$

$$c_{2l} = u_g \left(\frac{\beta_d}{1 + \beta_d^2} - \frac{\beta_n}{1 + \beta_n^2} \right), \quad (2.7a)$$

$$c_{1u} = -u_g \cdot \frac{\beta_d^2}{1 + \beta_d^2}, \quad c_{2u} = u_g \cdot \frac{\beta_d^2}{1 + \beta_d^2} \quad (2.7b)$$

mit

$$\beta_d = \frac{k_{sd}}{f \cdot h_d} \quad \text{bzw.} \quad \beta_n = \frac{k_{sn}}{f \cdot h_l}.$$

Wie aus (2.6) ersichtlich ist, hat die Lösung für alle Modellschichten die Form einer Schwingungsgleichung mit der Periode $2\pi/f$. Für die untere Schicht in der Nacht und für die PGS am Tag ist diese Schwingung durch den Einfluß der Bodenreibung gedämpft, wobei die Amplitude der Dämpfung durch das Verhältnis k_s/h bestimmt wird. Die Bahnkurve hat damit die Form einer Spirale. Für die obere Schicht in der Nacht resultiert eine ungedämpfte Trägheitsschwingung, hervorgerufen durch die zu Sonnenuntergang vorhandene ageostrophische Windkomponente, so daß der Horizontalwind im Verlauf der Nacht supergeostrophische Werte erreicht. Die Bahnkurve ist in diesem Falle ein Kreis mit dem Mittelpunkt $(u_g, 0)$ und dem Radius $R = u_g\beta_d/\sqrt{1 + \beta_d^2}$.

2.3.2. Der quadratische Reibungsansatz

Mit dem Ansatz (2.3b) erhält das Gleichungssystem (2.2) folgende Gestalt:

$$\frac{\partial u}{\partial t} = fv - \frac{c_D}{h} (\sqrt{u^2 + v^2}) \cdot u; \quad (2.8)$$

$$\frac{\partial v}{\partial t} = -f(u - u_g) - \frac{c_D}{h} (\sqrt{u^2 + v^2}) \cdot v.$$

In diesem Fall ist es nicht möglich, eine allgemeine analytische Lösung zu konstruieren. Lediglich für die obere Schicht der nächtlichen PGS ist eine solche wegen der hier verschwindenden Reibungsterme wiederum durch (2.6a) gegeben, wobei aber die Konstanten nicht aus (2.7b) bestimmt werden können.

Die Integration des Differentialgleichungssystems erfolgte deshalb numerisch nach dem RUNGE-KUTTA-Verfahren (vgl. z. B. DANKERT [8]), wozu die BESM-Subroutine INTSTP genutzt wurde. Rechnungen mit verschiedenen Zeitschritten zur Abschätzung der Genauigkeit des Verfahrens zeigten, daß eine Schrittweite von 0,25 h zunächst ausreichend ist und nur zu sehr geringen relativen Fehlern $< 10^{-4}$ führt. Das Verfahren ist stabil gegenüber kleinen Änderungen in den Anfangsbedingungen, wie ebenfalls überprüft wurde, so daß eine Vorgabe der letzteren mit einer relativen Genauigkeit von 10^{-3} als ausreichend angesehen werden kann. Die stationäre Lösung des Gleichungssystems für die PGS am Tag zur Festlegung der Anfangsbedingungen wurde mit dem NEWTONschen Näherungsverfahren zur Lösung nichtlinearer Gleichungssysteme ebenfalls numerisch ermittelt. Dabei wird die zu fordernde relative Genauigkeit von 10^{-3} je nach Vorgabe der 0. Näherung für u bzw. v im allgemeinen nach 4 bis 5 Iterationsschritten erreicht. Untersuchungen der Konvergenzgeschwindigkeit der Berechnungen gegen die stationäre Lösung für den Tag zeigten, daß bezüglich des Geschwindigkeitsverhältnisses V_h/V_g die stationäre Lösung mit 5% relativer Abweichung in der Regel nach 15 bis 21 Stunden und weniger als 2% Abweichung nach 24 Stunden erreicht wird. Für den Ablenkungswinkel α_h liegt die Differenz im allgemeinen unter 2°. Die Konvergenz erfolgt rasch vor allem bei hohen Werten für h_l und c_D sowie niedrigen Werten von h_d und ist relativ schlecht bei großen h_d- und kleinen c_D-Werten. Allgemeine Aussagen über den Einfluß der geographischen Breite auf die Konvergenzgeschwindigkeit sind nicht möglich, da durch erstere die Länge der Trägheitsperiode festgelegt wird und die Güte der Konvergenz dann davon abhängig ist, in welcher Phase des Inertialschwingungszyklus der Zeitpunkt $t = 24$ Stunden fällt. Analoges gilt für den Einfluß der Länge des Tages und der Nacht auf die Konvergenzgeschwindigkeit.

Die Form der Lösung von (2.8) unterscheidet sich für die obere Schicht, wie Abb. 2 zu entnehmen ist, nicht grundsätzlich von der bei Verwendung des linearen Reibungsansatzes, sofern $k_s = v_g \cdot c_D$ annähernd erfüllt ist, da sich dann lediglich die geringfügigen Unterschiede in der ageostrophischen Windkomponente zum Sonnenuntergang im Resultat widerspiegeln. Für die beiden durch die Reibung beeinflußten Schichten bewirkt die Verwendung des quadratischen Ansatzes hingegen, daß die Schwingung stärker gedämpft wird, die Spirale demzufolge einen geringeren Krümmungsradius aufweist und die stationäre Lösung somit schneller erreicht wird. Zwischen beiden Kurven treten in der Nacht Abweichungen bis zu 30% des mit dem quadratischen Ansatz berechneten Wertes für V_h/V_l und bis zu 15° für α_h auf, am Tag liegen die entsprechenden Werte bei 10% bzw. 6%. Auf Grund der besseren theoretischen Begründbarkeit des Ansatzes (2.3b) basieren alle folgenden Berechnungen auf demselben.

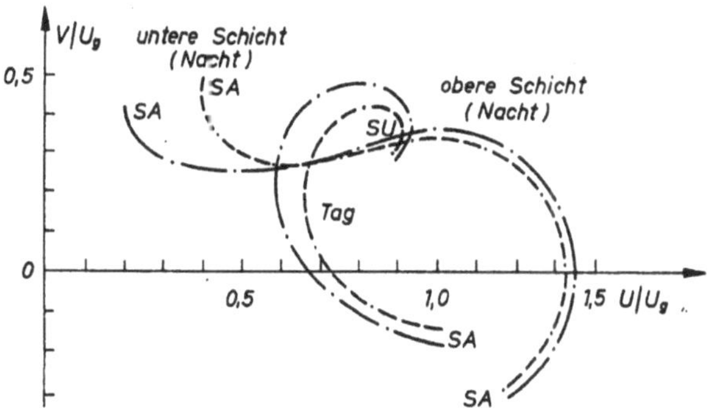

Abb. 2. Hodographenkurven für die einzelnen Modellschichten bei Verwendung des linearen (———) bzw. des quadratischen (- - - -) Reibungsansatzes

(v_g = 5 m · s^{-1}, h_l = 200 m, h_d = 1000 m, k_s = 0,04 m · s^{-1}, c_D = 0,008, φ = 45°)

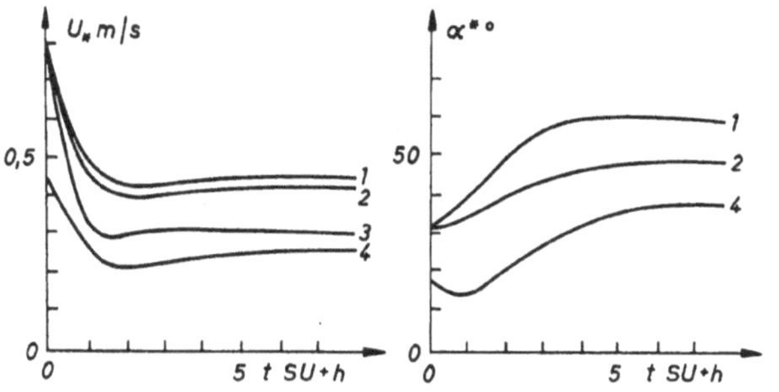

Abb. 3. Variation der Schubspannungsgeschwindigkeit u_* bzw. des Ablenkungswinkels α_* im Verlaufe einer Nacht (c_{DN} = 0,008)

2.3.3. Diskussion einfacher Lösungen

Auf der Basis der Gleichungen (2.8) und (2.6a) soll anschließend das Verhalten des mittleren Windes in den einzelnen Modellschichten betrachtet werden. Die Berechnungen beginnen zu Sonnenuntergang mit der stationären Lösung für die Tag-PGS. Unmittelbar zu diesem Zeitpunkt wird ein unstetiger Übergang der Höhe der turbulenten Schicht von h_d auf h_l angenommen, der zur Teilung der PGS in die für die Nacht typischen zwei Schichten führt, ebenso erfolgt gegebenenfalls eine abrupte Änderung des Reibungskoeffizienten von einem für die als nahezu neutral angenommenen Schichtungsverhältnisse am Tag charakteristischen Wert c_{DN} zu einem die stabileren Verhältnisse während der Nacht kennzeichnenden geringeren Wert c_{DS}. Die Integration erfolgt dann getrennt für die beiden nächtlichen Modellschichten bis Sonnenaufgang, zu dem wiederum unstetige Übergänge der Höhe der turbulent durchmischten Schicht und des Reibungskoeffizienten auf die für die Verhältnisse am Tag charakteristischen Werte angenommen werden, worauf die Integration für die von Sonnenaufgang bis t = 24 Stunden verbleibende Zeit mit dem einschichtigen Modell für den Tag fortgesetzt wird.

Die Annahme abrupter Änderungen der Grenzschichtparameter h und c_D zu Sonnenuntergang führt in der unteren Schicht zu einer raschen Abnahme der Windgeschwindigkeit und einer ebenfalls schnellen Zunahme des Ablenkwinkels α^* in den ersten Nachtstunden. In Abb. 3 ist das zeitliche Verhalten der Schubspannungsgeschwindigkeit $u_* = \sqrt{c_D} \cdot v_h$ und des Ablenkungswinkels α^* im Verlauf der Nacht, deren Länge mit 10 Stunden vorgegeben wurde, dargestellt. Die Schubspannungsgeschwindigkeit erreicht bereits nach etwa drei Stunden einen quasikonstanten Wert, dessen Größe im wesentlichen von V_g und vom Verhältnis c_{DS}/c_{DN} abhängig ist und zwischen 0,2 und 0,5 m/s liegt.

Die für kleinere geostrophische Windgeschwindigkeiten (V_g = 5 m/s) resultierenden u_*-Werten entsprechen etwa den bei Wyngaard [28] und Brost/Wyngaard [5] angegebenen, die in Abhängigkeit von der Abkühlungsrate am Erdboden zwischen 0,15 und 0,25 m/s schwanken. Die Schubspannungsgeschwindigkeit beträgt damit in der Nacht etwa 1/2 bis 1/3 ihres Wertes am Tag, ein Ergebnis, das auch Delage [9] mitteilt. Der Ablenkwinkel α^* liegt bei Sonnenuntergang zwischen 15° und 45° und erreicht einen quasistationären Wert von 40° bis 70° nach etwa 4—6 Stunden. Er ist damit zwar etwas größer, aber dennoch annähernd vergleichbar mit den Ergebnissen von Delage [9] (26°—56°) und Wyngaard [28] (30°—48°). In einer Fallstudie geben Wittich/Roth [27] α^* mit 43°—59° im Verlaufe einer Nacht an, wobei allerdings zu berücksichtigen ist, daß es sich hierbei um den Ablenkwinkel am Erdboden handelt. Der für entsprechende Verhältnisse berechnete Wert liegt zwischen 50° und 60°.

In der oberen Schicht führt die zu Sonnenuntergang vorhandene ageostrophische Komponente zu einer Beschleunigung der Strömung und zum Auftreten signifikant supergeostrophischer Windgeschwindigkeiten im Verlauf der Nacht. Da der geotriptische gegenüber dem geostrophischen Wind kleiner und auf der Nordhalbkugel nach links abgelenkt ist, liegt der Vektor der ageostrophischen Windkomponente zu Sonnenuntergang in einem (u, v)-Koordinatensystem mit dem Mittelpunkt $(u_g, 0)$ stets im linken oberen Quadranten. Während der Nacht führt dieser nun eine Kreisbewegung im Uhrzeigersinn (auf der Nordhalbkugel) aus, und V_h erreicht seinen maximalen Wert zu dem Zeitpunkt, wenn die ageostrophische Komponente mit der Richtung des geostrophischen Windes zusammenfällt. Das tritt wegen der Anfangslage in jedem Fall zwischen 1/4 ... 1/2 der Trägheitsperiode der Inertialschwingung ein.

Aus der Gleichung für die u-Komponente der Windgeschwindigkeit des Systems (2.6a) ergibt sich der Zeitpunkt der größten Intensität des Windmaximums zu

$$t_{max} = \frac{1}{f}\left(\pi + \arctan\frac{c_2}{c_1}\right) \tag{2.9a}$$

und bei Verwendung des linearen Reibungsansatzes (2.3a) zu

$$t_{max} = \frac{1}{f}\left(\pi + \arctan\left(-\frac{1}{\beta_d}\right)\right). \tag{2.9b}$$

Das Verhältnis V_h/V_g ist dann gegeben durch:

$$\left(\frac{V_h}{V_g}\right)_{max} = 1 + \frac{c_1}{u_g}\cos\left[\pi + \arctan\frac{c_2}{c_1}\right] + \frac{c_2}{u_g}\sin\left[\arctan\frac{c_2}{c_1}\right] \tag{2.10a}$$

Tabelle 1
Zeitpunkt des Auftretens und Betrag des Windmaximums in Abhängigkeit von den Eingangsparametern

variierter Parameter		t_{max} (h)	$(V_h/V_g)_{max}$	variierter Parameter		t_{max} (h)	$(V_h/V_g)_{max}$
φ (°)	30	8,75	1,64	h_d (m)	750	5,50	1,61
	40	6,50	1,57		1000	5,25	1,52
	50	5,25	1,52		1500	5,00	1,40
	60	4,50	1,48		3000	4,50	1,22
	70	4,25	1,46				
					0,001	4,25	1,09
V_g (m/s)	1	4,00	1,07	c_D	0,004	4,75	1,32
	5	4,75	1,32		0,008	5,25	1,52
	10	5,25	1,52		0,012	5,75	1,64
	15	5,75	1,64		0,016	5,75	1,71
	20	5,75	1,71		0,020	6,00	1,76
					0,027	6,25	1,81

bzw. mit (2.9b):

$$\left(\frac{V_h}{u_g}\right)_{max} = 1 + \frac{\beta_d}{1+\beta_d^2}\left\{\sin\left[\pi + \arctan\left(-\frac{1}{\beta_d}\right)\right] - \beta_d \cos\left[\pi + \arctan\left(-\frac{1}{\beta_d}\right)\right]\right\}. \tag{2.10 b}$$

Der Zeitpunkt des Auftretens und der Betrag des Windmaximums hängen demzufolge allein von den Anfangsbedingungen, d. h. von Betrag und Phasenlage des ageostrophischen Windvektors zu Sonnenuntergang ab.

Wie Sensitivitätsuntersuchungen erbrachten (vgl. dazu Tab. 1), ist das Windmaxima um so besser ausgeprägt und erreicht seine Intensität um so später, je niedriger die geographische Breite des Beobachtungsortes, je stärker der geostrophische Wind, je flacher die Grenzschicht am Tage und je größer der Reibungskoeffizient, d. h., je rauher die Unterlage ist.
Die Werte von $(V_h/V_g)_{max}$ sind in unserem Falle größer als bei DELAGE [9], der in Abhängigkeit von der ROSSBY-Zahl und der Schichtungsstabilität für die Intensität der NWM Beträge von 1,16 bis 1,42 angibt.

Am Tage erreicht die Windgeschwindigkeit etwa 3 bis 5 Stunden nach Sonnenaufgang einen minimalen Wert und nähert sich in dessen Verlauf mehr oder weniger rasch dem entsprechenden stationären Wert, von dem die Berechnungen ausgegangen sind. Einfluß darauf haben insbesondere die Werte von h_d bzw. c_D. Unter mittleren Bedingungen beträgt die Amplitude der Tagesschwankung der Windgeschwindigkeit im oberen Teil der Grenzschicht etwa 10 m/s, ein Wert, der auch von HARADA [11] für Beobachtungen über der Kanto-Ebene angeführt wird.

2.4. Berücksichtigung zusätzlicher Effekte

2.4.1. Instationaritätseinfluß

Nach Modellrechnungen von HEINEMANN [12] sowie MALCHER und KRAUS [17] bewirken zeitliche Änderungen des geostrophischen Windes nicht nur Modifikationen im Tagesgang des Bodenwindes, sondern haben auch einen großen Einfluß auf die Intensität nächtlicher Windmaxima. Deshalb sollen hier unter der Annahme einer linearen Änderung des Betrages (ΔV_g) und der Richtung ($\Delta\alpha_g$) des geostrophischen Windes zwei Spezialfälle für die obere nächtliche Modellschicht

$$\frac{\partial u}{\partial t} = f(v(t) - v_g(t)), \quad \frac{\partial v}{\partial t} = -f(u(t) - u_g(t)) \tag{2.13}$$

erörtert werden. Als erstes wird eine lineare Änderung allein von V_g betrachtet, so daß $u_g(t)$ bzw. $v_g(t)$ durch (2.14) gegeben sind.

$$u_g(t) = u_{g0} + at, \quad v_g(t) = 0. \tag{2.14}$$

Dabei ist a ein Maß für die zeitliche Zu- bzw. Abnahme von V_g mit der Dimension m/s².

Mit dem Ansatz (2.14) erhält die Lösung von (2.13) die Form:

$$u = u_{g0} + c_1 \cos ft + c_2 \sin ft + at, \quad v = c_2 \cos ft - c_1 \sin ft + a/f. \tag{2.15}$$

Die Konstanten c_1 bzw. c_2 werden aus der Anfangsbedingung (2.4a) bestimmt nach:

$$c_1 = u_d - u_{g0}, \quad c_2 = v_d - a/f.$$

Bleibt nach einer gewissen Zeit t_1 der Betrag der geostrophischen Windgeschwindigkeit konstant, so ist ab diesem Zeitpunkt die Bahnkurve ein Kreis mit dem Mittelpunkt $(u_g(t_1), 0)$ und dem Radius $R = \sqrt{(u(t_1) - u_g(t_1))^2 + v(t_1)^2}$.

Der zweite Spezialfall basiert auf einer linearen Änderung von α_g, so daß man $u_g(t)$ bzw. $v_g(t)$ durch (2.16) beschreiben kann:

$$u_g(t) = V_g \cos \eta t, \quad v_g(t) = V_g \sin \eta t. \tag{2.16}$$

Das Koordinatensystem ist dabei so orientiert, daß für $t = 0$ $u_g(0) = V_g$ und $v_g(0) = 0$ gilt. η ist ein Maß für die Geschwindigkeit der Links- bzw. Rechtsdrehung von α_g mit der Dimension rad/s. Die Lösung von (2.13) lautet mit (2.16):

$$u = c_1 \cos ft + c_2 \sin ft + \frac{fV_g}{\eta + f} \cos \eta t ,$$

$$v = c_2 \cos ft - c_1 \sin ft + \frac{fV_g}{\eta + f} \sin \eta t , \quad (2.17)$$

wobei sich die Konstanten c_1 und c_2 aus (2.2a) zu

$$c_1 = u_d - \frac{fV_g}{\eta + f},$$

$$c_2 = v_d$$

ergeben.

Bleibt nach einer gewissen Zeit t_2 die Richtung des geostrophischen Windes konstant mit $\alpha_g = \psi$, so ist für $t > t_2$ die Bahnkurve ein Kreis mit dem Mittelpunkt $(V_g \cos \psi,\ V_g \sin \psi)$ und dem Radius $R = \sqrt{(u(t_2) - V_g \cos \psi)^2 + (v(t_2) - V_g \sin \psi)^2}$. Die numerische Realisierung dieser zeitlichen Veränderungen des geostrophischen Windes erfolgte über den Aufruf eines Unterprogramms, das vor jedem Integrationsschritt die jeweils aktuellen Werte für u_g bzw. v_g berechnet und für die Lösung des Systems der Bewegungsgleichungen bereitstellt. Ein Vergleich der so erhaltenen Modellergebnisse mit der analytischen Lösung für die angegebenen Spezialfälle zeigte, daß bei einem Zeitschritt von 0,25 h Abweichungen bis zu 0,4 m/s zwischen beiden Resultaten auftreten. Deshalb wurde die Integrationsschrittweite auf drei Minuten reduziert, so daß die Fehler der numerischen gegenüber der analytischen Lösung kleiner als 0,1 m/s sind.

Den zeitlichen Verlauf der Hodographenkurven in der oberen nächtlichen Modellschicht für verschiedene Änderungsgeschwindigkeiten und Änderungsbeträge von V_g bzw. α_g zeigen Abbildungen 4 und 5.

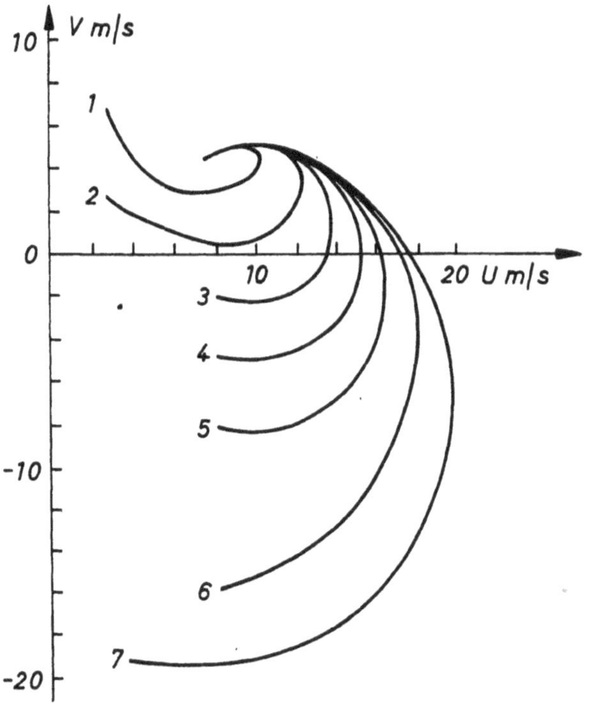

Abb. 5. Windmaxima bei linearer zeitlicher Änderung von α_g

Kurve	1	2	3	4	5	6	7
t_2 (h)	5	10	5	0	5	10	5
$(\Delta\alpha_g)_1$ (°)	+45	+45	+10	0	−10	−45	−45

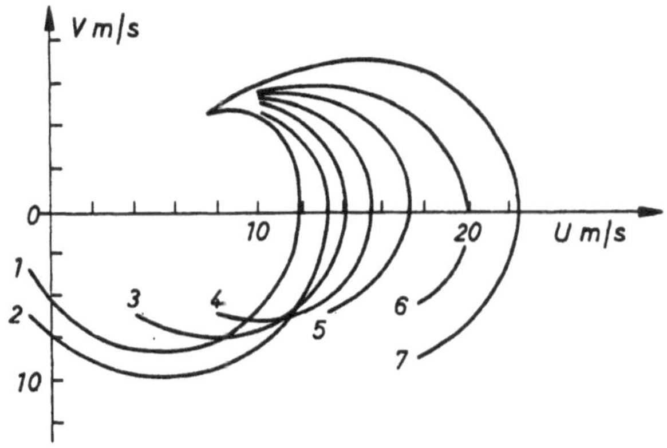

Abb. 4. Windmaxima bei linearer zeitlicher Änderung von V_g

Kurve	1	2	3	4	5	6	7
t_1 (h)	2,5	5	5	0	5	5	2,5
$(\Delta V_g)_1$ $(m \cdot s^{-1})$	−5	−5	−25	0	+25	+5	+5

2.4.2. Barokline Verhältnisse

Daß die Baroklinität der unteren Atmosphäre beträchtlichen Einfluß auf die Ausbildung eines Windmaximums haben kann, zeigen sowohl Beobachtungen als auch Ergebnisse von Modellrechnungen. In der Literatur wird mehrfach darauf hingewiesen, daß NWM bevorzugt in Situationen mit einer vertikalen V_g-Abnahme auftreten (vgl. z. B. Kottmeier [13], Mix [18]). Dies ist eine Feststellung, die auch durch die eigenen Untersuchungen gestützt wird. Numerische Experimente mit einem eindimensionalen Grenzschichtmodell von Wippermann [26] ergaben, daß das Windmaximum am besten ausgeprägt ist, wenn der thermische Wind mit dem geostrophischen Bodenwind einen Winkel von 180° einschließt.

Analoge Resultate liefern auch die Berechnungen von Mix [19, 20], wogegen bei Zeman [29] zwar ebenfalls eine vertikale V_g-Abnahme die Intensität und Ausbildung des Windmaximums begünstigt, jedoch optimale Scherungswerte existieren, oberhalb derer der Einfluß wieder abnimmt oder die Entwicklung eines NWM sogar völlig verhindert. In unserem Fall ist die Berücksichtigung barokliner Verhältnisse dadurch möglich, daß für die beiden nächtlichen Modellschichten jeweils ein unterschiedlicher geostrophischer Wind vorgegeben wird. Da die Intensität des Windmaximums jedoch, wie sich aus der Analyse der Gleichungen (2.10a) bzw. (2.10b) ergab, allein von den Anfangsbedingungen abhängig ist, folgt, daß sich im Verlauf der Hodographenkurven bei unterschiedlicher Baroklinität lediglich die Abhängigkeit der Anfangsbedingungen von v_g widerspiegelt. Demnach nimmt die Intensität des Windmaximums unter baroklinen Verhältnissen im Vergleich zur barotropen PGS bei gleichem Bodenwert für V_g zu, wenn $\partial V_g/\partial z > 0$ ist. Dies muß allein darauf zurückgeführt werden, daß unter diesen Bedingungen zu Sonnenuntergang ein größerer Wert für V_g zu einer größeren ageostrophischen Windkomponente in der oberen Modellschicht führt. Eine Drehung des geostrophischen Windes mit der Höhe hat auf diese Weise keinen Einfluß auf die Intensität des Windmaximums. Modellrechnungen für Fälle, in denen sich, ausgehend von einer barotropen PGS zu Sonnenuntergang, barokline Verhältnisse erst im Verlauf der Nacht herausbilden, liefern dementsprechende Ergebnisse, die sich auf eine (unterschiedliche) zeitliche Änderung von $\mathbf{v}_g$ in den beiden Modellschichten zurückführen lassen.

2.4.3. Stabilitätseinflüsse

Empirische Untersuchungen haben gezeigt, daß stark stabile Verhältnisse oder das Vorhandensein von Inversionen im vertikalen Temperaturverlauf die Ausbildung von NWM begünstigen. Zugleich lassen sowohl Beobachtungen (ŠKLJAREVIČ [23]), als auch Modellrechnungen (DELAGE [9], ZEMAN [29]) erkennen, daß die Intensität des Windmaximums direkt proportional dem Grad der Stabilität ist. Berechnungen mit instationären PGS-Modellen (WIPPERMANN [26], HEINEMANN [12]) führen zum Auftreten nächtlicher NWM durch eine sprunghafte Abnahme des Turbulenzkoeffizienten nach Sonnenuntergang infolge des Tagesganges der Stabilität, wodurch bereits in geringen Höhen während der Nacht die Turbulenzreibung auf unbedeutende Werte absinkt. Aussagen über die Intensität des NWM in Abhängigkeit von der Stabilität werden von den betreffenden Autoren nicht gemacht. Die dem hier verwendeten Modell zugrundeliegende Erklärung von BLACKADAR [4] zur Entstehung nächtlicher NWM basiert auf der Existenz einer Bodeninversion oder einer stark stabilen Schicht, wobei die Stabilität so groß sein muß, daß oberhalb einer Höhe h_l die Turbulenzreibung völlig vernachlässigt werden kann. Demzufolge hat eine zusätzliche Berücksichtigung des Grades der Stabilität keinen Einfluß mehr auf die Strömung in der oberen Modellschicht und damit auf das nächtliche Windmaximum.

Von den Eingangsgrößen des Modells ist jedoch der Reibungskoeffizient c_D neben der Rauhigkeitshöhe z_0 in starkem Maße von der Stabilität abhängig. Es sollte deshalb untersucht werden, inwieweit sich ein stabilitätsbedingter Rückgang von c_D nach Sonnenuntergang auf das Windverhalten in der unteren nächtlichen Modellschicht auswirkt.

Nach Untersuchungen von CLARKE [6] kann über dem großräumig nahezu homogenen und ebenen Gelände Südwestaustraliens eine bis zu 50fache Variation von c_D in Abhängigkeit von der Stabilität beobachtet werden. Auch von ARYA [1] und GARRATT [10] angegebene Abbildungen lassen auf einen ähnlich starken Rückgang von c_D unter stabilen Bedingungen schließen, wobei dieser um so ausgeprägter ist, je größere Werte z_0 aufweist. Dagegen vertreten THORPE/GUYMER [25] die Ansicht, daß der über dem relativ inhomogenen Territorium Mitteleuropas (mit großen Werten für z_0) beobachtete beträchtliche Rückgang der bodennahen Windgeschwindigkeit nur zu erklären sei, wenn c_D im Tagesverlauf annähernd konstant bleibt. Die Beobachtungsergebnisse des Koorin-Experimentes (CLARKE/BROOK [7]) lassen jedoch aus den gemessenen Werten der turbulenten Schubspannung in der Regel ebenfalls auf eine Abnahme von c_D mindestens um den Faktor 10 bis 15 unter den Bedingungen der Ausbildung einer nächtlichen Bodeninversion schließen, obgleich der angegebene Wert für z_0 mit 0,4 m als charakteristisch für eine verhältnismäßig rauhe Unterlage angesehen werden muß. Die hier diskutierten Angaben aus der Literatur gestatten insgesamt, die Annahme eines Rückgangs von c_D um den Faktor 10 bis 20 während der Nacht zumindest unter stabilen Schichtungsverhältnissen als realistisch anzusehen.

Der Verlauf der Hodographenkurve für die untere nächtliche Modellschicht bei verschiedenen Werten von c_{DS} ist in Abb. 6 dargestellt. Es ist erkennbar, daß unter mittleren Bedingungen ($\varphi = 50°$, $V_g = 10$ m/s, $h_l = 200$ m) auch in der unteren Schicht im Verlauf der Nacht supergeostrophische Windgeschwindigkeiten auftreten, wenn c_D nach Sonnenuntergang etwa um den Faktor 10 gegenüber dem Wert am Tag zurückgeht, der mit $c_D = 0{,}008$ vorgegeben war. Sinkt c_D nach Sonnenuntergang auf $5 \cdot 10^{-4}$, so erreicht das Windmaximum in der in diesem Fall von der Trägheitsschwingung schon beträchtlich beeinflußten unteren Modellschicht eine größte Intensität von 1,15; liegt h_l in 400 m Höhe, erhöht sich dieser Werte bereits auf 1,29. Verursacht wird dieses Modellergebnis dadurch, daß für $c_{DS} = 10^{-3}$ der Reibungsterm in (2.2) um eine Größenordnung kleiner als die dominierenden Terme wird, so daß er lediglich eine Modifikation des Strömungsbildes hervorruft. $V_{h\,max}/V_g$ erreicht damit für ein durch den Einfluß der Bodenreibung leicht gedämpftes nächtliches Windmaximum Beträge, die etwa in der Größenordnung liegen, wie sie von verschiedenen Autoren als Ergebnisse der Rechnungen mit eindimensionalen PGS-Modellen angegeben werden (WIPPERMANN [26], DELAGE [9], HEINEMANN [12]). Erfolgt die Modellrechnung mit $h_l = 800$ m, was auch für die Nacht der Annahme einer einschichtigen PGS nahekommen würde, so genügt bereits ein Rückgang von c_D um den Faktor 4 nach Sonnenuntergang, um ebenfalls zu einem um 15% supergeostrophischen Windmaximum zu führen.

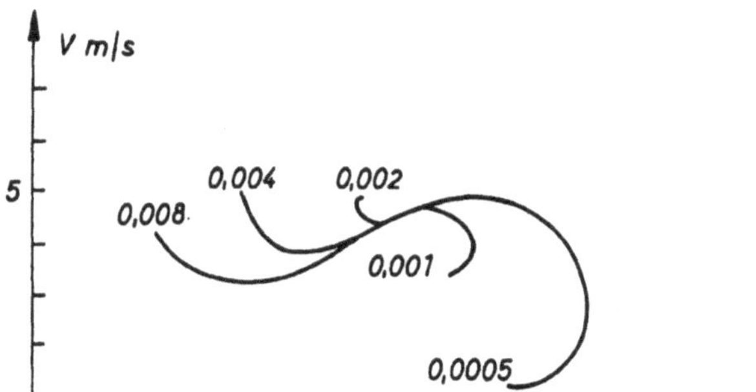

Abb. 6. Variation des Reibungskoeffizienten c_{DS} in der unteren nächtlichen Modellschicht ($h_l = 200$ m)

3. Zusammenfassende Bemerkungen

Wie die vorliegenden Berechnungen zeigen, gestattet das von THORPE/GUYMER [25] entwickelte und von MALCHER/KRAUS [17] sowie BEYRICH [3] erweiterte instationäre integrale Grenzschichtmodell auf einfache Weise eine Abschätzung der Größenordnung grenzschichtinterner niedertroposphärischer Windmaxima. Dabei ist die Struktur der Modellgleichungen von der Art, daß der Zeitpunkt, zu dem das NWM seine größte Intensität erreicht sowie der Betrag des NWM allein von den Anfangsbedingungen zu Sonnenuntergang abhängt, so daß die Bestimmung der Modelleingangsparameter, wie geostrophischer Wind, Grenzschichthöhe und Reibungskoeffizienten, sehr sorgfältig erfolgen muß. Entsprechend ihrer Vorgabe ergibt sich ein Verhältnis von $V_{h\,max}/V_g$ zwischen 1,1 und 1,9.

Die Berücksichtigung einer zeitlichen Abhängigkeit des geostrophischen Windes führte zu beträchtlichen Modifikationen in den Hodographenkurven, wobei für die Spezialfälle einer linearen Änderung von Richtung und Betrag des geostrophischen Windes die aus der Literatur bekannten Zusammenhänge bestätigt werden konnten, wonach z. B. eine Rechtsdrehung des geostrophischen Windes zu einer Verstärkung des NWM führt, während eine Zunahme des Betrages von V_g eine Verringerung der Intensität des Windmaximums bewirkt.

Der Versuch, den Einfluß von Baroklinitätseffekten auf die Ausbildung von NWM zu simulieren, blieb auf Grund der einfachen Modellstruktur leider erfolglos, während aber z. B. die Annahme eines starken Rückganges des Reibungskoeffizienten in der unteren nächtlichen Modellschicht die Simulation eines Windmaximums in derselben ermöglichte, wobei die berechneten Windgeschwindigkeiten um etwa 10—30% supergeostrophische Werte erreichten.

Literatur

[1] ARYA, S. P. S.: Suggested Revisions to Certain Boundary Layer Parameterization Schemes Used in Atmospheric Circulation Models. Mon. Weather Rev. 105 (1977), S. 215—227.

[2] ARYA, S. P. S.: Parametric Relations for the Atmospheric Boundary Layer. Boundary-Layer Meteor. **30** (1984), S. 57—73.

[3] BEYRICH, F.: Empirische und theoretische Untersuchungen zu niedertroposphärischen Windmaxima. Diplomarbeit. Humboldt-Univ. Berlin 1985, 104 S. (unveröff.).

[4] BLACKADAR, A.: Boundary Layer Wind Maxima and their Significance for the Growth of Nocturnal Inversions. Bull. Americ. Meteor. Soc. **38** (1957), S. 283—290.

[5] BROST, R. A.; WYNGAARD, J. C.: Model Study of the Stably Stratified Planetary Boundary Layer. J. Atmos. Sci. **35** (1978), S. 1427—1440.

[6] CLARKE, R. H.: Observational Studies in the Atmospheric Boundary Layer. Quart. J. Roy. Meteor. Soc. **96** (1970), S. 91—114.

[7] CLARKE, R. H.; BROOK, R. R.: The Koorin Expedition — Atmospheric Boundary Layer Data over Tropical Savannah Land. Dep. Sci. Env. — Bureau Meteor. Canberra 1979, 360 S.

[8] DANKERT, J.: Numerische Methoden der Mechanik. Leipzig: Fachbuchverlag 1977, 318 S.

[9] DELAGE, Y.: A Numerical Study of the Nocturnal Boundary Layer. Quart. J. Roy. Meteor. Soc. **100** (1974), S. 351—364.

[10] GARRATT, J. R.: Review of Drag Coefficients over Oceans and Continents. Mon. Weather Rev. 105 (1977), S. 915—929.

[11] HARADA, A.: An Analytical Study of Nocturnal Low-Level-Jet over the Kanto Plains, Japan. Pap. Meteor. Geophys. **32** (1981), S. 233—245.

[12] HEINEMANN, B.: Numerische Untersuchungen einer instationären Planetarischen Grenzschicht Abh. MD der DDR Nr. 139 (1987).

[13] KOTTMEIER, CH.: Trajektorien unter Einfluß eines nächtlichen Grenzschichtstrahlstromes. Meteor. Rdsch. **31** (1978), S. 129—1333.

[14] KOTTMEIER, CH.; LEGE, D.; ROTH, R.: Nächtliche Windmaxima in der Grenzschicht über der Norddeutschen Tiefebene. Ann. Meteor. (Neue Folge) **16** (1980), S. 93—95.

[15] KOTTMEIER, CH.; LEGE, D.; ROTH, R.: Ein Beitrag zur Klimatologie und der Synoptik der Grenzschichtstrahlströme über der Norddeutschen Tiefebene. Ann. Meteor. (Neue Folge) **20** (1983), S. 18—19.

[16] MAHRT, L.: Modelling the Depth of the Stable Boundary Layer. Boundary-Layer Meteor. **21** (1981), S. 3—19.

[17] MALCHER, M.; KRAUS, H.: Low-Level-Jet Phenomena Described by an Integrated Dynamic PBL-Model. Boundary-Layer Meteor. **27** (1983), S. 327—343.

[18] MIX, W.: Empirische Befunde über die vertikale Verteilung des horizontalen Windvektors an niedertroposphärischen Inversionen unter besonderer Beachtung des Low-Level-Jet. Z. Meteor. **31** (1981), S. 220—242.

[19] MIX, W.: Über die vertikale Verteilung des horizontalen Windvektors und des Turbulenzkoeffizienten in einer PGS mit eingelagerter Inversionsschicht. In: Abh. MD der DDR XVII (1982) 128, S. 53—73.

[20] MIX, W.: Vertikale Profile des Windvektors und des Turbulenzkoeffizienten in einer quasistationären PGS mit eingelagerter freier Inversion. Z. Meteor. **33** (1983), S. 293—314.

[21] NIEUWSTADT, F. T. M.; DRIEDONKS, A. G. M.: The Nocturnal Boundary Layer — A Case Study Compared with Model Calculations. J. Appl. Meteor. **18** (1979), S. 1397—1405.

[22] ROTH, R.; KOTTMEIER, CH.; LEGE, D.: Die lokale Feinstruktur eines Grenzschichtstrahlstromes. Meteor. Rdsch. **32** (1979), S. 65—72.

[23] ŠKLJAREVIČ, O. B.: O profiljach sil'nych vetrov v pograničnom sloe atmosfery po eksperimental'nym dannym. Trudy GGO 326 (1975), S. 109—121.

[24] TENNEKES, H.; DRIEDONKS, A. G. M.: Basic Entrainment Equations for the Atmospheric Boundary Layer. Boundary-Layer Meteor. **20** (1981), S. 515—531.

[25] THORPE, A. J.; GUYMER, T. H.: The Nocturnal Jet. Quart. J. Roy. Meteor. Soc. **103** (1977), S. 633—653.

[26] WIPPERMANN, F.: Numerical Study on the Effects Controlling the Low-Level-Jet. Beitr. Phys. Atmos. **46** (1973), S. 137—154.

[27] WITTICH, K.-P.; ROTH, R.: A Case Study of Nocturnal Wind and Temperature Profiles over the Inhomogeneous Terrain of Northern Germany with some Considerations to Turbulent Fluxes. Boundary-Layer Meteor. **28** (1984), S. 169—186.

[28] WYNGAARD, J. C.: Modelling the Planetary Boundary Layer — Extension to the Stable Case. Boundary-Layer Meteor. **9** (1975), S. 441—460.

[29] ZEMAN, O.: Parameterization of the Dynamics of Stable Boundary Layers and Nocturnal Jets. J. Atmos. Sci. **36** (1979), S. 792—804.

Abh. Meteorol. Dienstes DDR Nr. 140 (1988)

Numerische Experimente zur Überströmung der Orographie in einem zweidimensionalen Meso-β-Modell

von K. BERNHARDT, U. DAMRATH und S. KNÜPFFER

Zusammenfassung

In dieser Arbeit werden Ergebnisse numerischer Experimente zur Überströmung der Orographie in einem zweidimensionalen Modell in der x-σ-Ebene vorgestellt. Zunächst werden Modellaufbau und numerische Prozeduren zur Integration der Modellgleichungen kurz charakterisiert. Die Berechnung des Geopotentials aus der statischen Grundgleichung mit Hilfe der Spline-Methode führte zu einer wesentlichen Verringerung der Trunkationsfehler. Im 3. Abschnitt werden die Ergebnisse von Rechnungen mit veränderter Initialisierung sowie vertikaler Auflösung mit denjenigen einer Grundversion verglichen.

Darüber hinaus erfolgte eine Variation des Orographieverlaufs, der Schichtung der Modellatmosphäre sowie der Reibungsparametrisierung. Die im Anhang vorgenommene Abschätzung nichthydrostatischer Effekte rechtfertigt die Verwendung der hydrostatischen Approximation im Rahmen der vorliegenden Modellrechnungen.

Summary

Numerical experiments on overflowing of orography in a two-dimensional meso-β-model

In this paper results of numerical experiments on overflowing of orography in a two-dimensional model in the x-σ-plane are presented. At first the structure of the model and the numerical integration procedures of model equations are briefly characterized. The computation of the geopotential starting from the hydrostatic equation by using the spline method led to an essential diminution of truncation error. In the third part the results of calculations with modified initialization and vertical solution are compared with those of a basic version of the model.

Moreover, there was carried out a variation of orography, of stratification of the model atmosphere and of friction parameterization. From the evaluation of nonhydrostatic effects presented in the appendix there follows the validity of hydrostatic approximation in the given model calculations.

Резюме

Численные эксперименты по обтеканию орографии при помощи двухмерной мезо-β-модели

В данной работе представляются результаты численных экспериментов по обтеканию орографии полученные на основе двухмерной модели в x-σ-плоскости. Сначала кратко характеризуются структура модели и процедуры интегрирование уравнений модели. Восчисление геопотенциала из уравнения гидростатики с помощью „сплайн"-метода привело к существенному уменьшению трункационной ошибки. В третей части результаты расчетов с измененной инициализацей и вертикальным разрешением сравниваются с результатами полученными при помощи основной версии.

Далее проведены вариации орографии, стратификации атмосферы и параметризации трения. Из оценки негидростатических эффектов, проведенной в приложении статьи, можно заключить, что гидростатическое приближение допустимо в рамках данных модельных вычислений.

1. Einleitung

Nach einer Definition der Maßstäbe atmosphärischer Bewegungen von ORLANSKI [31] verstehen wir unter Prozessen vom Maßstab Meso-β solche Vorgänge, die sich durch eine charakteristische Zeit von einigen Stunden bis zu einem Tag und eine charakteristische Länge von 20 bis 200 km auszeichnen. Es handelt sich dabei um solche Phänomene wie die Land-Seewind-Zirkulation oder das Überströmen orographischer Hindernisse mit einer charakteristischen horizontalen Ausdehnung von etwa 100 km sowie um Böenlinien und auch Schwerewellen.

Nachdem eine qualitative Beschreibung und Erklärung der genannten Erscheinungen schon relativ lange bekannt gewesen sind (vgl. hierzu die Zusammenstellung in ATKINSON [6], ist mit der Weiterentwicklung der Rechentechnik auch die numerische Modellierung von Prozessen des Meso-β-Maßstabs möglich geworden. Durch die numerische Modellierung läßt sich einerseits das Verständnis der atmosphärischen Vorgänge vertiefen. Außerdem wird es möglich, mit numerischen Modellen Daten mit relativ hoher räumlicher und zeitlicher Auflösung zu gewinnen und somit vorhandene Meßwerte sinnvoll zu ergänzen. Trotz der in vielen Meteorologischen Diensten zur Verfügung stehenden Hochleistungsrechenanlagen ist es bisher noch nicht gelungen, solche Modelle zu konstruieren, die das gesamte Spektrum der mesometeorologischen Prozesse in ihrem zeitlichen Ablauf und in ihrer dreidimensionalen Struktur zu beschreiben gestatten.

Wegen des sehr hohen Aufwandes bei den numerischen Rechnungen mit einem dreidimensionalen Modell ist man teilsweise dazu übergegangen, zweidimensionale Modelle entweder in einer x-y-Ebene (DANARD [11]) oder in x-z- bzw. x-σ-Ebenen (PIELKE [32], ANTHES, WARNER [5]) zu konstruieren. Im vergangenen Jahrzehnt wurden in der internationalen Literatur eine große Anzahl von Arbeiten publiziert, in denen dieser Modelltyp vorgestellt wurde. Diese Modelle dienen vor allem zwei Zwecken. Eine unmittelbare Anwendungsmöglichkeit dieser Modelle ist dann gegeben, wenn die Voraussetzung der horizontalen Homogenität des Geländes annähernd erfüllt ist (nahezu geradlinige Küstenabschnitte oder ausgedehnte orographische Hindernisse mit nicht zu abwechslungsreicher Struktur). Außerdem können solche zweidimensionalen Modelle effektiv zum Testen numerischer Prozeduren und physikalisch neuartiger Ansätze verwendet werden, um aufwendige Rechnungen mittels dreidimensionaler Modelle zu umgehen, aber dennoch Voraussetzungen für die Entwicklung solcher Modelle zu schaffen. Unter diesen beiden Gesichtspunkten sind auch die Entwicklungsarbeiten zum nachfolgend beschriebenen x-σ-Modell zu sehen. Zum einen wird es möglich, für Regionen, in denen man in genügender Näherung horizontal homogene Verhältnisse voraussetzen kann (z. B. Überströmen des Erzgebirges bei Windrichtungen um Nordwest), vertikale Profile verschiedener meteorologischer Parameter zu berechnen. Andererseits steht mit diesem zweidimensionalen Modell ein Hilfsmittel zur Verfügung, mit dem die Wirkung verschiedenartiger physikalischer Ansätze getestet werden kann. Im folgenden wird zunächst der Einfluß einiger Schemata zur Parametrisierung der Turbulenzreibung auf die Überströmung eines Hindernisses untersucht. Es ist vorgesehen, in einer späteren Untersuchung auch niederschlagsbildende Prozesse zu modellieren.

2. Modellaufbau

2.1. Die Modellgleichungen

Das Modell beruht auf den Bewegungsgleichungen

$$\frac{\partial \boldsymbol{v}}{\partial t} = -\boldsymbol{v} \cdot \nabla \boldsymbol{v} - \dot{\sigma} \frac{\partial \boldsymbol{v}}{\partial \sigma} - f k \times \boldsymbol{v} - \left(\nabla \Phi - \sigma \frac{\partial \Phi}{\partial \sigma} \nabla \ln \pi \right) + \boldsymbol{F}, \tag{1}$$

dem ersten Hauptsatz der Thermodynamik

$$\frac{\partial \theta}{\partial t} = -\boldsymbol{v} \cdot \nabla \theta + Q - \dot{\sigma} \frac{\partial \theta}{\partial \sigma} + F_\theta, \tag{2}$$

der statischen Grundgleichung

$$\frac{\partial \Phi}{\partial \sigma} = -\frac{RT}{\sigma + \dfrac{RT}{\pi}} \tag{3}$$

und der Kontinuitätsgleichung

$$\frac{\partial \pi}{\partial t} + \nabla \cdot (\pi \boldsymbol{v}) + \frac{\partial \pi \dot{\sigma}^2}{\partial \sigma} = 0 \tag{4}$$

mit

$$\sigma = \frac{p - p_T}{p_S - p_T} = \frac{p - p_T}{\pi} \tag{5}$$

(p_T — Druck an der Modellobergrenze).

Nach dem Konzept zur Aufspaltung der prognostischen Variablen in einen nur makroskalig variablen Anteil, einen im Mesoscale veränderlichen Teil und in einen Subgrid-Anteil (PIELKE [32], ANTHES, WARNER [5], DAMRATH [9]) und unter der Voraussetzung, daß die mesoskalige Variabilität der Größen u, v, σ, θ, und Φ nicht von y abhängt, erhalten wir folgende Modellgleichungen:

$$\frac{\partial u}{\partial t} = -u \frac{\partial u}{\partial x} - \dot{\sigma} \frac{\partial u}{\partial \sigma} - \left(\frac{\partial \Phi}{\partial x} + RT \frac{\partial \ln \left(\pi + \dfrac{\partial}{\sigma} \right)}{\partial x} \right) + fv + F_u, \tag{6a}$$

$$\frac{\partial v}{\partial t} = -f(u - u_g) - u \frac{\partial v}{\partial x} + F_v - \dot{\sigma} \frac{\partial v}{\partial \sigma}, \tag{6b}$$

$$\frac{\partial \pi}{\partial t} + \frac{\partial \pi u}{\partial x} + \frac{\partial \pi \dot{\sigma}}{\partial \sigma} + v \frac{\overline{\partial \pi}}{\partial y} = 0, \tag{7}$$

$$\frac{\partial \Theta}{\partial t} = -u \frac{\partial \Theta}{\partial x} - v \frac{\partial \bar{\Theta}}{\partial y} - \dot{\sigma} \frac{\partial \Theta}{\partial \sigma} + Q + F_\Theta. \tag{8}$$

Die Größen $\frac{\overline{\partial \pi}}{\partial y}$, $\frac{\overline{\partial \Theta}}{\partial y}$ und u_g sind im Modell nicht prognostizierbar und müssen vorgegeben werden. Bei den numerischen Rechnungen wurde stets $U_g \neq 0$ gegeben, während

$$\frac{\overline{\partial \pi}}{\partial y}, \frac{\overline{\partial \Theta}}{\partial y} = 0 \quad \text{gesetzt wurden.}$$

Um eine Prognosegleichung für den Bodendruck (bzw. für π) zu erhalten, wird (7) zwischen $\sigma = 0$ und $\sigma = 1$ integriert, und man erhält

$$\frac{\partial \pi}{\partial t} = -\int_0^1 \left(\frac{\partial \pi u}{\partial x} + v \frac{\overline{\partial \pi}}{\partial y} \right) d\sigma, \tag{9}$$

$$\dot{\sigma} = -\frac{1}{\pi} \left(\int_0^1 \left(\frac{\partial \pi u}{\partial x} + v \frac{\overline{\partial \pi}}{\partial y} \right) d\sigma + \sigma \frac{\partial \pi}{\partial t} \right). \tag{10}$$

Bezüglich der Anwendbarkeit der hydrostatischen Approximation für den betrachteten Scale-Bereich sei auf die Abschätzung im Anhang verwiesen.

2.2. Numerische Prozeduren zur Integration der Modellgleichungen

2.2.1. Gitterstruktur

Es ist bei der verfügbaren Speicherkapazität möglich, das x-σ-Modell auf der BESM-6 mit 50 Gitterpunkten in der Horizontalen und 30 Flächen in der Vertikalen zu rechnen. Das Rechenprogramm wurde so konzipiert, daß eine Modellversion maximal 30 Flächen und 49 Gitterpunkten horizontal haben kann. Durch die Vorgabe von Programmparametern können diese Dimensionen beliebig verringert werden.

Bezüglich der horizontalen Anordnung der Variablen wurden zwei Gittervarianten untersucht, das sogenannte A-Gitter und ein „staggered-grid". Die Verwendung des A-Gitters geschah zunächst, um die Modellergebnisse mit denen eines x-p-Modells (HERZOG, FIEDLER [16]) zu vergleichen und um erste numerische Erfahrungen zu sammeln. Die Durchsicht der internationalen Literatur

staggered-grid					A-Gitter		
x	0	x	0	x	x	x	x
u	θ	u	θ	u	u	u	u
v	π	v	π	v	v	v	v
	Φ		Φ		θ	θ	θ
	$\dot\sigma$		$\dot\sigma$		π	π	π
					$\Phi, \dot\sigma$	$\Phi, \dot\sigma$	$\Phi, \dot\sigma$

Abb. 1. Horizontale Gitterpunktsanordnung

zeigt allerdings, daß es kaum mehr üblich ist, Mesomodelle mit Hilfe dieses Gittertyps zu integrieren, da unerwünschte numerische Effekte auftreten (MESINGER, ARAKAWA [28]), die die wirklichkeitsnahe Darstellung des Gravitationswellenregimes verhindern. Es wird eine bereits bei ANTHES, WARNER [5] verwendete Gitterstruktur benutzt, die bezüglich der Gravitationswellendispersion die Eigenschaften des B-Gitters bei MESINGER, ARAKAWA [28] aufweist.

Die Vertikalstruktur des Modells entspricht der des globalen Modells des ECMWF (BURRIDGE, HASELER [7]).

Bezüglich der Berechnung des Geopotentials gibt es nicht zu unterschätzende numerische Probleme, die mit der Integration der statischen Grundgleichung und der Berechnung der beiden Anteile des Druckgradientterms in Verbindung stehen auf die wir später noch zurückkommen werden.

2.2.2. Initialisierung

Dem aus der Literatur bekannten Vorgehen entsprechend werden die Anfangswerte nach folgenden Vorschriften bereitgestellt:

a) Wind: Initialwind ist der geostrophische Wind, u_g wird vorgegeben, v wird aus der geostrophischen Beziehung bei bekannter Geopotentialverteilung berechnet.

b) Temperatur: Die Temperatur kann für jedes Niveau und jeden Gitterpunkt gesondert vorgegeben werden. In den Testrechnungen wurden die 1000-hPa-Temperatur und ein konstantes Temperaturgefälle $\gamma = -\dfrac{\partial T}{\partial z}$ vorgegeben.

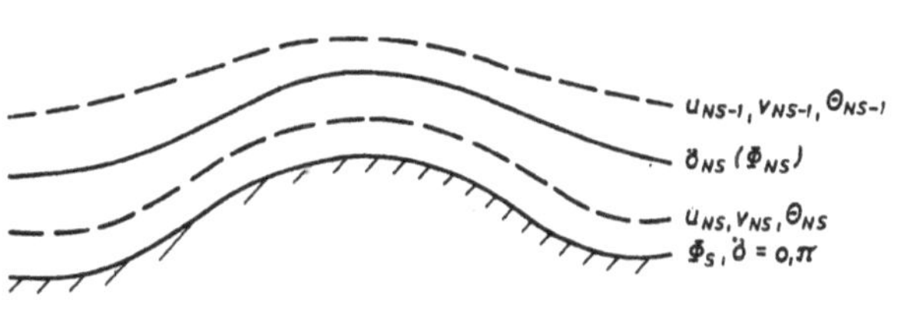

Abb. 2. Vertikale Modellstruktur

Danach ergeben sich

$$T(\sigma) = \left(T_{1000}\,\frac{\gamma}{g}\,\Phi_s\right)\left(\frac{\sigma + \dfrac{p_T}{\pi}}{1 + \dfrac{p_T}{\pi}}\right)^{R\gamma/g} \tag{11a}$$

bzw.

$$\Theta(\sigma) = \left(T_{1000} - \frac{\gamma}{g}\,\Phi_s\right)\left(\sigma_N + \frac{p_T}{\pi}\right)^{\frac{R\gamma}{g}}\left(1 + \frac{p_T}{\pi}\right)^{-\frac{R\gamma}{g}}$$

$$\times\left(\sigma + \frac{p_T}{\pi}\right)^{R\left(\frac{\gamma}{g} - \frac{1}{cp}\right)} \tag{11b}$$

mit σ_N als dem zu 1000 hPa gehörenden σ-Wert.

c) Bodendruck: Bei gegebener Temperatur im 1000-hPa-Niveau und widerum mit $\dfrac{\partial T}{\partial z} = -\gamma = \text{const.}$ erhält man

$$p_s = 1000\left(1 - \frac{\gamma\Phi_s}{gT_{1000}}\right)^{g/R\gamma}, \tag{12}$$

woraus π mit

$$\pi = p_S - p_T \tag{13}$$

folgt. Für p_T wurde 300 hPa angenommen.

Sämtliche andere Variablen können aus u, v, θ und π berechnet werden.

2.2.3. Randwerte

Es wurden sowohl Untersuchungen mit periodischen Randbedingungen als auch mit den Bedingungen

$$\frac{\partial u}{\partial x} = \frac{\partial v}{\partial x} = \frac{\partial \theta}{\partial x} = \frac{\partial \pi}{\partial x} = 0 \tag{14}$$

für die Randpunkte durchgeführt. Es ergaben sich hierbei keinerlei numerische Probleme. Die Bedingung (14) wurde bereits von anderen Autoren (MAHRER, PIELKE [26], KOZO [17], ALPERT, COHEN, NEUMANN, DORAN [4]) erfolgreich verwendet und ist dann praktisch gut verwertbar, wenn sich die Macroscaleelemente nicht oder nur langsam ändern. Für unsere Zwecke sind sie aus diesem Grund auch besonders geeignet, da wir ja die dynamische Interpretation eines zeitlich und räumlich konstanten Zustandes synoptischen Maßstabes ausführen wollen.

2.2.4. Zeitintegration, räumliche Differenzen

Im Vergleich mit dem bereits erwähnten x-p-Modell wurde in einer ersten Version der Zeitintegration das leap-frog-Schema benutzt, wonach für eine Differentialgleichung vom Typ $\dfrac{\partial a}{\partial t} = B(a)$

$$a(\tau + \Delta\tau) = a(\tau - \Delta\tau) + 2\Delta\tau B(a(\tau)) \quad \text{gilt}.$$

Dieses Verfahren arbeitet mit drei Zeitniveaus und benötigt bei seiner Anwendung sehr viel Speicherplatz bzw. Transferzeit. In der jüngeren Vergangenheit sind daher von einer Reihe von Autoren Versuche unternommen worden, andere Zeitschemata anzuwenden. Als besonders ökonomisch bezüglich des Rechenzeitaufwandes erwies sich das Splitting-Prinzip, das von MARČUK [25] vorgeschlagen und seitdem mehrfach, auch mit Modifikationen, angewendet wurde (GADD [12], MATSAMURA, OOKOCHI [27], WHITE [39] u. a.). Bezüglich des theoretischen Hintergrundes des Verfahrens sei auf die Literatur verwiesen. Der Grundgedanke der Splitting-Methode in ihrer Anwendung auf die hydrodynamischen Gleichungen besteht darin, daß die verschiedenen Anteile der Gleichungen Phänomene unterschiedlicher Art beschreiben. Nach GADD [12] können die Modellgleichungen in drei verschiedene Regime aufgespalten werden — in das Advektionsregime, das Gravitationsregime und das Turbulenzregime. Für jedes dieser Regime existieren separate Gleichungssysteme, die zusammen das komplette hydrodynamische System ergeben. Die Teilgleichungssysteme können getrennt voneinander integriert werden. Dies hat vor allem zwei gravierende Vorteile: Die einzelnen Regime beschreiben Bewegungen unterschiedlicher charakteristischer Geschwindigkeiten. Daher können die Teilgleichungssysteme mit unterschiedlichen Zeitschrittweiten integriert werden. Außerdem existieren für die einzelnen Teilgleichungssysteme genauere Integrationsmethoden als für das Gesamtsystem. Wir schreiben formal nun

$$\frac{\partial a}{\partial t} = A(a) + G(a) + R(a)\,,$$

wobei mit $A(a)$ die advektiv bedingte Änderung der Größe a, mit $G(a)$ die im Gravitationswellenregime auftretenden Änderungen von a und mit $R(a)$ die durch die Turbulenzreibung bedingten Änderungen von a bezeichnet sind. Es wird zunächst die Advektionsgleichung gelöst, dann die das Gravitationswellenregime beschreibende Teilgleichung und schließlich die Gleichung, durch die Reibungsflüsse zum Ausdruck kommen. Da im Advektionsbereich ein größerer Zeitschritt verwendet werden kann, braucht diese Teilgleichung nicht so oft gelöst zu werden wie die Gleichung für das Gravitationswellenregime. Nach GADD [12] und MATSAMURA, OOKOCHI [27] kann der Zeitschritt bei der Lösung der Advektionsgleichung $\Delta\tau_A$ viermal so groß sein wie der Zeitschritt $\Delta\tau_G$ im Gravitationswellenregime. Die konkrete Formulierung des Zeitschemas lautet dann

$$\begin{aligned}
a(\tau + \Delta\tau_A) &= a(\tau^*) = a(\tau) + \Delta\tau_A \cdot A(a(\tau), a(\tau^*))\,,\\
a(\tau^* + \Delta\tau_G) &= a(\tau^*) + \Delta\tau_G G(a(\tau^*), a(\tau^* + \Delta\tau_G))\,,\\
a(\tau^* + 2\Delta\tau_G) &= a(\tau^* + \Delta\tau_G) + \Delta\tau_G G(a(\tau^* + \Delta\tau_G),\\
&\qquad a(\tau^* + 2\Delta\tau_G))\,,\\
a(\tau^* + 3\Delta\tau_G) &= a(\tau^* + 2\Delta\tau_G) +\\
&\quad + \Delta\tau_G G(a(\tau^* + 2\Delta\tau_G), a(\tau^* + 3\Delta\tau_G))\,,\\
a(\tau^* + 4\Delta\tau_G) &= a(\tau^{**}) = a(\tau^* + 3\Delta\tau_G) +\\
&\quad + \Delta\tau_G G(a(\tau^* + 3\Delta\tau_G), a(\tau^* + 4\Delta\tau_G))\,,\\
a(\tau^{**} + \Delta\tau_R) &= a(\tau^{**}) + \Delta\tau_R R(a(\tau^{**}), a(\tau^{**} + \Delta\tau_R))\,.
\end{aligned} \tag{15}$$

Bei dieser Formulierung des Zeitschemas wäre $\Delta\tau_R = \Delta\tau_A$ zu wählen. Die Wahl des Zeitschrittes bei der Integration des Reibungsanteils ist von der Art des Lösungsverfahrens abhängig. In den rechten Seiten von (15) ist angedeutet, daß die Integrationsschemata der einzelnen Regime explizit, implizit oder semiimplizit sein können.

Aus den Modellgleichungen resultieren somit folgende Teilsysteme:

1. Advektionsregime

$$\begin{aligned}
&(1)\quad \frac{\partial u}{\partial t} = -u\frac{\partial u}{\partial x}\,,\\
&(2)\quad \frac{\partial v}{\partial t} = -u\frac{\partial v}{\partial x}\,,\\
&(3)\quad \frac{\partial \theta}{\partial t} = -u\frac{\partial \theta}{\partial x}\,;
\end{aligned} \tag{16a}$$

2. Gravitationsregime (Adaptationsgleichungen)

$$\begin{aligned}
&(1)\quad \frac{\partial u}{\partial t} = -\dot{\bar{\sigma}}\frac{\partial u}{\partial \sigma} - \left(\frac{\partial \Phi}{\partial x} + RT\frac{\partial \ln\left(\pi + \frac{p_T}{\sigma}\right)}{\partial x}\right) + fv\,,\\
&(2)\quad \frac{\partial v}{\partial t} = f(u_g - u) - \dot{\bar{\sigma}}\frac{\partial v}{\partial \sigma}\,,\\
&(3)\quad \frac{\partial \Theta}{\partial x} = -\dot{\bar{\sigma}}\frac{\partial \Theta}{\partial \sigma}\,;
\end{aligned} \tag{16b}$$

3. Turbulenzreibungsanteil

$$\begin{aligned}
&(1)\quad \frac{\partial u}{\partial t} = F_u\,,\\
&(2)\quad \frac{\partial v}{\partial t} = F_v\,,\\
&(3)\quad \frac{\partial \theta}{\partial t} = F_\theta\,.
\end{aligned} \tag{16c}$$

Der Advektionsanteil wurde nach zwei verschiedenen Methoden integriert, dem LAX-WENDROFF-Schema (vgl. HALTINER [14], S. 222ff.) und der Upstream-Spline-Methode. Wir beschreiben hier die Spline-Methode, wie sie von PURNELL [34] vorgeschlagen wurde, da sie insbesondere bezüglich der Wellenausbreitung deutliche Vorteile gegenüber dem LAX-WENDROFF-Schema aufweist.

Gleichungen des Typs (16a) $\frac{\partial a}{\partial t} = -u\frac{\partial a}{\partial x}$ haben als allgemeine Lösung $a(x, t) = a(x - ut)$ d. h., ein Luftquantum, das sich am Ort x zum Zeitpunkt τ befindet, war zum Zeitpunkt $\tau - \Delta\tau$ am Ort $x - u\,\Delta\tau$. Es geht jetzt noch darum, den Funktionswert $a(x - u\,\Delta\tau)$ zu bestimmen. Zu diesem Zwecke werden Wind- und Temperaturfeld in Polynomzüge dritten Grades mit folgenden Eigenschaften entwickelt:

1. Für jedes Intervall $\langle x_{i-1}, x_2\rangle$ gilt ein gesondertes Polynom.
2. In jedem Gitterpunkt stimmen sowohl die Funktionswerte als auch die ersten und zweiten Ableitungen des rechtsseitigen und des linksseitigen Polynoms überein.

Zur Ableitung der Koeffizienten der Polynome sei auf die Literatur verwiesen (AHLBERG, NILSON, WALSH [1]; PRICE, MCPHERSON [33]; PURNELL [34]). Werden ausgehend von dem Ansatz

$$u(x) = a_1x^3 + a_2x^2 + a_3x + a_4 \tag{17}$$

die genannten Voraussetzungen beachtet, so ergibt sich

$$u_\Delta(x) = m_{i-1}\frac{(x_i - x)^2 (x - x_{i-1})}{(x_i - x_{i-1})^2} - m_i \frac{(x_i - x)(x - x_{i-1})^2}{(x_i - x_{i-1})^2} + u_{i-1}\frac{(x_i - x)^2 [2(x - x_{i-1}) + x_i - x_{i-1}]}{(x_i - x_{i-1})^3} + u_i \frac{(x - x_{i-1})[2(x_i - x) + x_i - x_{i-1}]}{(x_i - x_{i-1})^3} \qquad (18)$$

als Darstellung für u im Intervall $\langle x_{i-1}, x_i \rangle$ (m_i und m_{i-1} sind die Ableitung $\frac{\partial u}{\partial x}$ im Punkt x_i bzw. im Punkt x_{i-1}).

2.2.5. Berechnung des Geopotentials aus der statischen Grundgleichung

Für die Integration der statischen Grundgleichung im σ-System gibt es verschiedene Möglichkeiten, die allerdings alle einen gemeinsamen Nachteil haben. Zunächst seien die geläufigen Methoden aufgezählt. Es ist im allgemeinen üblich, die Geopotentialwerte auf den verschiedenen Flächen durch sukzessives Aufsummieren vom Geopotential der Erdoberfläche aus dem vertikalen Temperaturprofil zu gewinnen

$$\Phi_k = \Phi_{k+1} + F(T_k, T_{k+1}, \sigma_k, \sigma_{k+1}) \qquad (19)$$

Als Differenzenapproximation für die Diffentialform der statischen Grundgleichung

$$\frac{\partial \Phi}{\partial \ln\left(\sigma + \frac{p_T}{\pi}\right)} = -RT \qquad (20)$$

wurden bislang im wesentlichen drei Ausdrücke verwendet:

$$\Phi_k = \Phi_{k-1} + RT_k \frac{\Delta\sigma_k}{\sigma_k + \Delta\sigma_k \cdot 0{,}5 + \frac{p_T}{\pi}} \qquad (21\,a)$$

(Kurihara, Holloway 1967),

$$\Phi_k = \Phi_{k+1} + RT_k \ln \frac{\sigma_{k+1} + \frac{p_T}{\pi}}{\sigma_k + \frac{p_T}{\pi}}\,. \qquad (21\,b)$$

Hierbei bedeuten Φ_k und Φ_{k+1} die Werte auf den Flächen, wie sie in Abb. 2 dargestellt sind. Allerdings wird das Geopotential auf den Flächen benötigt, auf denen auch u und T bereitstehen. Es ist in diesem Fall üblich, diese Werte durch lineare Interpolation der Werte aus den Nachbarflächen zu gewinnen, so daß die Gleichung

$$\frac{\partial u}{\partial t} = -\left(\dot\sigma \frac{\partial u}{\partial \sigma} + \frac{\partial \Phi}{\partial x} + RT \frac{\partial \ln\left(\pi + \frac{p_T}{\sigma}\right)}{\partial x} + fv\right) \qquad (22\,a)$$

für das Niveau k und den Gitterpunkt i im diskretisierten Fall

$$\frac{u_{i,k}^{\tau+\Delta\tau_G} - u_{i,k}^{\tau}}{\Delta\tau_G} = -\left[\dot\sigma \frac{\partial u_i^\tau}{\partial\sigma} + \frac{\Phi_{i+1,k+1}^{\tau+\Delta\tau} + \Phi_{i+1,k}^{\tau+\Delta\tau} + \Phi_{i,k}^{\tau+\Delta\tau} - \Phi_{i+1,k}^{\tau+\Delta\tau}}{2\,\Delta x} + RT_i^{\tau+\Delta\tau_G} \frac{\ln\left(\pi_{i+1}^{\tau+\Delta\tau_G} + \frac{p_T}{\sigma_k + 0{,}5\,\Delta\sigma}\right) - \ln\left(\pi_i^{\tau+\Delta\tau_G} + \frac{p_T}{\sigma_k + 0{,}5\,\Delta\sigma}\right)}{\Delta x} + f v_{i,k}^\tau\right] \qquad (22\,b)$$

lautet. Zweifellos werden bei der linearen Interpolation Trunkationsfehler auftreten, die besonders dann bedeutsam werden, wenn die Orographie der Erdoberfläche steile Neigungen aufweist. In anderen Modellen wird daher das Geopotential für die u- und T-Flächen selbst berechnet (vgl. Haltiner [14], S. 241 ff., White [39]), indem etwa (dritter Ansatz)

$$\Phi_k = \Phi_{k+1} + \frac{R}{2}\left(\frac{T_{k+1}}{\sigma_{k+1}} + \frac{T_k}{\sigma_k}\right) \qquad (22\,c)$$

gesetzt wird. Der Grund für die Anwendung von (22a bis c) liegt in Energiebetrachtungen, da zur Umwandlung von kinetischer in potentielle Energie (vgl. Burridge, Haseler [7] und umgekehrt im Modell die Beziehung

$$\frac{1}{\sigma} = \frac{\Delta \ln \sigma}{\Delta\sigma} \qquad (23)$$

gelten muß. Werden die Beziehungen (22a bis c) verwendet, entstehen allerdings bei starker Geländeneigung und nahe der Modellobergrenze beträchtliche Trunkationsfehler, da dann (23) auch nicht näherungsweise gilt. Als Möglichkeit, diese Schwierigkeit zu umgehen, schlugen Tomine, Abe [37] vor, die auf n Standardisobarflächen gegebenen Geopotentialwerte durch ein Polynom $(n - l)$-ten Grades zu approximieren und somit die Geopotentialwerte auf den gewünschten Modellflächen zu erhalten und dieses Vorgehen in abgewandelter Form auch in den Vorhersagealgorithmus zu übernehmen. Dieses Verfahren erweist sich zwar als äußerst genau, muß aber auf Modelle mit geringer vertikaler Auflösung beschränkt bleiben, da die Lösung linearer Gleichungssysteme mit mehr als 10 Unbekannten sehr rechenaufwendig ist. Die Spline-Interpolationsmethode, die schon bei der Beschreibung des Advektionsprozesses genutzt wurde und als relativ genau auch bei Rechnungen mit der statischen Grundgleichung (Gordin, Loktionova [13]) bekannt ist, bietet hier einen Ausweg, der wenig Rechenzeit kostet.

In Anlehnung an die Ausführungen im vorangegangenen Abschnitt denken wir uns den Temperaturverlauf als Polynom dritten Grades in Abhängigkeit von der Vertikalkoordinate $\sigma_* = \sigma + \frac{PT}{\pi}$ gegeben, so daß gilt

$$T(\sigma_*) = T_1\sigma_*^3 + T_2\sigma_*^2 + T_3\sigma_* + T_4\,. \qquad (24)$$

Aus (20) folgt dann unmittelbar

$$\Phi_k = \Phi_{k+1} + R\left[\frac{T_1}{3}(\sigma_{*,k+1}^3 - \sigma_{*,k}) + \frac{T_2}{2}(\sigma_{*,k+1}^2 - \sigma_{*,k}^2) + T_3(\sigma_{*,k+1} - \sigma_{*,k}) + T_4 \ln\frac{\sigma_{*,k+1}}{\sigma_{*,k}}\right]. \qquad (22\,d)$$

Der Vorteil der Anwendung von (22d) gegenüber (22a bis c) besteht in der wesentlich höheren Genauigkeit der Berechnung des Druckgradiententerms. Als Nachteile sind vor allem zwei Umstände zu nennen. Die Energieerhaltung kann (zumindest analytisch) nicht garantiert werden. Außerdem wir die Temperatur in all den σ_*-Niveaus gebraucht, in denen auch das Geopotential bekannt ist oder berechnet wird. Das bedeutet, daß auch für die Erdoberfläche eine Prognosegleichung verwendet oder ein vorgegebener Wert angenommen werden müssen. Da wir aber schon zur Berechnung des turbulenten Wärmeflusses die Bodentemperatur nutzen, bedeutet der zweite hier genannte Nachteil in unserem Falle keine Einschränkung. Die Genauigkeit der angewandten Methode wollen wir anhand eines numerischen Beispiels demonstrieren. Gegeben sei eine Modellatmosphäre mit folgenden Eigenschaften: $\frac{\partial T}{\partial Z} = -\gamma = -0{,}0065$ K; $\left(\frac{\partial T}{\partial x}\right)_z = 0$, $T(1000$ hPa$) = 288$ K. Wegen der vorausgesetzten horizontalen Homogenität des Temperaturfeldes ist (zumindest im analytischen Fall) auch keine Druckgradientkraft in x-Richtung vorhanden, und somit verschwindet die v-Komponente des geostrophischen Windes; d. h., aus dem Ausdruck

$$V = \frac{1}{f}\left(\frac{\partial \Phi}{\partial x} + RT\,\frac{\partial \ln\left(\pi + \frac{p_T}{\sigma}\right)}{\partial x}\right) \tag{25}$$

läßt sich direkt die Genauigkeit des Differenzenschemas ersehen. Gegeben sei weiterhin ein sinusoidaler Berg mit einer Höhe von 1500 m und einer horizontalen Ausdehnung von 120 km. Die horizontale Schrittweite sei 10 km, wobei der Gipfelpunkt ein (u, v)-Punkt sei. Für die 13 Punkte über dem stilisierten Berg wurde gemäß (25) bzw. mit der aus (28d) folgenden Differenzenform die v-Komponente des Windes berechnet. Dabei wurde das Geopotential (Version A) zunächst mit Gl. (22a) berechnet und linear auf die (u, v)-Flächen interpoliert. In einer zweiten Version (B) wurde anstelle der linearen Interpolation die Abhängigkeit des Geopotentials von σ durch Spline-Entwicklungen dargestellt. Danach resultiert

$$\Phi\left(\frac{\sigma_k + \sigma_{k+1}}{2}\right) = \frac{\Phi_k + \Phi_{k+1}}{2} + 0{,}125\,\Delta\sigma(m_k(\Phi) - m_{k+1}(\Phi))\,, \tag{26}$$

wobei die $m_k(\Phi)$ analog zu den Gleichungen (23) berechnet wurden. Schließlich wurde das Geopotential nach Gl. (53d) für die (u, v)-Flächen berechnet (C). Tabelle 1 enthält sowohl die über alle (u, σ)-Flächen gemittelte y-Komponente des Windes sowie deren absolutes Maximum und die kinetische Energie, die durch die Trunkationsfehler bei der Berechnung des v-Windes numerisch entsteht, für verschiedene vertikale Auflösungen des Modells.

Die angegebenen Zahlenwerte zeigen die hohe Genauigkeit der Spline-Interpolationsmethode, insbesondere was die Näherung des gegebenen Temperaturprofils angeht. Andererseits geht aus den Tabellenwerten auch hervor,

Tabelle 1

Numerische Werte des mittleren und des maximalen v-Windes sowie eines Maßes für die kinetische Energie bei unterschiedlicher Berechnung des Geopotentials (v in m · s^{-1}, Σv^2 in m^2 s^{-2})

NS		Version A	B	C
31	$\bar{v}$	0,699	0,229	0,008
	v_{max}	3,88	2,09	0,03
	Σv^2	400	39	0
16	$\bar{v}$	2,768	0,912	0,015
	v_{max}	14,14	6,92	0,13
	Σv^2	3194	486	0
11	$\bar{v}$	6,181	2,245	0,043
	v_{max}	29,11	13,16	0,37
	Σv^2	10362	1601	0
5	$\bar{v}$	27,920	9,137	0,349
	v_{max}	90,33	34,39	1,70
	Σv^2	73077	12832	4

daß eine räumliche Auflösung von 10 km für die Berechnung der Strömung über Berge des angenommenen Typs bei traditioneller Berechnung des Geopotentials schon bei einer Flächenanzahl von 16 in der Vertikalen ganz erhebliche Trunkationsfehler mit sich bringt, die die Verwertbarkeit der Ergebnisse zweifelhaft erscheinen lassen. Stellt man den Temperaturverlauf mit einer Spline-Kurve dar, dann resultieren drastisch reduzierte numerische Fehler auch bei einer stark verringerten Anzahl vertikaler Modellflächen. Dieser Umstand ist — wir kommen später noch einmal darauf zurück — für die Praxisüberführung der Ergebnisse von entscheidender Bedeutung.

2.2.6. Zusätzliche numerische Prozeduren

a) Randglättung

Bei der Verwendung überbestimmter Randwerte im Sinne der Beziehung (14) ist es notwendig, in Randnähe zusätzliche Bedingungen einzuführen, um die Integration numerisch stabil ausführen zu können (vgl. dazu ausführliche Darstellungen bei Herzog [15]). Es wird hier die Randglättung nach Chen [8] verwendet, wonach für jede Variable am Randpunkt u_{NR} gilt

$$u^*_{NR} = 0{,}5u_{NR} + 0{,}25(u_{NR-1} + u_{NR+1})\,, \tag{27}$$

wobei die Größen ohne Stern die mit dem Modell prognostizierten Werte bzw. die vorgeschriebenen Randwerte sind.

b) Zusätzliche Diffusion

Die durch die Behandlung der Differentialgleichungen resultierenden 2-Δs-Wellen werden mit einem impliziten Filter eliminiert. Mit diesem Filter ist die gezielte Elimination von 2-Δs-Wellen möglich, während die Wirkung auf andere Wellenlängen von der Filterkonstante abhängt. Die gefilterten Werte u erhält man mittels

$$(1-\delta)\,\bar{u}_{i+1} + 2(1+\delta)\,\bar{u}_i + (1-\delta)\,u_{i-1} = u_{i+1} + 2u_i + u_{i-1}\,, \tag{28}$$

wobei zwischen geglättetem und Originalfeld die Beziehung

$$\bar{u} = u_1 + \frac{1}{\delta tg^2}\frac{\lambda}{2}$$

(λ-Wellenzahl) besteht (vgl. MAHRER, PIELKE [26]). Dieser Filter wird nach jedem Zeitzyklus auf die Variablen u, v und θ angewendet. Als Filterkonstante δ wurde der Wert 0,15 gewählt.

c) Obere diffuse Schicht

Die Verwendung von oberen Randbedingungen des Typs $\dot{\sigma}_1 = 0$ bei relativ starken Hangneigungen führt (vgl. hierzu ausführliche Darstellungen bei KLEMP, LILLY [18]) zu Reflexionserscheinungen, die bei Integrationszeiten von mehr als drei Stunden die Modellergebnisse unbrauchbar werden lassen. Nach KLEMP, LILLY kann diese Reflexion auch nicht bei Vorgabe einer Ausstrahlungsbedingung vermieden werden. In Anlehnung an die Vorschläge von KLEMP und LILLY wurde daher in den oberen Schichten des Modells zusätzlich eine explizite horizontale Diffusion eingebracht, wobei die Glättungskonstante in Abhängigkeit von σ variiert und mit

$$D\sigma_k = 0{,}5\left(1 - \frac{\sigma_k}{\sigma_{REF}}\right) \qquad (29)$$

gegeben ist. σ_{REF} ist das σ-Niveau, von dem ab die Glättungskonstante linear vom Wert Null beginnend bis auf 0,5 an der Modellobergrenze anwächst. Die Diffusionsgleichung lautet dann

$$\bar{u}_i = (1 - D\sigma_k)\, u_i + 0{,}5 D\sigma_k(u_{i+1} + u_{i-1})\,. \qquad (3)$$

Bei einem Zeitschritt von $\Delta\tau = 30$ s und einem Raumschritt von 10 km entspricht der Maximalwert von $D\sigma_k$ einem Diffusionskoeffizienten von $8{,}3 - 10^5\ \mathrm{m \cdot s^{-1}}$. Die Einführung einer solchen diffusen Schicht ist in der numerischen Modellierung des Überströmens orographisch bedingter Hindernisse im Mesoscale üblich und insbesondere in Modellen mit nur wenigen Flächen notwendig (vgl. KLEMP, LILLY [18], ANTHES, WARNER [5], MAHRER, PIELKE [26], SOMIESKI [36], ALPERT, COHEN, NEUMANN, DORON [4]).

3. Modellexperimente

3.1. Einleitung

Mit dem im zweiten Abschnitt beschriebenen Modell von DAMRATH [10] wurden im Rahmen einer Diplomarbeit verschiedene Experimente durchgeführt, deren Ziel das Studium des Modellverhaltens in Abhängigkeit von verschiedenen Modellparametern war.

3.2. Eigenschaften einer Modellgrundversion

Zum Vergleich der Ergebnisse aus Rechnungen mit verschiedenen Modellvarianten diente eine Grundversion des x-σ-Modells. Es handelt sich hierbei um ein 31-Flächen-Modell, das die Überströmung eines sinusförmigen Berges mit einer Gipfelhöhe von 1500 m simuliert. Abb. 3 zeigt den typischen Verlauf der Isentropen und Isotachen (für die Windkomponenten in x-Richtung), der sich nach einer Integrationszeit von ca. 2 h für die Modellvarianten einstellt und bei qualitativer Betrachtungsweise für alle anderen Experimente ähnlich ist.

Betrachtet man das Windfeld, so erkennt man im Luv des Bergrückens ein Minimum der Windgeschwindigkeitskomponenten in x-Richtung (u); ein absolutes Minimum entsteht in der mittleren Troposphäre stromabwärts des Gebirgshindernisses. Aufwärtsbewegungen der Luftteilchen, kenntlich in Aufwölbungen der Isentropen, treten aus Kontinuitätsgründen über Gebieten mit in Strömungsrichtung abnehmender Geschwindigkeit bis zu dem Geschwindigkeitsminima bzw. noch etwas weiter stromab versetzt auf, Abwärtsbewegungen bzw. Absenkungen der Isentropen entsprechend über Gebieten mit zunehmender Geschwindigkeit bis über das Geschwindigkeitsmaximum hinaus.

Charakteristisch ist hierbei die Ausbildung eines ausgeprägten leewärtigen Isentropentroges, der zwei Aufwölbungen der Isentropen auf der Luv- und in größerer Entfernung auf der Leeseite hinter dem Gebirgshindernis voneinander trennt; letztere entsprechen der Ausbildung einer langen Welle von etwa 130 km (in der Modellgrundversion) über dem stilisierten Hindernis. Von besonderem Interesse für die dynamische Interpretation im mesosynoptischen Bereich ist aber das Auftreten einer deutlichen Temperaturerhöhung, verbunden mit hohen, übergeostrophischen Windgeschwindigkeiten in der unteren Troposphäre auf der Leeseite des Hindernisses, während darüber eine deutliche Verlangsamung der Strömung auf untergeostrophische Geschwindigkeiten bemerkbar ist. Dieses Bild entspricht im Prinzip empirischen Befunden (z. B. NICHOLLS [30], LILLY [20], [21], LILLY, KENNEDY [22]). Dabei treten sowohl erhebliche Windgeschwindigkeitsgradienten in horizontaler Richtung als auch starke vertikale Windscherungen auf, die in unserem Beispiel einige $\mathrm{m \cdot s^{-1}}$ pro 10 km horizontale Entfernung bzw. bis zu $10\ \mathrm{m \cdot s^{-1}}$ auf 1 km Höhendifferenz betragen.

Die Temperaturerhöhung gegenüber der Luvseite — in

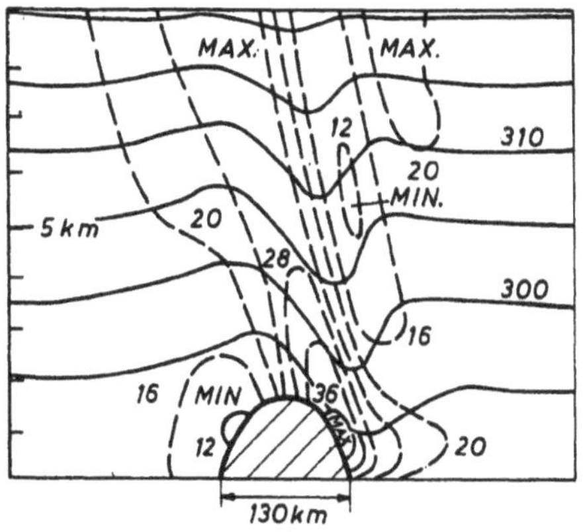

Abb. 3. Charakteristischer Verlauf der Isotachen ($\mathrm{m \cdot s^{-1}}$) und der Isentropen (K)
($N = 31$, $t = 2$ h, $u_g = 20\ \mathrm{m \cdot s^{-1}}$, $\gamma = 0{,}0065\ \mathrm{m \cdot K^{-1}}$, Reibungsparametrisierung nach LOUIS)

unserer Modellrechnung bei nur 1500 m Hindernishöhe bis über 5 K! — kommt wohlgemerkt ohne den klassischen Föhneffekt zustande, der in der vorliegenden trockenen Modellversion nicht simuliert werden kann. Damit werden die beim Mittelgebirgsföhn beobachteten leeseitigen Temperaturerhöhungen verständlich, die die nach der thermodynamischen Föhntheorie zu erwartenden Beträge z. T. erheblich übersteigen, was bisher nur durch verstärkte Einstrahlung infolge Wolkenauflösung bzw. -auflockerung auf der Leeseite erklärt wurde. Die Rechnungen zeigen ferner, daß das vieldiskutierte Absteigen der warmen Luftströmung mit stürmischen Winden in die Täler auch ohne Kondensationsprozesse auf der Luvseite auftritt.

Schließlich verdienen auch die am vertikalen Abstand der Isentropen ablesbaren thermischen Schichtungsverhältnisse Beachtung, die durch erhöhte Stabilität über dem Hindernis gekennzeichnet sind, während die Schichtungsstabilität auf der Leeseite, besonders im Bereich abnehmender Strömungsgeschwindigkeit sowie im Bereich des Geschwindigkeitsminimums geringer ist als in der ausströmenden Luftmasse.

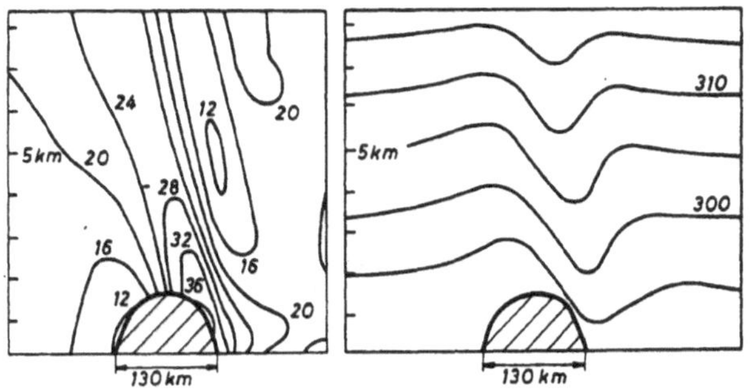

Abb. 5. a) Windfeld ($m \cdot s^{-1}$) b) Temperaturfeld ($m \cdot s^{-1}$) nach 2 h Integrationszeit für die Modellgrundversion ($N = 31$, $t = 2$ h, $u_g = 20\ m \cdot s^{-1}$, $\gamma = 0{,}0065\ K \cdot m^{-1}$, LOUIS-Schema)

3.2.1. Zeitliche Änderung des Geschwindigkeits- und Temperaturfeldes

Erhöht man die Prognosezeit um jeweils eine Stunde und vergleicht dann die berechneten Windfelder, ergibt sich eine (absolute) Verstärkung der Extremwerte im Windgeschwindigkeitsfeld. Nach einer Prognosezeit von 5 h hat sich qualitativ noch kein befriedigender quasistationärer Zustand eingestellt. Dabei sind die qualitativen Unterschiede der Strömungsfelder gering. Beim Vergleich der Temperaturfelder erkennt man eine Vertiefung des Troges auf der Luvseite (vgl. Abb. 4a, b; 5a, b, 6a, b).

3.2.2. Untersuchung der Energiebilanz

Wesentliche Aufschlüsse über das Modellverhalten werden durch Energiebetrachtungen erhalten. So weisen große zeitliche Änderungen der kinetischen Energie auf noch zu beseitigende Fehler hin oder haben ihren Ursprung in unvereinbaren Trunkationsfehlern, die als Quellen oder Senken von kinetischer Energie im Modell erscheinen. Darüber hinaus wird erkennbar, wann ein quasistationärer Zustand für das Modell eintritt — nämlich dann, wenn die zeitlichen Änderungen der kinetischen Energie nur noch gering sind. Deshalb werden von vielen Modellautoren Energiebetrachtungen durchgeführt (siehe z. B. [5], [18], [35] u. a.).

Das Verhalten der Gesamtenergie gibt Aufschluß darüber, inwieweit die Energiekonsistenz für das Modell gewährleistet ist (unter der Voraussetzung, daß diese, resultierend aus den Ausgangsgleichungen, theoretisch vorliegen müßte). Eine nur in unbefriedigendem Maße erfüllte Energiekonsistenz deutet auf Unzulänglichkeiten im Modell hin.

Für das vorliegende Modell wurden deshalb ebenfalls entsprechende Untersuchungen durchgeführt, aus denen hervorging, daß die Energiekonsistenz zufriedenstellend erfüllt ist. Dagegen sind die zeitlichen Änderungen der kinetischen Energie wesentlich größer und deuten darauf hin, daß das Modell nach ca. 5 h Integrationszeit noch keinen quasistationären Zustand erreicht hat.

Die oben angeführten Autoren haben ebenfalls das Einschwingverhalten ihrer Modelle untersucht und gaben Einschwingzeiten von 3 bis 24 h an. Jedoch sind der Vergleichbarkeit der Modelle — bedingt durch unterschiedliche räumliche und zeitliche Schrittweiten sowie andere Integrationsverfahren — Grenzen gesetzt. Unterschiede bestehen darüber hinaus in den Kriterien, die die Einschwingphase charakterisieren.

Eine Hauptursache für lange Einschwingzeiten besteht

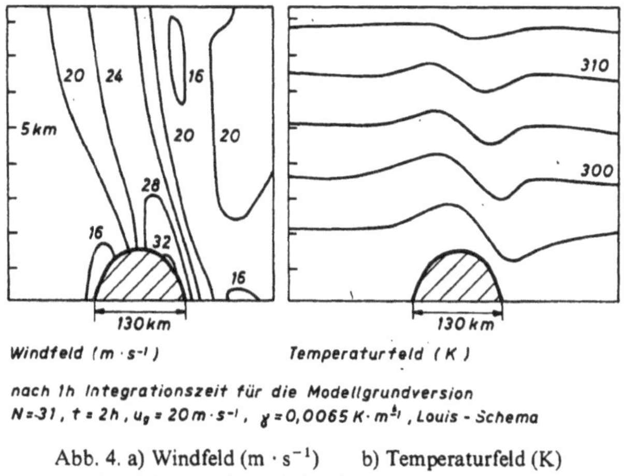

Abb. 4. a) Windfeld ($m \cdot s^{-1}$) b) Temperaturfeld (K) nach 1 h Integrationszeit für die Modellgrundversion ($N = 31$, $t = 1$ h, $u_g = 20\ m \cdot s^{-1}$, $\gamma = 0{,}0065\ K \cdot m^{-1}$, LOUIS-Schema)

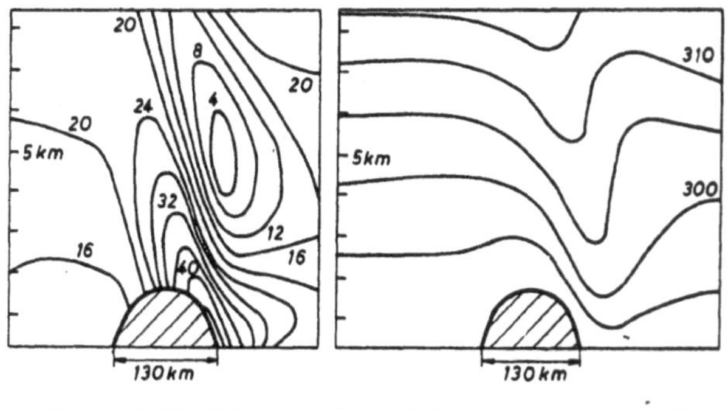

Abb. 6. a) Windfeld ($m \cdot s^{-1}$) b) Temperaturfeld ($m \cdot s^{-1}$) nach 5 h Integrationszeit für die Modellgrundversion ($N = 31$, $t = 5$ h, $u_g = 20\ m \cdot s^{-1}$, $\gamma = 0{,}0065\ K \cdot m^{-1}$, LOUIS-Schema)

in unvorteilhaften Initialisierungsprozeduren. So gehen die meisten Modelle vom geostrophischen Gleichgewicht aus und verwenden einen für alle Gitterpunkte gleichen, geostrophischen Wind als Eingangsgröße. Die mit Beginn der Rechnung plötzlich einsetzende Reibung zerstört das geostrophische Gleichgewicht und führt zu Schingungen von großer Amplitude im berechneten Windfeld. ANTHES und WARNER [5] stellen fest, daß sich die Einschwingzeit für ihr Modell um die Hälfte verringert, wenn die Reibung bei der Initialisierung in einfacher Form („bulk“-Ansatz) berücksichtigt wird. Weitere Untersuchungen zu dieser Problematik findet man in [5]. Ähnliche Experimente mit dem vorliegenden Modell werden weiter unten diskutiert.

3.3. Variation der vertikalen Auflösung

Bei der Modellierung atmosphärischer Prozesse kommt der Frage nach dem Grad der vertikalen Auflösung des entsprechenden Modells eine große Bedeutung zu. Einerseits will man bestimmte Phänomene so erfassen, daß deren wesentlichste Eigenschaften vom Modell befriedigend wiedergegeben werden, andererseits kann die Anzahl der Vertikalflächen insbesondere aus Gründen begrenzter Rechenzeiten nicht beliebig vergrößert werden. Ein Optimum der vertikalen Auflösung zu finden ist deshalb eine wichtige Aufgabe. Die Vertikalflächenanzahl ist dabei in erster Linie von der vertikalen Wellenlänge der zu untersuchenden Phänomene, aber auch vom horizontalen Gitterpunktabstand abhängig. Nach [5] erfüllt ein 30-Flächen-Modell zur Simulation der Gebirgsüberströmung die obengenannten Forderungen. Die vertikale Auflösung ist darüber hinaus besonders bei Modellen auf der Grundlage der primitiven Gleichungen stark abhängig vom jeweiligen numerischen Verfahren zur Integration der hydrostatischen Gleichung. Aus dem Verlauf der potentiellen bzw. absoluten Temperatur erfolgt über die Integration dieser Gleichung die Geopotentialberechnung. Bedingt durch geringe vertikale Auflösung und steile Orographie treten bei der Bildung endlicher Differenzen z. T. große numerische Fehler auf. Diese Schwierigkeiten können z. B. mit Hilfe der „Splin“-Methode (siehe Abschnitt 2.2.5) überwunden werden.

Für das vorliegende Modell wurde in einigen Experimenten die maximale Modellflächenanzahl NS variiert. Beim Vergleich eines 31-Flächen-Modells mit einer 11-Flächenvariante, kann man folgendes feststellen: Nach einer Integrationszeit von 2 h unterscheiden sich qualitativ beide Geschwindigkeitsfelder nur wenig voneinander (vgl. Abb. 3 und 7). (Alle folgenden Abbildungen von Wind- bzw. Temperaturfeldern beziehen sich — falls nicht anders vermerkt — auf eine Integrationszeit von 2 h.)

Die größten Unterschiede treten im unmittelbaren Lee-Bereich der unteren Modellatmosphäre auf und nehmen mit fortschreitender Integrationszeit zu. Die Differenzen zwischen den Temperaturfeldern beider Modellversionen sind ebenfalls gering und betragen maximal 1 K.

3.4. Variation des Orographieverlaufs

Wird anstelle eines sinusförmigen Verlaufs der Orographie ein Berg von der Form einer GAUSSschen Glokkenkurve (GAUSS-Berg) überströmt, erhält man erwartungsgemäß ähnliche Temperatur- und Windfelder, jedoch sind hier v_{max} und $\Sigma\, v^2$ als Maß für den Trunkationsfehler gegenüber dem Sinus-Berg wesentlich geringer. (Zu Beginn der Rechnung stellt der numerische Wert für die Komponenten des horizontalen Windgeschwindigkeitsvektors in y-Richtung (v) ein Maß für diesen Fehler dar; v_{max} ist der größte Wert für $|v|$, und $\Sigma\, v^2$ bedeutet, daß die v-Komponente an allen Gitterpunkten quadriert und aufsummiert wurde.) Die Anwendung der „Splin“-Methode führt also vor allem bei einem glatten Orographieverlauf zu einer deutlichen Verringerung des durch die horizontalen Differenzenapproximation bedingten Trunkationsfehlers, und ihre Anwendung ist besonders unter diesen Umständen sinnvoll.

Die folgenden Abbildungen veranschaulichen den Einfluß von Höhe und Hangneigung des Bergrückens. Der 500-m-Hügel beeinflußt das Strömungs- und Temperaturfelder nur gering. Eine Welle im Lee ist schwach ausgeprägt, ebenso das typische Strömungsbild für die u-Komponente des Windes, wobei aber die charakteristischen Minima und Maxima erkennbar sind (Abb. 8 bis 10).

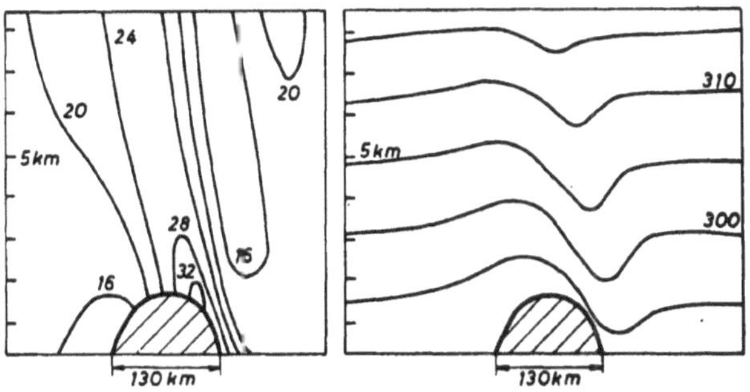

Abb. 7. a) Windfeld (m · s⁻¹) b) Temperaturfeld (K) für eine 1-Flächenvariante des Modells (N = 11, t = 2 h, u_g = 20 m · s^{-1}, γ = 0,0065 K · m^{-1}, LOUIS-Schema)

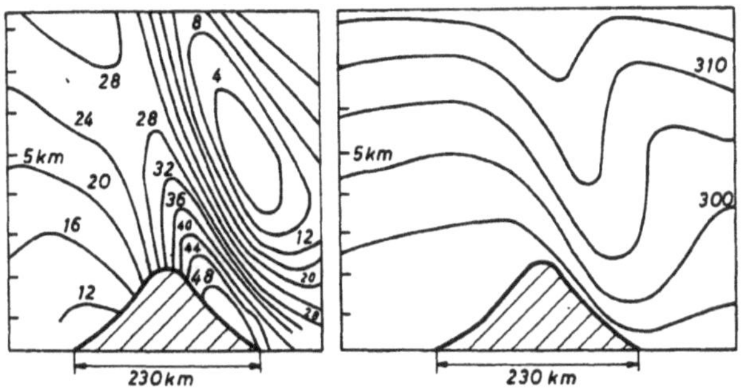

Abb. 8. a) Windfeld (m · s^{-1}) b) Temperaturfeld (K) nach Überströmung eines GAUSS-Berges (N = 31, t = 2 h, u_g = 20 m · s^{-1}, γ = 0,0065 K · m^{-1}, LOUIS-Schema)

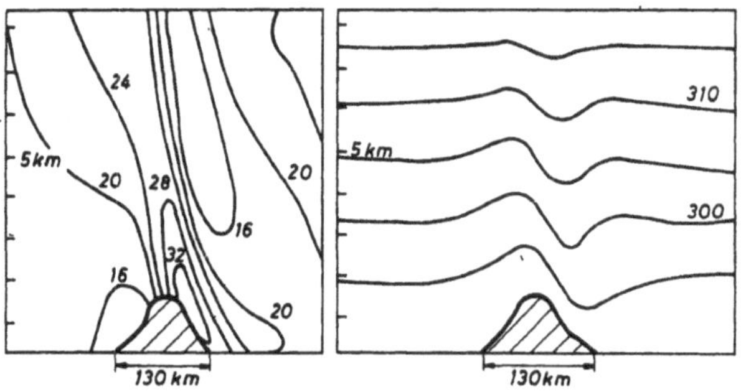

Abb. 9. a) Windfeld ($m \cdot s^{-1}$) b) Temperaturfeld (K) nach Überströmung eines GAUSS-Berges mit starker Hangneigung ($N = 31$, $t = 2$ h, $u_g = 20\ m \cdot s^{-1}$, $\gamma = 0{,}0065\ K \cdot m^{-1}$, LOUIS-Schema)

Eine Übersicht über die Trunkationsfehler, die bei den verschiedenen Orographieformen auftreten, gibt Tabelle 2.

Sicher entsprechen die in der vorliegenden Arbeit untersuchten idealen Bergformen — noch dazu mit derartig steilen Hangneigungen — nicht den natürlichen Bedingungen. In erster Linie ging es aber hier darum, prinzipielle Modelleigenschaften herauszufinden.

3.5. Änderung der Initialisierung

3.5.1. Änderung des Anströmwindes u_g

In der Grundversion des Modells beträgt der Initialwind $u_g = 20\ m \cdot s^{-1}$. Es wurden außerdem Modellrechnungen mit $u_g = 10\ m \cdot s^{-1}$ durchgeführt. Abb. 11 zeigt das Wind- bzw. Temperaturfeld nach 4 h Integrationszeit. Im Gegensatz zur Grundversion ist der Wind in der gesamten Modellatmosphäre untergeostrophisch und das charakteristische Strömungsbild nur schwach ausgeprägt. Aus dem Isentropenverlauf wird eine verkürzte Wellenlänge sichtbar, während die Leewelle selbst nur bis 3 km Höhe ausgeprägt ist.

Nach ALAKA [2] (siehe auch [5]) verursacht Baroklinität bei stabiler Schichtung eine Verstärkung der Leewellenbildung. Die Ergebnisse aus Modellrechnungen mit einer baroklinen Initialströmung (gekennzeichnet durch eine Zunahme der geostrophischen Windgeschwindigkeit mit der Höhe) zeigen im Gegensatz dazu nur eine schwach ausgeprägte Leewelle. Das kann aber durch die in diesen Fällen geringeren Windgeschwindigkeiten in den unteren Modellschichten bedingt sein.

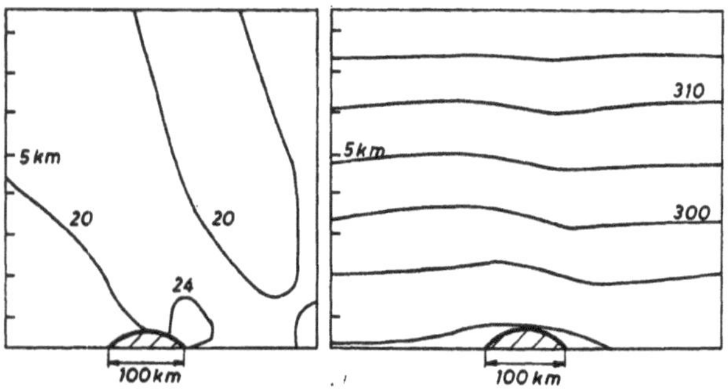

Abb. 10. a) Windfeld ($m \cdot s^{-1}$) b) Temperaturfeld (K) nach Überströmung eines flachen GAUSS-Berges ($N = 31$, $t = 2$ h, $u_g = 20\ m \cdot s^{-1}$, $\gamma = 0{,}0065\ K \cdot m^{-1}$, LOUIS-Schema)

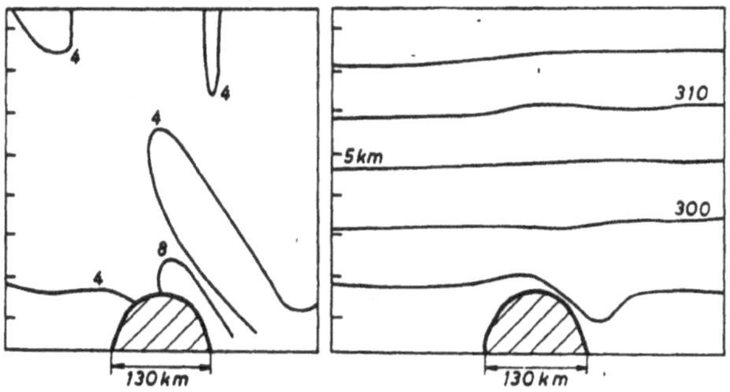

Abb. 11. a) Windfeld ($m \cdot s^{-1}$) b) Temperaturfeld (K) nach Überströmung eines Sinus-Berges mit verändertem Initialwind ($N = 31$, $t = 2$ h, $u_g = 10\ m \cdot s^{-1}$, $\gamma = 0{,}0065\ K \cdot m^{-1}$, LOUIS-Schema)

Um zu untersuchen, ob die Berücksichtigung der Reibung bei der Initialisierung zu einem verbesserten Einschwingverhalten führt, wurde die EKMAN-Spirale zur Windfeld-Initialisierung verwendet. Entgegen den Erfahrungen anderer Autoren konnte für das zugrundeliegende Modell keine Verbesserung des Einschwingverhaltens (für einen Integrationszeitraum von 5 h) konstatiert werden.

3.5.2. Änderung der Schichtung der Modellatmosphäre

Die Bildung von Leewellen ist an die Existenz stabiler Schichtungsverhältnisse gebunden. Im allgemeinen wurde deshalb mit einem vertikalen Temperaturgefälle $\gamma = 0{,}0065\ K \cdot m^{-1}$ gerechnet. Darüber hinaus wurden auch andere Schichtungsverhältnisse simuliert:

Für eine labile Schichtung entsteht eine Welle, deren Amplitude sich erwartungsgemäß immer mehr vergrößert; die Zunahme der Wellenlänge mit abnehmender Stabilität der Schichtung wird sichtbar.

Um den realen atmosphärischen Bedingungen etwas näherzukommen, wurden außerdem Experimente mit einer zweischichtigen Modellatmosphäre durchgeführt. In diesen Fällen konnte z. B. gezeigt werden, daß beim Vorhandensein einer Temperaturinversion im Gipfelniveau eine Erhöhung der Windgeschwindigkeit auf der Leeseite und eine Verstärkung der Leewellenbildung auftritt. Abb. 12a, b veranschaulichen die Abhängigkeit des Trunkationsfehlers (Σv^2 bzw. v_{max}) von der Anzahl der Vertikalflächen für verschiedene Schichtungsverhältnisse einer zweischichtigen Modellatmosphäre. Es

Tabelle 2
Übersicht über den Trunkationsfehler bei Veränderung von Höhe und Hangneigung des Berges (B = horizontale Ausdehnung am Fuß des Berges, H — Gipfelhöhe)

	Σv^2 [$m^2 \cdot s^{-2}$]	v_{max} [$m \cdot s^{-1}$]
A: H = 500 m, B = 130 km	5,31	0,01
B: H = 1500 m, B = 130 km	21,32	0,18
C: H = 2000 m, B = 230 km	5,20	0,01

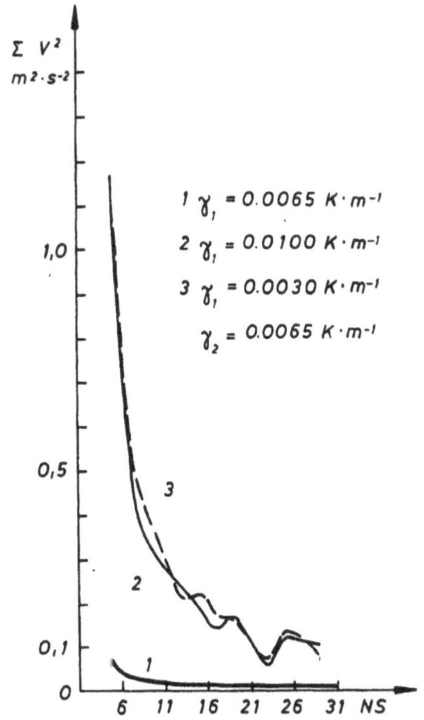

Abb. 12a. Abhängigkeit des Trunkationsfehlers (Σv^2) von der maximalen Anzahl der Vertikalflächen für verschiedene Schichtungsverhältnisse der Modellatmosphäre

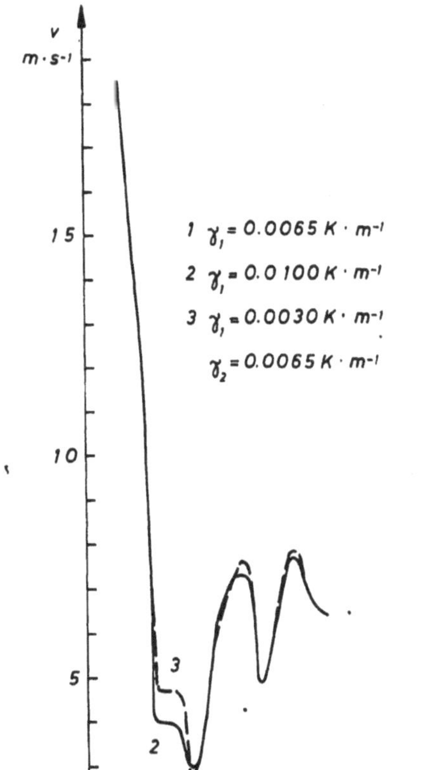

Abb. 12b. Abhängigkeit des maximalen Trunkationsfehlers von der Anzahl der Vertikalflächen für verschiedene Schichtungsverhältnisse der Modellatmosphäre

wird sichtbar, daß in bestimmten Bereichen eine weitere Erhöhung der vertikalen Auflösung zwar in der Regel eine Verminderung der über alle Gitterpunkte gebildeten Summe der Trunkationsfehler (und damit erst recht des mittleren Trunkationsfehlers), aber nicht immer eine Verringerung des maximalen Trunkationsfehlers zur Folge hat. Bei einem einheitlichen Temperaturgradienten für eine gesamte Atmosphäre ist die Abnahme des Trunkationsfehlers mit wachsender Anzahl der vertikalen Modellflächen monoton. Bei der Verwendung von mehr als 10 vertikalen Flächen ist der Trunkationsfehler jedoch sehr klein.

3.6. Änderung der Reibungsparametrisierung

Neben dem in der Grundversion und in den bisher beschriebenen Modellexperimenten zur Reibungsparametrisierung verwendeten Schema nach Louis [23] wurden außerdem Modellrechnungen mit einem konstanten Austauschkoeffizienten (Ekman-Ansatz), einen K-Ansatz nach Albert [3] sowie mit dem Blackadarschen Mischungsweganstaz durchgeführt. Der Vorteil des Louis-Schemas besteht hauptsächlich in der Möglichkeit einer expliziten Berücksichtigung der Reibung (obere iterative Prozesse) unter direkter Einbeziehung von Stabilitäts-, Baroklinitäts- und Rauhigkeitseinflüssen in den Gleichungen, was zu einem verringertem Rechenzeitbedarf führt.

Aus den Experimenten ging hervor, daß bei Verwendung des Louis-Schemas die reibungsbedingte Abnahme der Windgeschwindigkeit am Boden nur schwach wiedergegeben wird. Wird die Reibung mit Hilfe des Ekman-Ansatzes berücksichtigt, ergeben sich Geschwindigkeits- und Temperaturfelder, die sich gegenüber der Grundversion (Louis-Schema) nur minimal unterscheiden. Das provoziert natürlich die Frage, ob im Falle des vorliegenden Modells auf ein komplizierteres Schema zur Berücksichtigung der Reibung verzichtet und mit einem konstanten Austauschkoeffizienten gerechnet werden kann. Gering sind auch die Unterschiede zwischen der Grundversion und den beiden anderen Methoden. Darüber hinaus gibt es hier Probleme bei der Interpretation der vom Modell berechneten Austauschkoeffizienten und dem unterschiedlichen Einschwingverhalten der Modelle, was noch weitere Untersuchungen erforderlich macht.

4. Anhang

Um die Abweichungen vom hydrostatischen Gleichgewicht abzuschätzen, die in einer wellenförmigen, stationären Hindernisüberströmung auftreten, betrachten wir eine sinusförmige Stromlinie s in der x-z-Ebene

$$z_s - z_0 = h \sin \frac{2\pi}{L} (x - x_0) , \tag{1}$$

längs deren eine horizontale Geschwindigkeitskomponente $u_s(x, z) = u(x, z_s(x)) = u_s(x)$ auftrete. Damit ergeben sich Vertikalgeschwindigkeit

$$w = u \left(\frac{dz}{dx}\right)_s = 2\pi \frac{h}{L} u \cos \frac{2\pi}{L} (x - x_0) \tag{2}$$

und Vertikalbeschleunigung

$$\frac{dw}{dt} = u\left(\frac{dw}{dx}\right)_s = 2\pi\frac{h}{L}u\left[\left(\frac{du}{dx}\right)_s \cos\frac{2\pi}{L}(x-x_0) - 2\pi\frac{u}{L}\sin\frac{2\pi}{L}(x-x_0)\right] \quad (3)$$

längs der Stromlinie. Das Verhältnis von Vertikal- zu Schwerebeschleunigung kennzeichnet entsprechend der Vertikalkomponente der Bewegungsgleichungen in der Form

$$\frac{1}{\varrho}\frac{\partial p}{\partial z} = -g\left(1 + \frac{1}{g}\frac{dw}{dt}\right) \quad (4)$$

die relative Abweichung von der hydrostatischen Grundgleichung. Für deren Größenordnung resultiert unter Übergang zu den Größenordnungen U, W, $\dot{W}$ von Horizontalgeschwindigkeit, Vertikalgeschwindigkeit und Vertikalbeschleunigung, wenn noch ΔU die Ordnung der Betragsänderung der Horizontalgeschwindigkeit längs einer Wellenlänge L des Stromlinienverlaufs bedeutet und der mittlere Betrag der Elongation in der sinusförmigen Welle durch Multiplikation mit dem Faktor $2/\pi$ berücksichtigt wird,

$$\frac{\dot{W}}{g} = 4\frac{h}{L}\left[\frac{U\Delta U}{gL} \pm 2\pi\frac{U^2}{gL}\right] = \frac{W}{U}\left[\frac{U\Delta U}{gL} \pm 2\pi\frac{U^2}{gL}\right]. \quad (5)$$

Integration der Gleichung (4) über eine vertikale Luftsäule mit der hydrostatischen Luftdruckdifferenz ΔP zwischen Unter- und Obergrenze liefert eine Druckstörung (= Abweichung von der statischen Luftdruckdifferenz) der Größenordnung

$$\frac{\delta P}{\Delta P} = \frac{\dot{W}}{g}. \quad (6)$$

Schließlich folgen unter Beachtung von (3) ein charakteristischer horizontaler Gradient der Druckstörung vom Betrag $(2\pi/L)\,\delta P$ bzw. eine Geschwindigkeitsstörung $\delta U^2 = 4\delta P/\varrho$, die mit dem (reibungsfreien) Durchlaufen der nichthydrostatischen Druckstörung vom Wert $+$ $+\delta P$ bis zum Wert $-\delta P$ bzw. umgekehrt verbunden ist und die etwa mit dem Quadrat U^2 der charakteristischen Geschwindigkeit verglichen werden kann. Daraus ergibt sich für das Verhältnis der durch nichthydrostatische horizontale Druckgradientkräfte erzeugten bzw. verbrauchten kinetischen Energie zur kinetischen Energie des mittleren Stromfeldes unter Beachtung von (5) und (6) der Quotient

$$\frac{\delta U^2}{U^2} = 16\frac{h}{L}\frac{\Delta P}{g\varrho L}\left[\frac{\Delta U}{U} \pm 2\pi\right] = 4\frac{W}{U}\frac{\Delta P}{g\varrho L}\left[\frac{\Delta U}{U} \pm 2\pi\right]. \quad (7)$$

Da in den absoluten Beträgen auf der rechten Seite der Gleichungen (5) und (7) der jeweils zweite Summand den Ausschlag geben dürfte, wird das Verhältnis (5) bis auf den Zahlenfaktor im wesentlichen durch die Steilheit h/L der wellenförmigen Stromlinienkonfiguration und die Froude-Zahl U^2/gL bestimmt, der Quotient (7) durch die Steilheit h/L und die Verhältniszahl $\Delta P/g\varrho L$, die ihrerseits als Produkt aus der Euler-Zahl $\Delta P/\varrho U^2$ und der Froude-Zahl U^2/gL dargestellt werden kann.

Tabelle 3
Charakteristische Daten zu Leewellen nach Modellrechnungen (I) und Beobachtungen (II)

	I	II
h/L	$6{,}67 \cdot 10^{-3}$	$83{,}3 \cdot 10^{-3}$
$\frac{U\Delta U}{gL}$	$0{,}408 \cdot 10^{-3}$	$2{,}55 \cdot 10^{-3}$
$2\pi\frac{U^2}{gL}$	$3{,}84 \cdot 10^{-3}$	$24{,}0 \cdot 10^{-3}$
$8\pi\frac{h}{L}\frac{U^2}{gL}$	$0{,}102 \cdot 10^{-3}$	$8{,}01 \cdot 10^{-3}$
δP	1,02 Pa	80,1 Pa
δU^2	4,10 m²/s²	320 m²/s²
$\frac{\delta U^2}{U^2}$	$4{,}55 \cdot 10^{-3}$	1,42

Zur Abschätzung setzen wir unter Bezugnahme auf die vorliegenden Modellrechnungen $h = 1$ km, $L = 150$ km, $U = 30$ m/s, $\Delta U = 20$ m/s, woraus $W = 4Uh/L = 0{,}8$ m/s folgt, und führen eine entsprechende Abschätzung vergleichsweise für eine typische Leewellenkonfiguration im Meso-γ-Bereich durch, für die wir unter Berufung auf die graphischen Darstellungen bei Midžić [29] (nach Beobachtungen) $L = 6$ km; $U = 15$ m/s, $\Delta U = 10$ m/s und $W = 5$ m/s annehmen, was $h = 0{,}5$ km liefert.

Mit $g = 9{,}81$ m/s² und $\varrho = 1$ kg/m³ sowie unter Zugrundelegung einer Schicht von $\Delta P = 100$ hPa Dicke erhalten wir dann für die mit I (vorliegende Modellrechnungen) und II (Beobachtungen von Midžić) bezeichneten Fälle (Tabelle 3).

Die Abschätzung erweist die Zulässigkeit der hydrostatischen Approximation für unser Meso-β-Modell, indem die auftretenden Abweichungen von der statischen Grundgleichung lediglich zu Luftdruckeffekten der Ordnung 10^{-2} hPa und diese zu relativen Abweichungen im Feld der kinetischen Energie von einigen 10^{-3} führen. Dagegen erreichen die nichthydrostatischen Druckeffekte im Zusammenhang mit den kürzeren und steileren Leewellen des Meso-γ-Bereiches im Fall II annähernd 1 hPa und die mit ihnen verknüpften Beträge an kinetischer Energie die Größenordnung der kinetischen Energie der beobachteten Strömung, so daß ein Regime dieser Art nicht mehr unter Verwendung der hydrostatischen Approximation modelliert werden kann.

Literatur

[1] Ahlberg, J.-H.; Nilson, E. N.; Walsh, J.-L.: The theory of splines and their applications. New York, London, 1967, 287 S.

[2] Alaka, M. A.: The airflow over mountains. WMO Techn. Note 34, 1960, 135 S.

[3] Albert, H.-F.: Über ad-hoc-Ansätze für den Turbulenzkoeffizienten zur Berechnung des Windprofils in der planetarischen Grenzschicht. Diss. A, HU Berlin, 1981, 125 S.

[4] Alpert, P.; Cohen, A.; Neumann, J.; Doron, E.: A model simulation of the summer circulation from the eastern mediter-

ranean past lake Kinneret in the Jordan valley. Monthly Weather Rev. 110 (1982), 994—1006.

[5] ANTHES, R. A.; WARNER, T. T.: Development of hydrodynamic models suitable for air pollution and other meteorological studies. Monthly Weather Rev. 106 (1978), 1045—1078.

[6] ATKINSON, B. W.: Meso-scale atmospheric circulations. Academic Press, London, New York, 1981, 495 S.

[7] BURRIDGE, D. M.; HASELER, J.: A model for medium range weather forecasting-adiabatic formulation. ECMWF, Techn. Rpt. Nr. 4, Reading, 1977, 46 S.

[8] CHEN, J. H.: Numerical boundary conditions and computational modes. J. Comput. Phys. **13** (1973), 522.

[9] DAMRATH, U.: Studie zur dynamischen Interpretation großräumiger Parameter zur Vorhersage des lokalen Strömungsfeldes. F/E-Bericht, MD der DDR, Potsdam 1981.

[10] DAMRATH, U.: Entwicklung eines testdatenerzeugenden dynamischen Interpretationsmodells für Strömungsfelder im Meso-β-Bereich. F/E-Bericht, MD der DDR, Potsdam, (unveröff.).

[11] DANARD, M. B. A simple model for meso-scale effects of topography on surface winds. Monthly Weather Rev. 105 (1977), 572—581.

[12] GADD, A. J.: A split explicit integration scheme for numerical weather prediction. Quart. J. roy. meteor. Soc., **104** (1978), 569—582.

[13] GORDIN, V. A.; LOKTIONOVA, E.: O primeneji splajn approximacii k rasčetu profilej temperatury. Trudy GMC (1978) 212, 56—68.

[14] HALTINER, G. J. Numerical weather prediction. New York, London, Sidney, Toronto, 1971, 317 S.

[15] HERZOG, H.-J.: Ein Beitrag zur numerischen Integration hydrothermodynamischer Gleichungen für die kurzfristige Prognose in einem seitlich begrenzten Atmosphärenbereich. Diss. B, Berlin, 1979, 236 S.

[16] HERZOG, H.-J.; FIEDLER, A.: persönliche Mitteilung, 1982.

[17] KOZO, TH. L.: A mathematical model of sea breezes along the Alaska Beaufort sea coast. Part II. J. appl. Meteor. **21** (1982), 906—924

[18] KLEMP, J. B.; LILLY, D. K.: Numerical simulation of hydrostatic mountain waves. J. atmosph. Sci., **35** (1978), 78—107.

[19] KURIHARA, Y.: Numerical integration of the primitive equation on a spherical grid. Monthly Weather Rev. 93 (1965), 399—415.

[20] LILLY, D. K.: Observations of mountain-induced turbulence. J. Geophys. Res. **76** (1971), 6585—6588.

[21] LILLY, D. K.: A severe downslope windstorm and aircraft turbulence event induced by a mountain wave. J. Atmosph. Sci. **35** (1978), 59—77.

[22] LILLY, D. K.; KENNEDY, P. J.: Observations of a stationary mountain wave and its associated flux and energy dissipation. J. Atmosph. Sci. **30** (1973), 1135—1152.

[23] LOUIS, J.-F.: A parametric model of vertical eddy fluxes in the atmosphere. Boundary Layer Meteor. **17** (1979), 187—202.

[24] LOUIS, J.-F.: The planetary boundary layer. ECMWF, Lecture Note Nr. 9, Reading 1979, 29 S.

[25] MARČUK, G. I.: Čislennye metody v prognoze pogody. Leningrad, 1967, 356 S.

[26] MAHRER, Y.; PIELKE, R.: A test of an upstream spline interpolation technique for the advective terms in a numerical mesoscale model. Monthly Weather Rev. 106, (1978), 818—830.

[27] MARSUMARA, T.; OOKOCHI, Y.: A comparative test of the split explicit integration scheme for numerical weather prediction models based on the σ-coordinate system. Geophys. Mag., **39** (1980), 67—76.

[28] MESINGER, F.; ARAKAWA, A.: Numerical methods used in atmospheric models. GARP Publ. Series, Nr. 17, Genf 1976.

[29] MIDŽIĆ, J.: Some characteristics of south-west upwind flow in lee side of the mountain Plejesevica. 12th Internat. Conf. Carpathian Meteorol., Papers. Beograd 1985, 179—181.

[30] NICHOLLS, J. M.: The airflow over mountains — Research 1958—1972. WMO Techn. Note 127, WMO-No. 355 (1973), 73 pp.

[31] ORLANSKI, I.: A rational subdivision of scales for atmospheric processes. Bull. Amer. Meteor. Soc., **56** (1975) 5, 527—530.

[32] PIELKE, R.: A comparison of three-dimensional and two-dimensional numerical predictions of sea breakes. J. atmosph. Sci., **31** (1974), 1577—1585.

[33] PRICE, G. V.; MCPHERSON, A. K.: A numerical weather forecasting method using cubic splines on a variables mesh. J. appl. Meteor., **12** (1973), 1102—1113.

[34] PURNELL, D. K.: Solution of the advective equation by upstream interpolation with a cubic spline. Monthly Weather Rev., 104 (1976), 42—48.

[35] SEAMAN, N. L.; ANTHES, R. A.: A mesoscale semi-implicit numerical model. Quart. J. Roy. Meteor. Soc. **107** (1981), 167—190.

[36] SOMIESKI, P.: Lineare Theorie der dreidimensionalen Gebirgsüberströmung im Mesoscale. Ann. Meteor. N. F. **16** (1980), 131—134.

[37] TOMINE, K.; ABE, S.: A trial to reduce truncation errors of the pressure gradient force in the sigma coordinate systems. J. Meteor. Soc., Japan, **60** (1982), 709—716.

[38] WHITE, P.: Fine mesh models in the U.K. meteorological office. Riv. Meteor. Aeronaut., **42** (1982), 2/3, 201—217.

Abh. Meteorol. Dienstes DDR Nr. 140 (1988)

Zur Parametrisierung der Feuchtkonvektion

von O. HELLMUTH und H. PETHE

Zusammenfassung

Es werden ein erfolgreich zu handhabender Algorithmus und Ergebnisse numerischer Experimente zur Parametrisierung der Feuchtkonvektion, insbesondere für analytische Studien anwendungsbereit (numerische Wettervorhersage, Ausbreitungsrechnung) dargestellt. Die mit einem auf der ARAKAWA-SCHUBERT-Technik basierenden analytischen Modell durchgeführte Fallstudie erlaubt Aussagen über die durch die Divergenz der turbulenten Flüsse hervorgerufenen Änderungsraten der großräumig gemittelten thermodynamischen Eigenschaften in außertropischen Breiten. Es werden Möglichkeiten zur Bestimmung des Massenflußprofils angegeben, von dem die Berechnung der untersuchten konvektiv bedingten Effekte stark abhängt.

Summary

A practicable algoritnmus and results of numerical experiments for the parameterization of moist convection, especially for analytical studies (numerical weather forecasting, pollution dispersion modelling) are formulated. It is carried out a case study, based on ARAKAWA-SCHUBERT's parameterization scheme. It permits to give results of temporal changes of on a large scale smoothed thermodynamical properties in nontropical latitudes, caused by the divergence of turbulent fluxes. Possibilities for the determining of the profile of mass flux, that strong affects the calculation of the studied convectiv caused effects, are given.

Резюме

Представлены успешно обращаемая схема и результаты к параметризации влажной конвекции, особенно для аналитических исследований (вычисленный прогноз погоды, счёты по распространению атмосферного загрязнения). Проведенное с аналитической моделью на основе схеме Аракавы и Шуберта исследование специального происшествуя разрешает показания о временных изменениях средних но облаком и окружению термодинамических свойсть, обусловленных расхождением бурных флюсов, в внетропических широтах. Указаны возможности к определению профиля потока массы, от которого счёты исследуемых эффектов, обусловленных конвекцией, сильно зависят.

1. Notwendigkeit und Bedeutung der Parametrisierung der Feuchtkonvektion

In numerischen Modellen für die Wettervorhersage und für die Prognose der Konzentrationsverteilung von emittierten Schadstoffen nach in Abhängigkeit von meteorologischen Einflußparametern erfolgter Transmission in der Atmosphäre ist zu beachten, daß der Genauigkeit der Integration durch die Kapazität der verwendeten Rechenmaschinen und die Zeit, die zur Ausführung der Prognose verfügbar ist, Grenzen gesetzt sind. Je weiter die Integration in der Zeit fortgeführt wird, desto bedeutender werden physikalische Prozesse, die nicht explizit in die Rechnung eingehen können, weil sie entweder wegen ihrer räumlichen und zeitlichen Charakteristika schwer meßbar sind (Turbulenz) oder der anzusetzende Rechenaufwand zu groß ist (Strahlung). Um dennoch die Effekte der energetisch und dynamisch relevanten subskaligen Prozesse, die von großen Rechenrastern und Zeitschritten nicht aufgelöst werden können, auf die entsprechenden Vorhersagevariablen im großräumigen Feld zu berücksichtigen, werden sie parametrisiert, fällt ihrer Simulation in dynamischen Modellen eine entscheidende Bedeutung zu. Dies heißt, daß eine möglichst exakte physikalische Beschreibung der Wirkung dieser Prozesse durch die (gemittelten) Modellvariablen erfolgt. Während solche Parametrisierungen für Vorhersagezeiträume bis zu zwei Tagen geringere Bedeutung haben, werden längerfristige Prognosen erst durch die Einführung von Prozessen wie Strahlung, Vertikaldiffusion, Feuchtkonvektion und Bodenwärmestrom möglich. Dabei koinzidiert eine Verbesserung der Parametrisierung häufig mit einer Verbesserung der Vorhersagequalität. Eine besondere Aufmerksamkeit verdient, nicht zuletzt im Rahmen der noch besseren Sondierung des Konvektionsraumes allgemein, die Parametrisierung mesoskaliger konvektiver Prozesse, im Detail die Beachtung von Detrainmentprozessen, die neben anderen physikalischen Vorgängen eine markante Feuchteanreicherung in einer relativ mächtigen Schicht der oberen Troposphäre bewirken. Unter Konvektion verstehen wir dabei (im engeren Sinne) die Vertikalkomponente des Transports von Eigenschaften (Wasserdampf, Wärme, Impuls, Beimengungen u. a.), im meteorologischen Sprachgebrauch auch allgemein vertikale Luftbewegungen in der Atmosphäre genannt. Gemeint sind aktive Aufstiegsbewegungen von Luftkörpern in isolierten Aufstiegszentren, zwischen denen kompensierende Absinkvorgänge auftreten, derart, daß im weiträumigen Flächenmittel nur ein vertikaler Massenaustausch gegeben ist. Die Anregung der Konvektion erfolgt durch kleinräumige oder mittelräumige Erwärmungsunterschiede an der Erdoberfläche infolge unterschiedlicher Energieaufnahme aus der Globalstrahlung. Unter geeigneten Schichtungsbedingungen kann die von der Erdoberfläche ausgehende Konvektion größere Höhenbereiche der Troposphäre erfassen, bei Bildung mächtiger

Cumulonimben im Extremfall sogar bis in die Tropopausenregion vordringen („deep convection"). Durch die Konvektion — vor allem mit Quellwolkenentwicklung (Feuchtkonvektion) — kann jedenfalls ein Transport von Wasserdampf, Beimengungen u. a. von der Unterlage bis weit über die hydrodynamische Grenzschicht hinaus erfolgen.

Konvektive Wolken selbst können in zwei Gruppen eingeteilt werden entsprechend der innerhalb der Wolken gegebenen Temperaturverteilung: 1. in „normale" Schauer- bzw. Gewitterwolken, die Wasser in fester und flüssiger Form enthalten und deren Gipfel sich oberhalb der 0-°C-Isotherme (kälter als 0 °C) befinden, 2. in „warme" Wolken, die Wasser nur in flüssiger Form enthalten und deren Gipfel unterhalb der 0-°C-Isotherme liegen. Die im folgenden häufig benutzten Begriffe Entrainment, Detrainment und Autokonversion seien wie folgt erklärt. Die Entrainment-Hypothese hat sich zur Beschreibung der Cumulus-Konvektion recht gut bewährt; die Wolke wird dabei als turbulente Aufwärtsströmung betrachtet, welche mit ihrer Umgebung in Wechselwirkung steht (turbulentes Eintrainment: Einbeziehung der Umgebungsluft in die Wolke infolge der Turbulenz innerhalb der Wolke, Vermischung der Umgebungsluft mit der Wolkenluft und entsprechende Beschleunigung). Wolkenpartikel können beispielsweise durch Entrainment von Umgebungsluft verdampfen. In adäquater Weise verstehen wir unter Detrainment das seitliche Ausfließen von Wolkenluft in die Umgebung bei Abwärtsströmung. Die Autokonversion stellt neben den allgemeinen Einfangmechanismen für die Regentropfenentwicklung wie Akkreszenz oder Regentropfen-Autokollektion im Prinzip den primären Mechanismus für die Entwicklung von Tropfen dar. Teilt man das gesamte Flüssigwasser in Wolkenwasser und Regenwasser ein, dann wird Wolkenwasser, wenn der Wassergehalt einen bestimmten Schwellenwert überschreitet, in Regenwasser umgewandelt (Autokonversion), welches wiederum durch Akkreszenz Wolkentropfen einfängt. Durch Autokonversion werden praktisch die ersten Regentropfen erzeugt (Autokonversion durch Kondensation).

Von Bedeutung für Untersuchungen der Feuchtkonvektion bzw. für zuverlässige Wolkenmodelle ist die explizite Berücksichtigung der detaillierten und parametrisierten Modellierung der Wolken-Mikrophysik (Physik der Basisprozesse — wie Nukleation, Diffusion sowie Physik der Wachstumsprozesse). Die Form einer solchen Parametrisierung muß so gewählt werden, daß sie sich als praktikabler Kompromiß der beiden Extremformen nach einem ökonomischen numerischen Verfahren einerseits und einem möglichst geringen Verlust an physikalischer Information andererseits erweist. Neben den wichtigen wolken-mikrophysikalischen Prozessen wie Kondensation, Deposition, Kollektion, Akkretion u. a. sind Schmelzvorgänge fester Wolkenpartikel relevant. Genaue Kenntnisse der Schmelzrate von Eispartikeln sind von beträchtlicher Bedeutung für die Formulierung konvektiver Wolkenmodelle; die Schmelzrate beeinflußt wesentlich die Abkühlungsrate der Umgebungsluft durch Konsumption der latenten Schmelzwärme und trägt damit signifikant zur Produktion von Abwärtsbewegungen und Detrainmentvorgängen bei. Das Schmelzwasser selbst führt zur Neuverteilung des Flüssigwassers innerhalb der Wolke. Hierüber erzielte Ergebnisse wie überhaupt detaillierte und parametrisierte Modellierung der Wolken-Mikrophysik sollen im folgenden unberücksichtigt und einer separaten Veröffentlichung vorbehalten bleiben.

Anknüpfend an die einleitenden Bemerkungen sei nochmals die Bedeutung der Feuchtkonvektion und ihrer Parametrisierung betont. Die Feuchtkonvektion ist in der Lage, sehr effektive vertikale Eigenschaftstransporte (latente und fühlbare Wärme, Impuls, Vorticity) in der Atmosphäre zu realisieren und hat einen großen Einfluß auf die Generation verfügbarer potentieller Energie. Dies wiederum ist von großer Relevanz für die Mittelfristvorhersage. Durch Berücksichtigung der Feuchtkonvektion in dynamischen Modellen, in denen Wolken als wichtiger Faktor für die Energie- und Massentransporte innerhalb der Atmosphäre im Vordergrund stehen, können u. a. eine Verbesserung der synoptischen Strukturen der Geopotentialprognose, die Aufrechterhaltung der Amplituden der langen quasistationären Wellen in Zirkulationsmodellen gegen Ende des Integrationszeitraumes, eine Intensivierung der Druckgebilde in Mittelfristvorhersagemodellen, die Bestimmung der für einen Gitterpunkt repräsentativen Werte der konvektiven Niederschläge und eine Verlängerung der Gültigkeitsdauer der entsprechenden Vorhersagen insgesamt erreicht werden. Das legt auch Anwendungen in der Ausbreitungsrechnung nahe (Verbesserung des physikalischen Informationsgehaltes vorhandener Ausbreitungsmodelle z. B. bei ,,deep convection"). Darüber hinaus sind praktikable Bezugspunkte für die Modellierung des hydrologischen Zyklus (Wolken stellen das zentrale Bindeglied in diesem Zyklus dar), der atmosphärischen Zirkulation, des Klimas oder für Kurzfristprognosemodelle (z. B. für Gewitter) gegeben bis hin zur Konfrontation im aktuellen Forschungsgebiet ,,Wettermodifikation".

Im folgenden werden ein erfolgreich zu handhabender Algorithmus und Ergebnisse numerischer Experimente zur Parametrisierung der Feuchtkonvektion dargestellt, wobei die Modellergebnisse insgesamt eine gute Übereinstimmung mit vergleichbaren Untersuchungen aus der Literatur zeigen.

2. Beispiele numerischer Experimente zur Parametrisierung der Feuchtkonvektion

Ziel der Untersuchungen war es, anhand einer Fallstudie Aussagen über den Einfluß der durch konvektive Prozesse verursachten turbulenten Wärme- und Feuchteströme auf die großräumig gemittelten Eigenschaftsfelder in mittleren Breiten zu treffen. Dabei sollte gezeigt werden, wie die Konvektion die großräumig gemittelten Felder der trockenstatischen Energie und des Mischungsverhältnisses beeinflußt. Außerdem sollte der Effekt von Kondensations- und Verdunstungsprozessen bezüglich der Wärme- und Feuchtebilanz abgeschätzt und eine Untersuchung zu den bei feuchtkonvektiven Prozessen zu erwartenden Niederschlagsintensitäten für den Fall fehlender großräumiger Feuchtekonvergenzprozesse vorgenommen werden.

Wie aus der Literatur hervorgeht, zeigen sowohl die ARAKAWA-SCHUBERT-Technik [4] als auch die KUO-Technik [13] einschließlich verschiedener Modifikationen beider Verfahren allen übrigen Parametrisierungsverfahren gegenüber die besten Ergebnisse [12, 14, 17, 20, 25].

Obwohl alle auf der ARAKAWA-SCHUBERT-Technik basierenden Parametrisierungsverfahren sehr rechenintensiv sind, fiel die Modellauswahl auf eine Modifikation dieser Technik, da in diesem Fall weitgehend auf analytische Lösungen zurückgegriffen werden konnte. Die verwendete Modifikation nach ALBRECHT [2] ist für die Durchführung analytischer Untersuchungen und Simulationszwecke geeignet.

2.1. Das Parametrisierungsverfahren

Die Parametrisierung der Konvektion erfolgt in Anlehnung an [4, 19] und [26]. Ausgangspunkt sind die großräumig gemittelten Bilanzgleichungen für die trockenstatische Energie, das Mischungsverhältnis und den Flüssigwassergehalt:

$$\frac{\partial \bar{s}}{\partial t} = -\bar{v} \cdot \nabla \bar{s} - \bar{\dot{\sigma}} \frac{\partial \bar{s}}{\partial \sigma} - \frac{\partial}{\partial \sigma} \overline{\dot{\sigma}' s'} + Q_R, \quad (1)$$

$$\frac{\partial \bar{q}}{\partial t} = -\bar{v} \cdot \nabla \bar{q} - \bar{\dot{\sigma}} \frac{\partial \bar{q}}{\partial \sigma} - \frac{\partial}{\partial \sigma} \overline{\dot{\sigma}' q'}, \quad (2)$$

$$\frac{\partial \bar{l}}{\partial t} = -\bar{v} \cdot \nabla \bar{l} - \bar{\dot{\sigma}} \frac{\partial \bar{l}}{\partial \sigma} - \frac{\partial}{\partial \sigma} \overline{\dot{\sigma}' l'} - R + R_e, \quad (3)$$

$$\sigma = \frac{p_B - p}{p_B - \hat{p}};$$

Q_R — Strahlungserwärmung,
S — trockenstatische Energie ($S = c_p T + gz$),
q — Mischungsverhältnis,
l — Flüssigwassergehalt,
v — Vektor der Horizontalgeschwindigkeit,
R — Niederschlagsrate,
R_e — Verdunstungsrate,
p_B — Luftdruck im Niveau der Wolkenbasis,
$\hat{p}$ — Luftdruck im Niveau der Wolkenobergrenze,
$\overline{(\ )}$ — Flächenmittel,
$(\ )'$ — Abweichung vom Flächenmittel.

Gegenstand der Parametrisierung der Konvektion sind die Terme in Gleichung (1) bis (3), die die Divergenz der turbulenten Vertikaltransporte sowie die Niederschlags- und Verdunstungsprozesse beschreiben.

Durch geeignete Zusammenfassung lassen sich diese Terme unter Verwendung von (1) bis (3) wie folgt darstellen:

$$\left(\frac{\partial \bar{s}}{\partial t}\right)_{\text{Konv.}} = -\frac{\partial}{\partial \sigma} \overline{\dot{\sigma}'(s' - Ll')} + L(R - R_e), \quad (4)$$

$$\left(\frac{\partial \bar{q}}{\partial t}\right)_{\text{Konv.}} = -\frac{\partial}{\partial \sigma} \overline{\dot{\sigma}'(q' + l')} - R + R_e, \quad (5)$$

(L: spezifische Verdampfungswärme).

Als Lösungen des Parametrisierungsproblems werden von ALBRECHT [2] folgende Beziehungen angegeben:

$$\left(\frac{\partial \bar{s}}{\partial t}\right)_{\text{Konv.}} = -\left(\frac{\partial M_c}{\partial \sigma} - \mu_0 M_c\right)(s_c - Ll_c - \bar{s}) + M_c \frac{\partial \bar{s}}{\partial \sigma} - LM_c c_0 l_c (1 - B_2) - L\alpha_0 F, \quad (6)$$

$$\left(\frac{\partial \bar{q}}{\partial t}\right)_{\text{Konv.}} = -B_1 \left(\frac{\partial M_c}{\partial \sigma} + \frac{M_c}{B_1}\frac{\partial B_1}{\partial \sigma} - \mu_0 M_c\right)(q_c + l_c - \bar{q}) + B_1 M_c \frac{\partial \bar{q}}{\partial \sigma} + (B_1 - B_2) M_c c_0 l_c + \alpha_0 F, \quad (7)$$

$$\frac{\partial}{\partial \sigma}(S_c - Ll_c) = -\mu_0 (S_c - Ll_c - \bar{S}) + Lc_0 l_c, \quad (8)$$

$$\frac{\partial}{\partial \sigma}(q_c + l_c) = -\mu_0 (q_c + l_c - \bar{q}) - c_0 l_c, \quad (9)$$

$$\frac{\partial h_c}{\partial \sigma} = -\mu_0 (h_c - \bar{h}), \quad (10)$$

$$\frac{\mathrm{d}F}{\mathrm{d}x} = -\alpha_0 F + R(x), \quad R = B_2 M_c c_0 l_c, \quad x = 1 - \sigma; \quad (11)$$

$$q_c - \overline{q^*} \cong \frac{\gamma}{1 + \gamma} \frac{1}{L} (h_c - \overline{h^*}), \quad (12)$$

$$S_c - \bar{S} \cong \frac{1}{1 + \gamma} (h_c - \overline{h^*}), \quad (13)$$

$$\gamma = \frac{L}{C_p} \frac{\partial \overline{q^*}}{\partial T}, \quad (14)$$

$$\overline{h^*} = \bar{S} + L\overline{q^*}; \quad (15)$$

$$M_c = \sum_i m_i \alpha_i, \quad B_1 = \sum_i \frac{m_i \beta_i}{M_c}, \quad B_2 = \sum_i \frac{m_i \gamma_i}{M_c}, \quad \alpha_i = \frac{s_i - Ll_i - \bar{s}}{s_c - Ll_c - \bar{s}}, \quad \beta_i = \frac{q_i + l_i - \bar{q}}{q_c + l_c - \bar{q}}, \quad \gamma_i = \frac{l_i}{l_c}, \quad m_i = \frac{a_i \varrho g w_i}{p_B - \hat{p}}, \quad (16)$$

$(\ )_c$ — Eigenschaft der Modellwolke,
$(\ )_i$ — Eigenschaften der Einzelwolken des Wolkenensembles,
$\alpha_i, \beta_i, \gamma_i$ — Gewichtsfunktionen,
B_1, B_2 — Spektralparameter zur Berücksichtigung des Wolkenspektrums,
$(\ )^*$ — gesättigte Größe,
a_i — Bedeckungsgrad mit einem aktiven Aufwindkanal,

w_i — Vertikalgeschwindigkeit der i-ten Einzelwolke,
μ_0 — Entrainmentparameter,
c_0 — Autokonversionsparameter,
α_0 — Verdunstungsparameter,
M_c — „effektiver" Wolkenmassenfluß.

Der jeweils erste Term auf der rechten Seite von (6) und (7) beschreibt den Prozeß des Ausfließens aus der konvektiven Schicht und wird als Detrainmentterm bezeichnet. Der jeweils zweite Term beschreibt das kompensierende Absinken in der Wolkenumgebung.

Die Gleichungen (6) und (7) stellen die Änderungsraten der großräumig gemittelten thermodynamischen Eigenschaften $\bar{s}$ und $\bar{q}$ durch die Divergenz der konvektiv verursachten Ströme von fühlbarer und latenter Wärme sowie infolge von Kondensations- und Verdunstungsprozessen dar.

Die Bestimmung der Eigenschaften eines bestimmten Wolkenensembles erfolgt durch die Lösung der Entrainmentgleichungen (8) bis (10) unter Verwendung der Beziehungen (12) bis (15). Die Berücksichtigung des Niederschlagsprozesses erfolgt im Parametrisierungsschema durch Einführung des Autokonversionsparameters c_0. Dabei wird von der Voraussetzung ausgegangen, daß die Niederschlagsbildung nur durch Autokonversionsprozesse hervorgerufen wird (Umwandlung von Wolkenflüssigwasser in Niederschlagswasser). Die Bestimmung der Verdunstungsrate erfolgt durch die Lösung von Gleichung (11). Die Bestimmung der Parameter B_1, B_2, μ_0, c_0 und α_0 erfolgt empirisch.

2.2 Die Bestimmung des Vertikalprofils des Massenflusses $M_c(\sigma)$

Die Bestimmung des Wolkenmassenflusses $M_c(\sigma)$ stellt den kritischsten Punkt bei der Lösung des Parametrisierungsproblems dar.

Nach [2] kann das Profil des Wolkenmassenflusses durch ein Polynom 3. Ordnung dargestellt werden:

$$M_c = M_1 + M_2\sigma + M_3\sigma^2 + M_4\sigma^3 . \quad (17)$$

Für die Bestimmung der 4 Koeffizienten M_1, M_2, M_3 und M_4 sind vier Gleichungen erforderlich. Hierzu werden nach [2] vier Annahmen über den Wolkenmassenfluß gemacht:

1. Über den Wolkenmassenfluß im Niveau der Wolkenbasis [1, 6],
2. über die Ableitung des Wolkenmassenflusses im Niveau der Wolkenbasis,
3. über den Wolkenmassenfluß im Niveau der Wolkenobergrenze,
4. eine Annahme zur Schließung des Gleichungssystems.

Im Niveau der Obergrenze der konvektiven Schicht sollen keinerlei Wechselwirkungen zwischen konvektiven Prozessen und der Tropopause auftreten, so daß der Massenfluß in diesem Niveau verschwindet. Für die Bestimmung des Massenflusses im Niveau der Wolkenbasis ist nach [2] ein Grenzschichtmodell mit Berücksichtigung der Rückkopplungen zwischen großräumiger Vertikalgeschwindigkeit, Entrainmentgeschwindigkeit und der Höhe der Obergrenze der Mischungsschicht erforderlich [1, 6].

In der angegebenen Arbeit [2] werden sowohl für den Massenfluß im Niveau der Wolkenbasis als auch für seine Änderung in diesem Niveau Plausibilitätsannahmen gemacht. Als Schließungsbedingung für die Ermittlung des Massenflußprofiles wird von ALBRECHT [2] die Quasigleichgewichtsbedingung nach ARAKAWA/SCHUBERT [4] verwendet, nach der die Labilitätsenergie bei konvektiven Prozessen erhalten bleibt.

Die Untersuchungsergebnisse zahlreicher Autoren [5, 8, 15, 17] weisen die Eignung und Gültigkeit dieser Bedingung für tropische Breiten aus. Als kritisch ist nach [2] hingegen die Gültigkeit dieser Annahme in außertropischen Breiten zu bezeichnen.

Als Alternative zur Gleichgewichtsbedingung nach ARAKAWA/SCHUBERT [4] erfolgte die Bestimmung des Massenflußprofiles nach folgendem Weg:

1. Das Vertikalprofil der Vertikalgeschwindigkeit innerhalb einer Modellwolke kann unter der Voraussetzung der Stationarität nach SIMPSON/WIGGERT [22] bzw. KREITZBERG/PERKEY [11] nach folgender Gleichung berechnet werden:

$$w_c \frac{dw_c}{dz} = \frac{g}{1+\nu}\left[\frac{T_{vc}-T_{ve}}{T_{ve}}\right] - \lambda w_c^2 , \quad (18)$$

T_{vc} — virtuelle Wolkentemperatur,
T_{ve} — Virtuelle Temperatur der Umgebung,
λ — Entrainmentparameter ($\lambda = c/R_0$),
R_0 — Wolkenradius,
ν — virtueller Massenkoeffizient zur Berücksichtigung nichthydrostatischer Druckeffekte ($\nu = 0{,}3 \ldots 1{,}5$; [23]: $\nu = 0{,}5$),
w_c — Vertikalgeschwindigkeit der Wolke.

Unter der Voraussetzung, daß die Vertikalgeschwindigkeit im Niveau der Wolkenobergrenze verschwindet, ergibt sich aus (18) durch Integration:

$$w_B^2 = -2\int_{z_B}^{\hat{z}} \frac{T_{vc}-T_{ve}}{T_{ve}}\,dz + 2\lambda \int_{z_B}^{\hat{z}} w_c^2\,dz . \quad (19)$$

Mit der Beziehung

$$w_c = \frac{M_c(p_B - \hat{p})}{ag\varrho} \quad (20)$$

ergibt sich durch Einsetzen in (19) unter Berücksichtigung der Polynomdarstellung (17) eine Gleichung mit den vier unbekannten Koeffizienten M_1, M_2, M_3 und M_4.

2. Die Änderung des Wolkenmassenflusses im Niveau der Wolkenbasis wird mit Hilfe der Entrainmentgleichung für den Wolkenmassenfluß bestimmt (ARAKAWA/SCHUBERT [4], YOUSEF/ROECKNER [27]):

$$\left.\frac{\partial M_c}{\partial \sigma}\right|_{\sigma=0} = \mu_0 M_c , \quad (21)$$

damit

$$M_2 = \mu_0 M_1 , \quad (22)$$

3. Im Niveau der Wolkenobergrenze soll der Massenfluß verschwinden (ALBRECHT [2]):

$$M_1 + M_2 + M_3 + M_4 = 0 . \qquad (23)$$

4. Der Massenfluß nimmt im Niveau des Maximums der Vertikalgeschwindigkeit seinen größten Wert an:

$$\left.\frac{\partial M_c}{\partial \sigma}\right|_{W_{c\,\max}} = 0 , \qquad (24)$$

also

$$M_2 + 2M_3\sigma(W_{c\max}) + 3M_4\sigma_2(W_{c\max}) = 0 . \qquad (25)$$

Damit stehen insgesamt vier Gleichungen zur Bestimmung der vier unbekannten Koeffizienten M_1, M_2, M_3 und M_4 zur Verfügung. Das Niveau, in dem die Vertikalgeschwindigkeit ein Maximum annimmt, befindet sich nach [13] dort, wo auch die Temperaturdifferenz zwischen Wolken- und Umgebungstemperatur maximal ist.

2.3. Bemerkungen zur Bestimmung des Bedeckungsgrades, des Konversions- und des Entrainmentparameters

Unter der Bedingung, daß die großräumig gemittelte Vertikalgeschwindigkeit verschwindet, ergibt sich der Bedeckungsgrad wie folgt:

$$\bar{w} = aW_c + (1 - a)\, W_d = 0 ,$$

$$a = \frac{W_d}{W_d - W_c} ,$$

W_c — Vertikalgeschwindigkeit in dem von der Konvektion erfaßten Gebiet a,

W_d — Geschwindigkeit der kontinuitätsbedingten Absinkbewegung.

Mit $W_d = -0{,}01\ \mathrm{ms}^{-1}$ und $W_c = 10{,}0\ \mathrm{ms}^{-1}$ ergibt sich größenordnungsmäßig für $a = 0{,}001$.

Der Konversionsparameter c_0 läßt sich auf folgende Weise darstellen:

$$c_0 = c_0^*(z - z_B) .$$

Für c_0^* werden in der Literatur folgende Angaben gemacht:

LORD [16] $c_0^* = 0{,}0005 \ldots 0{,}003\ \mathrm{m}^{-1}$

YOUSEF/ROECKNER [27] $c_0^* = 0{,}002\ \mathrm{m}^{-1}$

Der Entrainmentparameter μ_0 ergibt sich wie folgt:

$$\mu_0 = \lambda(\hat{z} - z_B) ,$$

$$\lambda = \frac{c}{R_0} .$$

Nach ANTHES [3] ist $c = 0{,}183$, R_0 — Wolkenradius.

2.4. Untersuchungsergebnisse

In Abb. 1 sind die Vertikalprofile der trocken- und feuchtstatischen Energie nach den Beobachtungswerten eines Radiosondenaufstieges von Lindenberg für eine sommerliche Situation mit entwickelter Konvektion dargestellt [24].

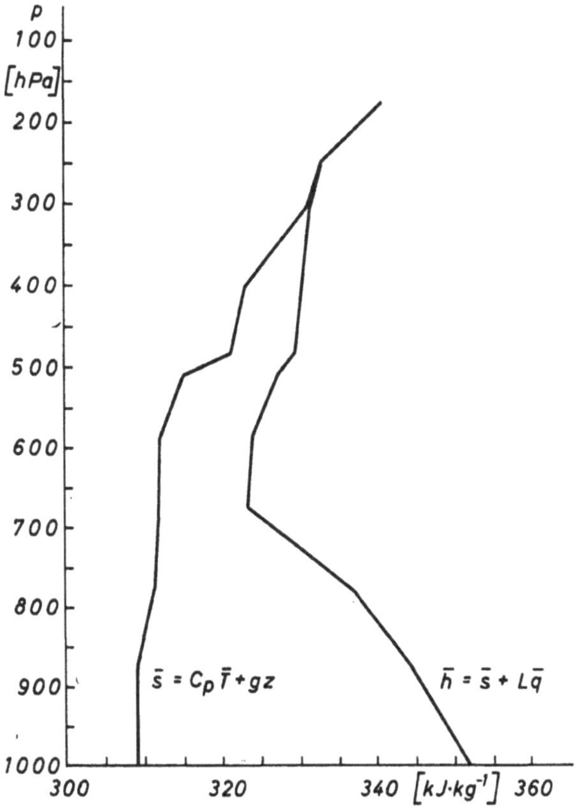

Abb. 1. Vertikalprofile der trocken- und feuchtstatischen Energie nach Beobachtungswerten des verwendeten Radiosondenaufstieges

Deutlich erkennbar ist ein Minimum der feuchtstatischen Energie im mittleren Bereich der Troposphäre. Dieses Minimum stimmt qualitativ mit Beobachtungsergebnissen nach verschiedenen Autoren überein [9, 26] und gestattet nach [21] die Übertragung von Untersuchungsergebnissen zur Parametrisierung der Feuchtkonvektion unter tropischen Bedingungen auf die vorliegenden Betrachtungen zu den Verhältnissen unter außertropischen Bedingungen bzw. entsprechende Vergleiche der Modellergebnisse. Unter Verwendung der in Abb. 1 angegebenen Profile wurden zahlreiche Untersuchungen zur Sensitivität des verwendeten Parametrisierungsverfahren durchgeführt.

In Abb. 2 sind normierte Massenflußprofile in Abhängigkeit vom virtuellen Massenkoeffizienten und vom Radius der Modellwolke dargestellt. Es zeigt sich, daß eine stärkere Simulation nichthydrostatischer Druckeffekte durch Vergrößerung des virtuellen Massenkoeffizienten v in der Bilanzgleichung für die Vertikalkomponente des Impulses von 0,5 auf 1,0 bei gleichem Wolkenradius ($R_0 = 1000$ m) und damit gleicher Stärke des Impulsentrainments eine Verringerung des Massenflusses in allen Niveaus der konvektiven Schicht bewirkt. Eine Vergrößerung des Wolkenradius bewirkt eine deutliche Reduktion des Impulsentrainments und damit eine stärkere Beschleunigung durch die Auftriebskräfte vor allem im mittleren Bereich der Atmosphäre. Der Massenfluß nimmt zunächst von der Wolkenbasis an durch Entrainment stetig mit der Höhe zu, erreicht sein Maximum und nimmt im oberen Bereich der konvektiven Schicht durch Detrainment stetig ab. Zu beachten ist,

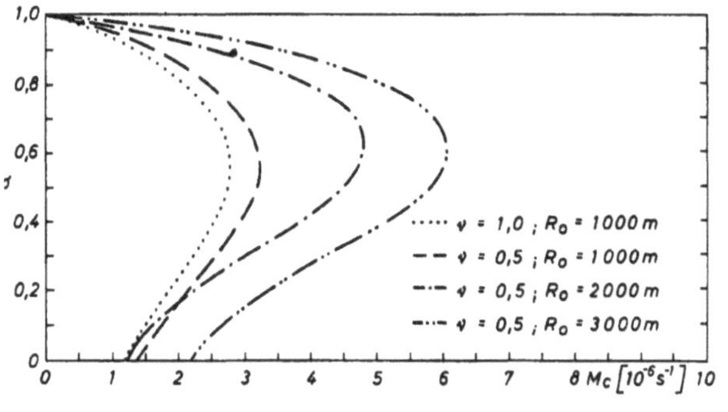

Abb. 2. Normierte Massenflußprofile in Abhängigkeit vom virtuellen Massenkoeffizienten und vom Wolkenradius ($a = 0{,}001$; $\lambda = 0{,}183/R_0$)

daß die konvektive Schicht für Wolken mit größerem Wolkenradius vertikal mächtiger ist als für Wolken mit kleinerem Wolkenradius. Da kleinere Wolken mit stärkeren Entrainmentprozessen verbunden sind als größere, wird bei Wolken mit geringerem Wolkenradius der Auftrieb durch das Einmischen kühlerer Umgebungsluft stärker reduziert, was zu einer Verringerung der Wolkenobergrenze führen muß.

In Abb. 3 sind die einzelnen Komponenten sowie der Gesamteffekt der konvektiven Erwärmungsraten für verschiedene Parameter dargestellt.

Das Detrainment hat in den untersten Schichten keinen Einfluß, weil in diesem Bereich noch die im Niveau der Wolkenbasis verwendete Annahme $(\partial M_c/\partial \sigma)_0 > 0$ (Entrainment) zur Wirkung kommt.

Die Konvergenz des Massenflusses wird in den mittleren Niveaus größer und ruft in diesem Bereich eine relativ starke Erwärmung und Stabilisierung hervor. Unter dem Einfluß des durch Feuchtkonvektion verursachten Detrainments entsteht in den oberen Bereichen der konvektiven Schicht eine deutliche Abkühlungszone, in der eine Labilisierung der Schichtung festzustellen ist. Das kontinuitätsbedingte Absinken besitzt den stärksten Einfluß und bewirkt eine markante Erwärmung der gesamten Schicht. Ebenfalls dargestellt ist der Einfluß der Divergenz des turbulenten Transportes $\overline{\dot{\sigma}'(s' - Ll')}$ in Gleichung (4), der u. a. den Detrainment- und Absinkeffekt mit berücksichtigt. Es zeigt sich eine deutliche Erwärmung im mittleren und oberen Bereich, der in der Detrainmentzone wiederum von einer eng begrenzten Schicht mit einem deutlichen Abkühlungseffekt abgelöst

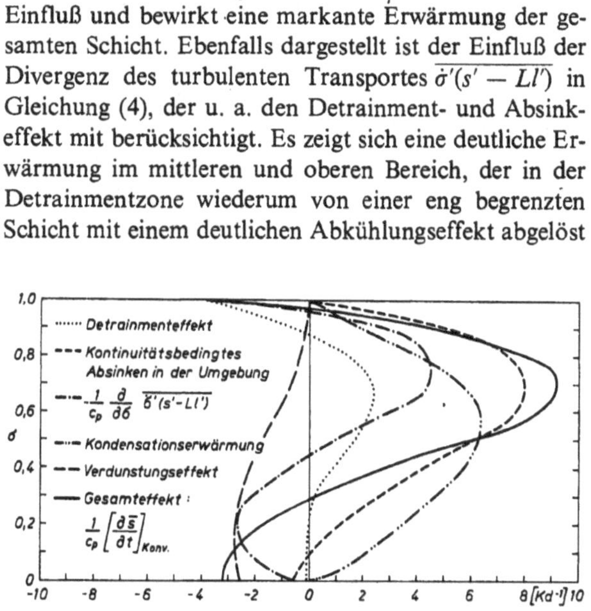

Abb. 3. Konvektive Erwärmungsraten nach Gl. (6) für $c_0^* = 0{,}001\ \mathrm{m}^{-1}$; $B_1 = 0{,}86$; $B_2 = 0{,}94$; $\alpha_0 = 1{,}0$; $\nu = 1{,}0$; $a = 0{,}001$; $R_0 = 1000$ m

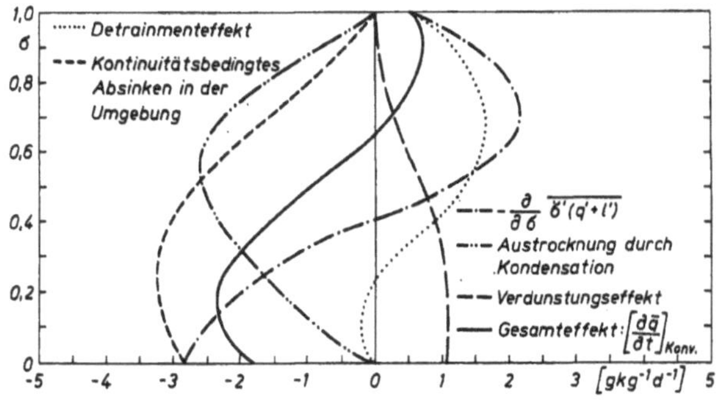

Abb. 4. Konvektive Feuchtänderungen nach Gl. (7) für $c_0^* = 0{,}001\ \mathrm{m}^{-1}$; $B_1 = 0{,}86$; $B_2 = 0{,}94$; $\alpha_0 = 1{,}0$; $\nu = 1{,}0$; $a = 0{,}001$; $R_0 = 1000$ m

wird. Die Kondensation bewirkt in allen Niveaus eine sehr deutliche Erwärmung, wobei das Niveau des Maximums dieses Effektes deutlich unterhalb des Niveaus mit dem maximalen Erwärmungseffekt infolge des kontinuitätsbedingten Absinkens liegt.

Die Verdunstung bewirkt in allen Schichten eine Abkühlung und hat in den untersten Niveaus ihren größten Einfluß, weil in diesem Bereich der akkumulierte Niederschlag am größten ist.

Als Gesamteffekt ergibt sich eine deutliche Abkühlung in den untersten Bereichen, eine markante Erwärmung im mittleren Bereich und eine deutliche Abkühlung in einer dünnen Schicht im Niveau der Obergrenze der konvektiven Schicht.

Abb. 4 zeigt die analogen Verhältnisse für die konvektive Feuchteänderung. Der Detrainmentterm zeigt in den unteren Bereichen eine schwache Austrocknung. Die Ursachen dafür ist die Konvergenz des Massenflusses infolge der fehlenden Simulation des Einflusses der Trockenkonvektion, die nach [2, 4] und [17] eine Divergenz des Wolkenmassenflusses im Niveau der Wolkenbasis verursacht, wobei demzufolge Detrainmentprozesse in diesem Niveau stattfinden, die wiederum zu einer Feuchteanreicherung in der Umgebung führen. In den oberen Schichten bewirkt das Detrainment eine sehr deutliche Feuchteanreicherung. Das kompensierende Absinken in der Umgebung zeigt eine markante Austrocknung der konvektiven Schicht in allen Bereichen und hat wiederum den größten Einfluß in der Gesamtbilanz.

Die Divergenz des turbulenten Feuchtetransportes bewirkt in der unteren Hälfte der konvektiven Schicht eine beträchtliche Austrocknung und in der darüberliegenden Hälfte eine signifikante Feuchteanreicherung. Die Kondensation ruft eine deutliche Austrocknung der gesamten Schicht hervor. Das Verdunstungsprofil zeigt eine Feuchteanreicherung in der gesamten Konvektionsschicht, wobei der größte Effekt in den unteren Schichten anzutreffen ist. Als Gesamteffekt zeigt sich eine Austrocknung in den unteren und mittleren Bereichen sowie eine Feuchteanreicherung in den oberen Bereichen der konvektiven Schicht.

In Abb. 5 und 6 sind die Vertikalprofile der konvektiven Erwärmungsrate und Feuchteänderung in Abhängigkeit vom Radius der Modellwolke dargestellt. Aus Abb. 5 geht hervor, daß eine Vergrößerung des

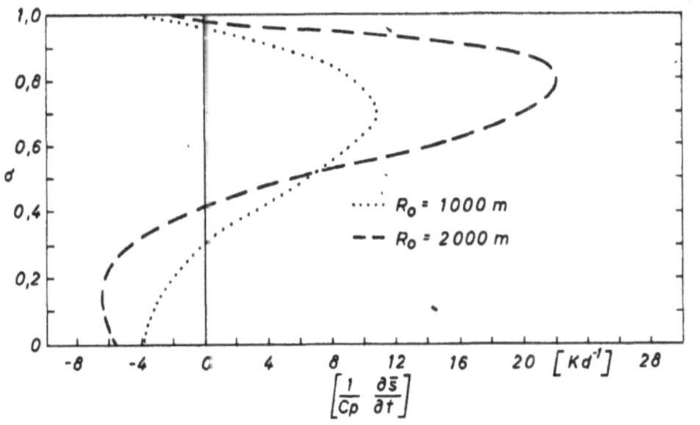

Abb. 5. Konvektive Erwärmungsrate in Abhängigkeit vom Radius der Modellwolke. $B_1 = 0{,}86$; $B_2 = 0{,}94$; $\alpha_0 = 1{,}0$; $a = 0{,}001$; $\nu = 0{,}5$; $C_0^* = 0{,}001\ m^{-1}$

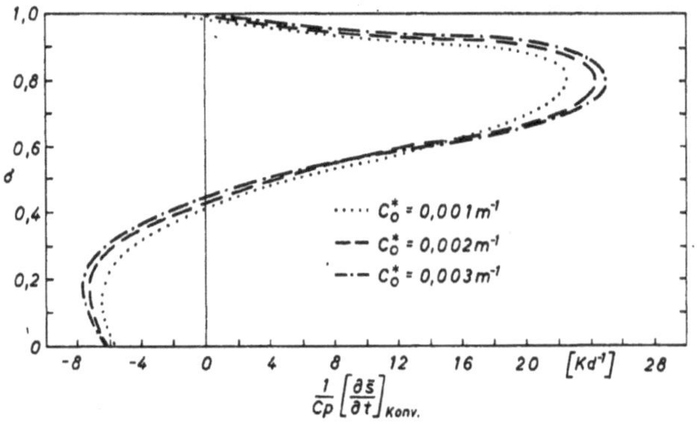

Abb. 7. Konvektive Erwärmungsrate in Abhängigkeit vom Konversionsparameter. $B_1 = 0{,}86$; $B_2 = 0{,}94$; $\alpha = 1{,}0$; $a = 0{,}001$; $R_0 = 2000$ m; $\nu = 0{,}5$

Wolkenradius eine stärkere Abkühlung in den unteren und eine stärkere Erwärmung in den oberen Bereichen der konvektiven Schicht bewirkt. Eine Analyse der einzelnen Komponenten der Wärmebilanz zeigt, daß eine Vergrößerung des Wolkenradius sogar eine relativ starke Abkühlung in den unteren Bereichen durch Detrainmentprozesse hervorrufen kann, obwohl der Massenfluß in diesem Bereich noch konvergent ist. In den oberen Schichten der Troposphäre wird dagegen die durch die Konvergenz des Massenflußprofiles verursachte Erwärmung verstärkt. Durch entsprechende Rechnungen konnte gezeigt werden, daß eine Verringerung des Entrainments nicht nur eine Vergrößerung des Wolkenmassenflusses, sondern auch eine Vergrößerung des Wolkenflüssigwassergehaltes bewirkt, da durch ein geringeres Entrainment von trockenerer Umgebungsluft der Verdünnungseffekt in bezug auf das Wolkenmischungsverhältnis reduziert und die Bildung von Wolkenflüssigwasser begünstigt wird. Dadurch wird wiederum die Effizienz des Autokonversionsprozesses erhöht und der Detrainmenteffekt im Niveau der Wolkenobergrenze verringert. Weiterhin konnte gezeigt werden, daß das kontinuitätsbedingte Absinken eine deutliche Verstärkung bei Verkleinerung des Entrainments erfährt, da in diesem Fall der Massenfluß vergrößert wird. Durch die Erhöhung des Massenflusses und die Vergrößerung des Wolkenflüssigwassergehaltes wird andererseits der akkumulierte Niederschlag in den unteren Modellschichten und damit auch der Abkühlungseffekt durch die Niederschlagsverdunstung vergrößert. Die durch die Vergrößerung des Wolkenradius hervorgerufene Erhöhung des Massenflusses und des Wolkenflüssigwassergehaltes rufen jedoch gleichzeitig eine deutliche Vergrößerung der konvektiven Freisetzung latenter Wärme hervor. Auf diese Weise wird sichtbar, daß die gleiche Ursache (Verringerung des Entrainments durch Erhöhung des Wolkenradius) sehr verschiedene Effekte bezüglich der einzelnen Komponenten der Wärmebilanz hervorbringen kann.

Die Abb. 6 zeigt die analogen Verhältnisse für die konvektive Feuchteänderung. Bei Verringerung des Entrainments durch Erhöhung des Wolkenradius der Modellwolke zeigt sich eine deutliche Vergrößerung des Austrocknungseffektes in den unteren und mittleren sowie eine Erhöhung der Feuchteanreicherung in den oberen Modellschichten. Dabei wirkt sich die Vergrößerung des Wolkenradius am stärksten in der unteren Troposphäre aus. Bei der Analyse der einzelnen Komponenten der Feuchtebilanz gelten qualitativ die gleichen Zusammenhänge wie für die konvektive Erwärmungsrate. Die entscheidenden Veränderungen, die eine Vergrößerung der bereits in Abb. 4 analysierten Effekte hervorrufen, sind die Erhöhung des Wolkenmassenflusses durch verringertes Impulsentrainment sowie die Vergrößerung der Differenz zwischen dem Feuchteregime innerhalb der Wolken und der Umgebung infolge der

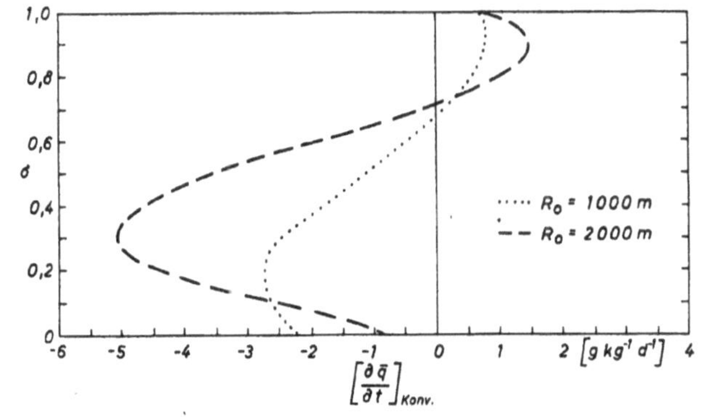

Abb. 6. Konvektive Feuchteänderung in Abhängigkeit vom Radius der Modellwolke. $B_1 = 0{,}86$; $B_2 = 0{,}94$; $\alpha_0 = 1{,}0$; $a = 0{,}001$; $\nu = 0{,}5$; $C_0^* = 0{,}001\ m^{-1}$

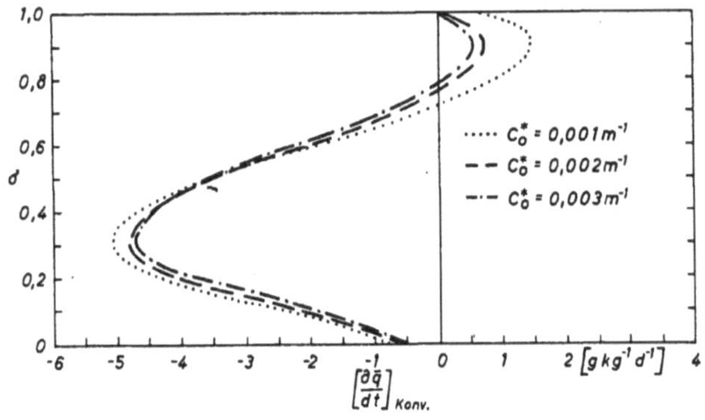

Abb. 8. Konvektive Feuchteänderung in Abhängigkeit vom Konversionsparameter. $B_1 = 0{,}86$; $B_2 = 0{,}94$; $\alpha_0 = 1{,}0$; $a = 0{,}001$; $R_0 = 2000$ m; $\nu = 0{,}5$

Verringerung des Feuchteentrainments. Die in Abb. 5 und 6 dargestellten Resultate zeigen anschaulich, daß die Modellergebnisse bei unverändertem Bedeckungsgrad sehr stark von der Struktur des Wolkenensembles abhängig sind. Dieser Umstand unterstreicht die besondere Bedeutung einer spektralen Betrachtungsweise bei der Parametrisierung konvektiver Prozesse.

Die Abbildungen 7 und 8 zeigen die Testergebnisse für verschiedene Konversionsparameter. Aus Abb. 7 geht hervor, daß sich bei Verringerung der Effizienz des Autokonversionsprozesses durch die Wahl eines kleineren Konversionsparameters eine stärkere Abkühlung in den oberen Modellschichten zeigt. Diese Abkühlung entsteht durch Verdunstung von Wolkenflüssigwasser, das im Niveau der Obergrenze der konvektiven Schicht durch Detrainment aus den Wolken heraustritt. Eine Abnahme der Effizienz des Autokonversionsprozesses bewirkt eine Zunahme des Wolkenflüssigwassergehaltes und damit eine Zunahme des Detrainmenteffektes in den obersten Modellschichten. Aus dieser Zunahme des Detrainmenteffektes resultiert die stärkere Abkühlung in den oberen Niveaus des Modelles. Abb. 8 zeigt die gleichen Verhältnisse für die konvektive Feuchteänderung. Diese Abbildung zeigt deutlich die markante Feuchteanreicherung an der Wolkenobergrenze infolge des Detrainments von Wolkenflüssigwasser, sobald die Konversionsrate verringert wird. Von ALBRECHT [2] wird darauf aufmerksam gemacht, daß die Abkühlung und Feuchteanreicherung in Verbindung mit einer Verringerung der Effizienz des Autokonversionsprozesses in den oberen Modellschichten sehr schnell zu einer großräumigen Sättigung führen kann. In diesem Fall muß die Voraussetzung $\partial \bar{l}/\partial t = 0$ in den Gleichungen (4) und (5) in Frage gestellt werden und anstelle von $\partial \bar{s}/\partial t$ und $\partial \bar{q}/\partial t$ mit $\frac{\partial}{\partial t}(\bar{s} - L\bar{l})$ und $\frac{\partial}{\partial t}(\bar{q} + \bar{l})$ gerechnet werden. Unter diesen Bedingungen ist das Auftreten großräumiger Niederschläge sehr wahrscheinlich ($\partial \bar{l}/\partial t \neq 0$). Durch die genannten Effekte wird die Bildung hochtroposphärischer Niederschlagssysteme gefördert, wie sie während GATE beobachtet wurden [10].

Die Abkühlung und Feuchteanreicherung kann in numerischen Modellen durch Verwendung größerer Konversionsraten minimiert werden (stärkere Umwandlung des Flüssigwassers in Niederschlagswasser durch Autokonversion). Von YANAI et al. [26] wurde z. B. anstelle der Höhenabhängigkeit eine exponentielle Zunahme des Konversionsparameters mit der Höhe angenommen. Eine andere Variante für eine realistischere Simulation des Autokonversionsprozesses wurde von CRUM/STEVENS [7] angegeben. Beide Autoren verwendeten für die Darstellung der Höhenabhängigkeit des Konversionsparameters die Arkuskotangensfunktion.

Es wurden ebenfalls Untersuchungen zur Abhängigkeit der konvektiven Erwärmungsraten bzw. Feuchteänderungen vom Bedeckungsgrad durchgeführt. Die Modellergebnisse sind linear vom Bedeckungsgrad abhängig, d. h., daß z. B. eine Verdopplung des Bedeckungsgrades eine Verdopplung der entsprechenden konvektiven Änderungsraten bewirkt usw. Deshalb kommt der realistischen Simulation des Bedeckungsgrades mit aktiven Aufwindkanälen eine Schlüsselstellung zu.

Simulationen zur Berücksichtigung der Verdunstung zeigen, daß sich die Berücksichtigung der Verdunstung am stärksten in den unteren Teilen der konvektiven Schicht auswirkt. Die Berücksichtigung der Verdunstung bewirkt in den unteren Modellschichten eine signifikante Abkühlung bzw. eine sehr deutliche Verringerung der Austrocknung. Die Berücksichtigung der Verdunstung wirkt sich vor allem deshalb in den untersten Bereichen der konvektiven Schicht aus, weil hier der akkumulierte Niederschlag am größten ist.

2.5. Allgemeine Anmerkungen

Bezüglich der Abwindprozesse sind nach [18] folgende drei Arten zu unterscheiden:

1. Abwindprozesse durch Niederschläge: 1 bis 10 ms^{-1},
2. kontinuitätsbedingtes Absinken in der Wolkenumgebung: ~ 1 cm s^{-1},
3. mesoskalige Abwindprozesse: $\sim 0{,}1$ bis 1,0 ms^{-1}.

Im vorliegenden Modell bleiben sowohl niederschlagsbedingte als auch mesoskalige Abwindprozesse unberücksichtigt. Die Berücksichtigung von Abwindprozessen hat jedoch eine große Bedeutung für die Parametrisierung der Konvektion. So können z. B. Kaltluftausbrüche durch Abwindprozesse in Verbindung mit Cumulonimben über relativ große Entfernungen wirksam werden und beträchtliche Bereiche der Grenzschicht beeinflussen. Solche Kaltluftausbrüche sind bedeutende mesoskalige Phänomene, die eine drastische Modifikation der Grenzschichtflüsse bewirken und zu einer mehrstündigen Unterdrückung der Konvektion führen können [18]. Die Mehrzahl der gegenwärtig verfügbaren Parametrisierungsverfahren, einschließlich der in den Arbeiten von KUO [13] und ARAKAWA/SCHUBERT [4] vorgestellten relativ komplexen Parametrisierungstechniken, lassen Abwindprozesse durch Niederschläge und mesoskalige Prozesse unberücksichtigt. Nichtsdestoweniger werden in der Natur Bedeckungsgrade mit aktiven Aufwindkanälen in der Größenordnung von 1 % beobachtet, die gegenüber den ohne Berücksichtigung von konvektiven Abwindprozessen berechneten Werten in der Größenordnung von 1 ‰ überhaupt erst durch die Berücksichtigung dieser Art von Abwinden plausibel werden. Dieser Umstand unterstreicht die Bedeutung einer realistischen Simulation sämtlicher Abwindprozesse.

Literatur

[1] ALBRECHT, B. A.; BETTS, A. K.; SCHUBERT, W. H.; COX, S. K.: A model of the thermodynamic structure of the trade-wind boundary layer. Part I: Theoretical formulation and sensitivity tests. J. Atmos. Sci. **36** (1979), 73—89.

[2] ALBRECHT, B. A.: A cumulus parameterization for climate studies of the tropical atmosphere. Part I: Model formulation and sensitivity tests. J. Atmos. Sci. **40** (1983), 2166—2182.

[3] ANTHES, R. A.: A cumulus parametrization scheme utilizing a one-dimensional cloud model. Mon. Wea. Rev. **105** (1977), 270—286.

[4] ARAKAWA, A.; SCHUBERT, W. H.: Interaction of a cumulus cloud ensemble with the large-scale environment. Part I. J. Atmos. Sci. **31** (1974), 674—701.

[5] BETTS, A. K.: Thermodynamic classification of tropical convective soundings. Mon. Wea. Rev. **102** (1974), 760—764.

[6] BETTS, A. K.: Non-precipitating cumulus convection and its parameterization. Quart. J. Roy. Meteor. Soc. **86** (1973), 178—196.

[7] CRUM, F. X., STEVENS, D. E.: A comparison of two cumulus parameterization schemes in a linear model of wave-CISK. J. Atmos. Sci. **40** (1983), 2671—2688.

[8] DÜMENIL, L.; RUPRECHT, E.: A diagnostic test of the closure assumption in ARAKAWA and SCHUBERT's cumulus parameterization scheme Quart. J. Roy. Meteor. Soc. **110** (1984), 1180—1186.

[9] FAL'KOVIČ, A. I.: K voprosu o modelirovanii oblačnogo ansamblâ. Met. i Gidrol. **8** (1979), 24—33.

[10] HOUZE, R. A.; BETTS, A. K.: Convection in GATE. Rev. Geophys. Space Phys. **19** (1981), 541—576.

[11] KREITZBERG, C. W.; PERKEY, D. J.: Release of potential instability: Part I. A sequentiell plume model within a hydrostatic primitive equation model. J. Atmos. Sci. **33** (1976), 456—475.

[12] KRISHNAMURTI, T. N.; RAMANATHAN, Y.; PAN, H.-L.; PASCH, R. J.; MOLINARI, J.: Cumulus parameterization of rainfall rates I. Mon. Wea. Rev. **108** (1980), 465—472.

[13] KUO, H. L.: Further studies of the influence of cumulus convection on large-scale flow. J. Atmos. Sci. **31** (1974), 1232 bis 1340.

[14] LESLIE, L. M.: Comparative performance of convective parameterization schemes in a short-term prognosis. Beitr. Phys. Atmos. **54** (1981), 173—185.

[15] LORD, S. J.; ARAKAWA, A.: Interaction of a cumulus ensemble with the large-scale environment. Part II. J. Atmos. Sci. **37** (1980), 2674—2592.

[16] LORD, S. J.: Interaction of a cloud cumulus ensemble with the large-scale environment. Part III: Semi-prognostic test of the ARAKAWA-SCHUBERT cumulus parameterization. J. Atmos. Sci. **39** (1982), 88—103.

[17] LORD, S. J.: An observational verification of the ARAKAWA-SCHUBERT cumulus parameterization. In: Proceedings of Workshop on Parameterization of Cumulus Convection, ECMWF, 23—25 October, 1978.

[18] MILLER, M. J.; MONCRIEFF, M. W.: Models of deep convection and their large-scale interactions. In: Proceedings of Workshop on Parameterization of Cumulus Convection, ECMWF, 23 to to 25 October, 1978.

[19] OOYAMA, K.: A theory on parameterization of cumulus convection. J. Meteor. Soc. Japan **49** (1971), 744—756.

[20] RAMANATHAN, Y.: Cumulus parameterization in a case study of a monsoon depression. Mon. Wea. Rev. **108** (1980), 313 to 321.

[21] RUPRECHT, E.: Parameterization of cumulus convection. Cloud mass flux distribution within cloud clusters derived from GATA data. In: Proceedings of Workshop on Parameterization of Cumulus Convection, ECMWF, 23—25 October, 1978.

[22] SIMPSON, J.; WIGGERT, V.: Models of precipitating cumulus lowers. Mon. Wea. Rev. **97** (1969), 471—489.

[23] SIMPSON, J.: On cumulus entrainment and one-dimensional models. J. Atmos. Sci. **28** (1971), 449—455.

[24] TEUBNER, R.: Zur Bestimmung der Obergrenze konvektiver Bewölkung mit einem numerischen Wolkenmodell. Dipl.-Arb., Humb.-Univ. Berlin (1984), 42 S.

[25] WADA, M.: Numerical experiments of the tropical cyclone by use of the ARAKAWA-SCHUBERT parameterization. J. Meteor. Soc. Japan **57** (1979), 505—530.

[26] YANAI, M., ESBENSEN, S.; CHU, J. H.: Determination of bulk properties of tropical cloud clusters from large-scale heat and moisture budgets. J. Atmos. Sci. **30** (1973), 611—627.

[27] YOUSEF, A.; ROECKNER, E.: Parameterization of cumulus-scale heat, moisture and momentum fluxes with a modified AS-Modell. Beitr. Phys. Atmos. **57** (1984), 21—38.

Abh. Meteorol. Dienstes DDR Nr. 140 (1988)

Zur numerischen Bestimmung der Obergrenze konvektiver Wolken

von H.-F. GRAF und R. TEUBNER

Zusammenfassung

Die Verwendbarkeit eines einfachen eindimensionalen Wolkenmodells zur Bestimmung der maximalen Höhe der Obergrenze konvektiver Wolken wurde durch Vergleich mit Radarbeobachtungen untersucht. Sowohl die Ergebnisse hinsichtlich der mittleren Wolkenobergrenze als auch die erreichten Korrelationen ($\varrho = 0{,}85$) zeigen gute Übereinstimmung zwischen Modell- und Beobachtungsergebnissen.

Summary

The usability of a simple one-dimensional cloud model for the determination of maximum top heights of convective clouds is checked by a comparison with radar observations. The results show good agreement for mean top heights as well as with respect to the correlation coefficient ($\varrho = 0.85$) between model and observations.

Резюме

Исследовано возможность использования простой одномерной модели облаков для вычисления максимальной высоты верхной границы конвективных облаков при помощи сравнения результатов с радарными наблюдениями. Вычисленные значения средной верхной границы и коэффициент корреляции ($\varrho = 0{,}85$) указывают хорошое совпадение модели с наблюдениями.

1. Einleitung

Die Modellierung atmosphärischer Prozesse und die numerische Lösung der entsprechenden Gleichungssysteme stellen eine wesentliche Grundlage der Physik der Atmosphäre dar. Im Bereich der Wettervorhersage oder in der Ausbreitungsrechnung sind numerische Modelle eine tägliche Selbstverständlichkeit geworden. Numerische Modelle zur Wettervorhersage werden vom globalen oder hemisphärischen bis hin zum Meso-Maßstab gerechnet, während der konvektive Maßstab häufig nur durch Parametrisierungen oder einfache Modellansätze (Partikel- oder Schichtmethode) behandelt wird.

Nachdem in der Vergangenheit, z. B. GRAF [1, 2, 3], verschiedene Anwendungsmöglichkeiten eindimensionaler Wolkenmodelle in der Ausbreitungsrechnung bzw. bei der Untersuchung anthropogener Einflüsse auf Niederschlagsprozesse diskutiert wurden, soll hier die Berechnung der Obergrenzen konvektiver Wolken behandelt werden.

Die Vorhersage konvektiver Bewölkung ist insbesondere für den Flugverkehr von großer Bedeutung. Hier geht es um Fragen der Vereisungsmöglichkeit sowie um die Stärke vertikaler Beschleunigungen, die zumindest mittelbar mit der Obergrenze konvektiver Wolken im Zusammenhang stehen.

Nach HAMAN [4] sind die wenig rechenintensiven eindimensionalen Modelle für den Einsatz im Routinedienst am geeignetsten. Deshalb wurde das in [1, 2] beschriebene eindimensionale stationäre thermodynamische Wolkenmodell mit einigen Verbesserungen (Einführung der Regenphase [2] und Übergang von Vorwärtsdifferenzen zum RUNGE-KUTTA-Schema bei der numerischen Lösung des Differentialgleichungssystems) anhand von Routine-Beobachtungsmaterial auf seine Verwendbarkeit bei der Berechnung von Obergrenzen luftmasseninterner konvektiver Wolken untersucht (TEUBNER [8]).

2. Ausgangsmaterial

2.1. Radarbeobachtungen

Das Vergleichsmaterial zu den Modellrechnungen wurde aus routinemäßig aufgenommenen RHI (Range Hight Indicator)-Karten einer Bodenwetterradarstation im Raum Berlin, die mit einer Wellenlänge von 3,2 cm arbeitet, gewonnen. Aus Aufnahmen von März bis September 1980 und 1981 wurden für insgesamt 395 Echos luftmasseninterner konvektiver Wolken im Umkreis von 100 km von der Radarstation äquivalente Basisradien und Echoobergrenzen analysiert. Da RHI-Echos willkürliche Schnitte durch die Wolken darstellen und außerdem das individuelle Entwicklungsstadium der Wolken nicht bekannt ist, wurden zu jeweils einem Termin nur die für eine Klasse von Wolkenradien höchsten Obergrenzen zum Vergleich herangezogen.

Mit einer Wellenlänge von 3,2 cm werden außerdem nur Echos von großen (Niederschlags-)Tropfen erfaßt. Damit ergibt sich ein systematischer Fehler der Art, daß die Echoobergrenzen stets etwa 200 bis 500 m unterhalb der realen Wolkenobergrenzen liegen. Außerdem unterliegen die Echoobergrenzen wegen der starken Turbulenz in den Cumulus-Wolken großen zeitlichen Schwankungen (vgl. Tab. 1) selbst im Minutenbereich. Zusammen mit weiteren bei der routinemäßigen Radarbeobachtung stets auftretenden stochastischen Fehlern, z. B. durch Refraktionsänderungen oder Ungenauigkeiten bei der Höhenwinkelbestimmung, lassen die Meßfehler nur einen

Tabelle 1
Zeitliche Variabilität der Höhe der Obergrenze von Radarechos einer konvektiven Wolke (nach VULFSON et al. [9])

Zeit	Höhe der Echoobergrenze (km)	
	λ = 10 cm	λ = 3,2 cm
13.36	7,0	8,0
13.40	6,8	8,1
13.46	7,4	9,0
13.50	7,0	7,2
14.05	6,5	8,1
14.08	5,8	7,9
14.12	5,2	9,0
14.14	4,5	7,1

statistischen Vergleich zwischen Beobachtung und Modellergebnis zu.

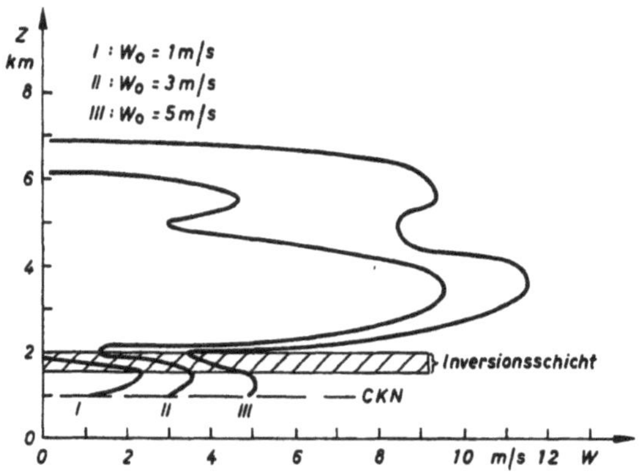

Abb. 1. Einfluß einer geringmächtigen Sperrschicht oberhalb des Cumuluskondensationsniveaus (CKN) auf Vertikalgeschwindigkeit (W) und vertikale Mächtigkeit einer konvektiven Modellwolke in Abhängigkeit von der Vertikalgeschwindigkeit an der Wolkenbasis (W_0)

2.2. Umgebungsparameter

Das verwendete Wolkenmodell benötigt als Eingangsparameter die vertikale Verteilung von Luftdruck, Temperatur und Feuchte der ungestörten Wolkenumgebung. Dazu wurden die veröffentlichten Werte [12] (markante Punkte von Radiosondenaufstiegen der RSA Lindenberg) zu den der Radarbeobachtung jeweils zeitlich am nächsten gelegenen Aufstiegsterminen verwendet. Damit ergibt sich eine maximale Zeitdifferenz von 3 Stunden zwischen Radarbeobachtungen und Radiosondierung, die aber bei der ohnehin notwendigen Beschränkung auf luftmasseninterne Phänomene keine starke Beeinflussung der Genauigkeit hervorrufen dürfte. Zwischen den markanten Punkten werden die atmosphärischen Parameter mit Vertikalschritten von jeweils 10 m numerisch interpoliert.

Zur Bestimmung des für die Rechnungen notwendigen Cumulus-Kondensationsniveaus wird die Gleichung für die vertikale Änderung des Taupunktes

$$\frac{d\tau}{dZ} = \frac{1}{Hv} \frac{\tau^2 R}{r(\tau)},$$

wobei τ = Taupunkttemperatur, Hv = Höhe der homogenen Atmosphäre, R = Gaskonstante, r = Verdunstungswärme, mit einer Vertikalschrittweite von 10 m numerisch gelöst. Das Cumulus-Kondensationsniveau wird in der Höhe angesetzt, in der sich die Temperatur der Zustandskurve und die Taupunkttemperatur erstmalig um weniger als 0,1 K unterscheiden.

Die Vertikalgeschwindigkeit im Niveau der Wolkenbasis ist ein bislang nur ungenügend genau bekannter Parameter. Zu ihrer numerischen Bestimmung existieren nur wenige, sehr aufwendige Ansätze (z. B. HANSON [5]), die bei Verwendung routinemäßiger Radiosondendaten mit relativ grober vertikaler Auflösung (ca. 300 m) nicht zu befriedigenden Genauigkeiten führen. Messungen sind u. a. von MARWITZ et al. [7] bekannt. Danach liegen die Vertikalgeschwindigkeiten an der Basis von Cumuluswolken zwischen 3,5 m/s und 7,0 m/s. In der Literatur (HÖLLER [6], WEINSTEIN [11] und WARNER [10]) werden häufig 5 m/s angesetzt.

Wie Sensibilitätsuntersuchungen [8] mit dem hier verwendeten Wolkenmodell ergaben, spielt die Vertikalgeschwindigkeit an der Wolkenbasis insbesondere bei feuchtstabilen bis indifferenten Schichtungsverhältnissen der Atmosphäre eine große Rolle für die Wolkenobergrenze. Tests mit geringmächtigen Schichten höherer Stabilität über dem Cumuluskondensationsniveau zeigten sprunghafte Erhöhungen der Wolkenobergrenzen, wenn entsprechende Schwellenwerte der Vertikalgeschwindigkeit an der Wolkenbasis W_0 überschritten wurden (Abb. 1). Dies ist ein genereller Nachteil des hier verwendeten stationären Wolkenmodells, der im Rahmen dieser Modellklasse nur durch geeignete variable Ansätze der Vertikalgeschwindigkeit überwunden werden kann.

3. Ergebnisse und Schlußfolgerungen

In Tabelle 2 sind die Ergebnisse des Vergleiches verschiedener Modellversionen mit den Radarbeobachtungen zusammengestellt. Die mittlere beobachtete Radarobergrenze betrug 5477 m. Wegen des systematischen Fehlers bei der Radarbeobachtung von Wolken, der aus der Erfassung allein des Niederschlagskernes resultiert, ist zu erwarten, daß die realen Obergrenzen stets etwa 200 bis 500 m über der Radarobergrenze liegen. Die vielfältigen stochastischen Fehler (siehe 2.1.) erlauben keinen Einzelvergleich von Modell und Beobachtung, sondern lediglich einen Vergleich im statistischen Sinn. Als besonders geeignet erweist sich dabei neben dem Vergleich der Mittelwerte die Korrelation zwischen Radar- und Modellobergrenzen.

Die einfachste Modellvariante, bei der lediglich der Auftrieb durch Anfangsimpuls, Temperaturunterschiede zwischen der Wolke und ihrer Umgebung und die Bildung von Wasser in der flüssigen Phase unter dem Einfluß des Entrainment berücksichtigt wird (Nr. 1), ergibt eine zu niedrige mittlere Wolkenobergrenze bei gleichzeitig schlechter Korrelation zwischen Beobachtung und Modell. Die Einbeziehung des Ausfallens von Niederschlagswasser (Nr. 2) erhöht zwar die mittlere Modell-

Tabelle 2
Vergleich verschiedener Modellvarianten mit Beobachtungen, OG (Radar) = 5477 m

Nr.	RR	Eis	VD	RKS	OG	$OG(R)_{max}$	W_0	OG	ϱ
1			×		×		2,0	4801	0,350
2	×		×		×		2,0	5051	0,304
3	×		×			×	2,0	5051	0,465
4	×	×	×			×	5,0	5606	0,740
5	×	×		×		×	2,0	6081	0,849
6	×	×		×		×	5,0	5755	0,756

Erläuterungen zur Tabelle 2:
RR — Berücksichtigung des Niederschlagsausfalls,
Eis — Berücksichtigung der Eisphase,
VD — Vorwärtsdifferenzen,
RKS — RUNGE-KUTTA-Schema,
OG — Vergleich mit allen beobachteten Obergrenzen,
$OG(R)_{max}$ — Vergleich nur mit der in der jeweiligen Klasse der Basisradien höchsten beobachteten Obergrenze,
W_0 — an der Wolkenbasis angesetzte Vertikalgeschwindigkeit (m/s),
OG — mittlere berechnete Wolkenobergrenze (m),
ϱ — Korrelationskoeffizient zwischen Modellobergrenzen und Beobachtungen.

obergrenze, gleichzeitig verschlechtert sich aber die Korrelation etwas. Eine Verbesserung der Korrelation ergibt sich, wenn berücksichtigt wird, daß die Echoobergrenze starken zeitlichen Variationen unterliegen kann und deshalb für die jeweilige Klasse von Wolkenradien nur die höchsten beobachteten Wolkenobergrenzen zum Vergleich herangezogen werden (Nr. 3). Diese Reduzierung ist sinnvoll, da für die Einschätzung der Gefährdung z. B. der Flugsicherheit die höchsten erreichbaren Wolkenobergrenzen von besonderer Bedeutung sind.

Eine starke Verbesserung sowohl der Korrelation als auch der Höhe der Obergrenze wird durch das Einbeziehen auch der Eisphase in die Modellrechnung erzielt (Nr. 4). Die beste Übereinstimmung zwischen den Radarbeobachtungen und den Modellergebnissen wird schließlich durch den zusätzlichen Übergang von Vorwärtsdifferenzen zum RUNGE-KUTTA-Schema bei der Lösung des Differentialgleichungssystems erreicht (Nr. 5 und 6). Dabei ist für das verwendete Modell eine Vertikalgeschwindigkeit an der Wolkenbasis von $W_0 = 2{,}0$ m/s zumindest bezüglich des Korrelationskoeffizienten vorteilhafter als $W_0 = 5{,}0$ m/s.

Der mit der Modellvariante 5 erreichte Korrelationskoeffizient von 0,85 muß angesichts der eigentlich recht ungenauen Beobachtungswerte, der Einfachheit des Modells, die zu Rechenzeiten auf der EDVA BESM-6 von nur 1 bis 3 Sekunden für eine Wolkenmodellierung führt, und der Festlegung auf eine feste Vertikalgeschwindigkeit an der Wolkenbasis als sehr hoch eingeschätzt werden. Damit könnte bei Routineanwendung eine befriedigend genaue Abschätzung von zu erwartenden Wolkenhöhen und damit auch von Vereisungstendenzen bei luftmasseninterner konvektiver Bewölkung erfolgen. Verbesserungen der Modellergebnisse sind insbesondere dann zu erwarten, wenn es gelingt, in Abhängigkeit von den Schichtungsverhältnissen unterhalb des Cumuluskondensationsniveaus und von der Energiebilanz an der Erdoberfläche realere Werte der Vertikalgeschwindigkeit an der Wolkenbasis anzugeben.

Literatur

[1] GRAF, H.-F.: Zur Abschätzung des Einflusses der Großstadt auf die Niederschlagsprozesse mit Hilfe eines eindimensionalen Wolkenmodelles. Z. Meteor. **29** (1980) 6, S. 360—365.
[2] GRAF, H.-F.: Zur Anwendung eines thermodynamischen Wolkenmodells auf Probleme der technischen Meteorologie. Abh. MD der DDR, 128 (1982), S. 99—105.
[3] GRAF, H. F.: Zum Einfluß der Rauchgasfeuchte auf die Steighöhe von Schornsteinemissionen. Z. Meteor. **33** (1983) 5, S. 332—336.
[4] HAMAN, K.: Forecasting of convective phenomena — a cloud physicist point of view. Acta Geophysica Polonica **25** (1978), S. 267—275.
[5] HANSON, H. P.: On mixing by trade-wind cumuli. J. Atmos. Sci. **38** (1981), S. 1003—1015.
[6] HÖLLER, H.: Detaillierte und parametrisierte Mikrophysik in einem eindimensionalen Wolkenmodell. Mitteilungen d. Inst. f. Geophysik Köln, Nr. 32 (1982).
[7] MARWITZ, J. P. et al.: The dynamics of updraft voults in hailstorms as inferred from the entraining jet model. J. Atmos. Sci. **27** (1970), S. 1099—1102.
[8] TEUBNER, R.: Zur Bestimmung der Obergrenze konvektiver Wolken mit einem numerischen Wolkenmodell. Dipl.-Arb., Humboldt-Univ. Berlin, 1984, 77 S.
[9] VULFSON, N. I. et al.: Nekotorye resultaty radiolokacionnych issledovanij effektivnosti vozdejstvia na konvektivnye oblaka. Trudy IPG **45** (1983), S. 47—52.
[10] WARNER, J.: On steady-state one-dimensional models of cumulus convection. J. Atmos. Sci. **27** (1970), S. 1035—1040.
[11] WEINSTEIN, A. J.: A numerical model of cumulus dynamics and microphysics. J. Atmos. Sci. **27** (1970), S. 246—255.
[12] —: Täglicher Wetterbericht des MD der DDR, Jg. 1980/81.

Abh. Meteorol. Dienstes DDR Nr. 140 (1988)

Beitrag zur Kenntnis der Kopplung Ozean/Atmosphäre in Teilgebieten des Nordatlantischen Ozeans

von P. Hupfer

Zusammenfassung

Mittels der Analyse der OWS-SST-Daten 1951/70 und von SST-Daten der Gebiete nach Smed 1876/1975 im Nordatlantik werden neben Ausführungen zu einigen Eigenschaften der Oberflächenwassertemperatur vor allem die Langzeitvariationen dieser Größe in den letzten 100 Jahren dargestellt und zusammen mit den korrespondierenden Verläufen der Lufttemperatur von Thorshavn sowie der Differenz Wasser- minus Lufttemperatur diskutiert. Es zeigt sich, daß im allgemeinen die längerperiodischen atmosphärischen Klimafluktuationen den ozeanischen zeitlich vorausgelaufen sind. Das jahreszeitlich unterschiedliche Ansprechen der Atmosphäre auf SSTA kann an Beispielen belegt werden. Es wird eine auf der Korrelation zwischen der Lufttemperatur von Potsdam und der SST in verschiedenen Gebieten beruhendes Vorhersageverfahren für das Vorzeichen der Lufttemperaturanomalie von Potsdam angegeben.

Summary

By means of an analysis of OWS-SST-data 1951/70 and of SST-data of the Smed-areas 1376/1975 in the North Atlantic Ocean are represented among statements on some properties of SST above all the long-term variations during the last 100 years. This behaviour of SST is discussed together with the corresponding variations of the surface air temperature (SAT) of Thorshavn and of the difference SST minus SAT. It can be showed, that in general the low frequent atmospheric climatic fluctuations are going ahead the oceanic ones. The dependence of response of the atmosphere to SSTA is showed by examples. It is stated a forecasting scheme for the sign of the SATA of Potsdam based on the correlation with SSTA in several areas.

Резюме

Представляются с помощью анализа данних поверхностной температуры воды (ПТВ) кораблей погоды 1951/70 и районов СМЕДА 1876/1975 в Северной Атлантике вместе с некоторыми свойствами ПТВ прежде всего долглсрочные колебания ПТБ последних сто лет. Результаты сравниваются с соответствовающами ходами температуры воздуха в г. Торсхафн и разности ПТВ минус температура воздуха. Вообще долгосрочные атмозферные климатические колебания предществовают океанских колебаний. Примеры показывают, что реакция атмосферы на ПТВ зависит от сезона. Указывается спосов прогноза знака аномалии температуры воздуха в г. Потсдам, основывающий на корреляции с ПТВ в различных районах.

1. Einführung

Die Suche nach grundlegenden und für die Praxis nutzbaren Erkenntnissen über die Rolle des Ozeans als zusätzliche Wärmequelle oder -senke für die Energetik der atmosphärischen Zirkulation beansprucht bereits seit langem die Aufmerksamkeit, wie zahlreiche Beiträge in der internationalen Literatur zeigen. Die in der Gegenwart bestehenden Aufgaben werden im Weltklimaforschungsprogramm (siehe WMO 1984) zusammengefaßt. So bilden die Oberflächenwassertemperatur (SST)-Anomalien (SSTA) einen bedeutenden potentiellen Prädiktor für Langfristvorhersagen, und es besteht die Aufgabe der Vorhersage der Entwicklung der SST, die sich in enger Wechselwirkung mit der Atmosphäre vollzieht (1. Strom). Ein weiterer Schwerpunkt (2. Strom) ist die zwischenjährliche Variabilität. Hier wird eingeschätzt, daß der bedeutendste potentiell vorhersagbare Beitrag zur Lösung des Problems der Klimavariationen im zeitlichen Maßstab von Jahren aus der genaueren Kenntnis der ozeanischen Verhältnisse kommen wird. Neben der Vorhersage der SSTA in verschiedenen Breitenzonen kommt es auf die Erfassung des gesamten Atmosphäre-Ozean-Systems (siehe z. B. Graf 1984, Rasmusson 1985) an. Um schließlich die langfristigen Trends des Klimas und die Empfindlichkeit des klimatischen Systems beurteilen zu können (3. Strom), ist es erforderlich, adäquate Kenntnisse des Langzeitverhaltens des Ozeans in allen seinen Teilen zu besitzen.

Nähere Informationen zur gesamten Problematik der großräumigen Wechselwirkungen zwischen Ozean und

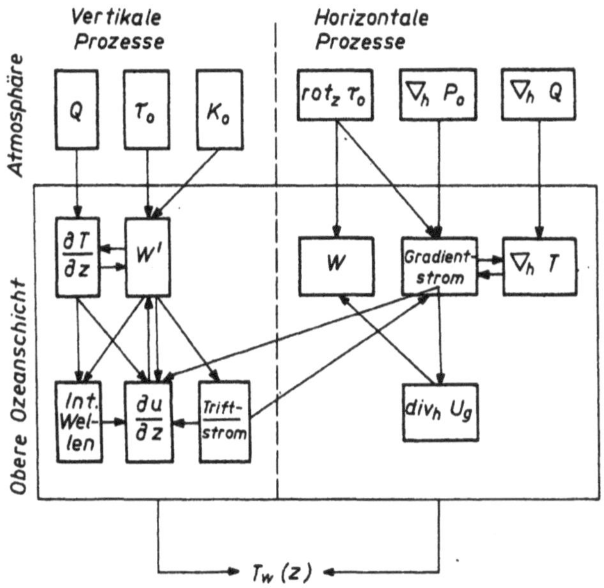

Abb. 1. Schematische Darstellung der Prozesse in der Nähe der Grenzfläche Ozean/Atmosphäre, die zur Genese des Wassertemperaturfeldes führen. Symbole siehe Text

Atmosphäre findet man bspw. bei PERRY und WALKER 1977, UGRŮMOV 1981 und weiteren, darunter auch in den Arbeiten des Verfassers 1982 und 1984a—c.

Die Entstehung des Wassertemperaturfeldes und seiner Variationen ist auf ein kompliziertes Ineinandergreifen ozeanischer und atmosphärischer Prozesse zurückzuführen. Einen schematischen Überblick gibt die Abb. 1. Es ist zweckmäßig, zwischen vertikalen und horizontalen Prozessen, die jedoch eng miteinander verbunden sind, zu unterscheiden.

Als vertikal wirkende Initialquelle für die Genese des ozeanischen Temperaturfeldes nahe der Oberfläche ist die lokale Wirkung der Wärmebilanz Q der Oberfläche anzusehen. Mit Q ist das trübungsabhängige Eindringen der Globalstrahlung in das Meer und damit zusammen mit der Wirkung des fühlbaren (H) und des latenten (LE) Wärmestroms zwischen Meer und Atmosphäre der Aufbau des vertikalen Temperaturgradienten $\partial T/\partial z$ verbunden. Dieser ist in diesem Tiefenbereich generell dem vertikalen Dichtegradienten proportional. Über die tangentiale Schubkraft des Windes τ_0 sowie den Strom turbulenter kinetischer Energie K_0, der aus der Umwandlung der Energie der Oberflächenwellen resultiert, empfängt das Meer einen Impulsstrom, der die vertikale kleinmaßstäbliche Turbulenz w' und den Triftstrom mittels des bekannten EKMAN-Prozesses erzeugt. Dabei entsteht ein charakteristischer vertikaler Strömungsgradient $\partial u/\partial z$. Die vertikalen Gradienten der Temperatur, der Dichte und der Strömung stehen in Wechselwirkung und bestimmen die Stabilität der Schichtung sowie die Ausbildung der auch für die Veränderlichkeit der SST wichtigen internen Wellen.

Von den flächenhaft wirkenden Prozessen, die aus bzw. über die Atmosphäre auf das Meer einwirken, sind die Vertikalkomponente des Rotors der tangentialen Schubkraft des Windes $\mathrm{rot}_z\tau_0$ wobei die horizontalen Gradienten des Bodenluftdrucks $\nabla_h p_0$ und der Oberflächen-Wärmebilanz $\nabla_h Q$ zu nennen. Die dynamischen Prozesse führen vor allem über die Erzeugung eines effektiven Wärmetransportes zu Variationen des Temperaturfeldes. In diese Richtung wirken die. Vertikalkomponente der Geschwindigkeit w (z. B. bei Auftriebsprozessen), der Gradientstrom und seine horizontale Divergenz. Gradientstrom und horizontales Temperaturfeld stehen in Beziehung. Die in der Regel in rascher Folge auftretenden horizontalen Inhomogenitäten der äußeren Einflußgrößen rufen eine entsprechende ständige Neuverteilung von Wärme — und damit auch der Temperatur — in der oberen Schicht des Meeres hervor. Durch räumliche und zeitliche Variabilitäten in den zur Erwärmung oder Abkühlung führenden Prozessen kommt es zur Ausbildung von SSTA. Diese kann man als das Ergebnis einer Maßstabstransformation in dem Sinne ansehen, daß die in der Regel relativ kurzperiodischen atmosphärischen Einflüsse in das relativ langperiodische ozeanische Ansprechen umgewandelt werden. Die SSTA-Gebiete interessieren hinsichtlich ihrer Lage, Größe, Andauer, Bewegung und Intensität. Ihr Zusammenhang mit der Atmosphäre fand Ausdruck in der Konzeption der energetisch aktiven Zonen des Weltmeeres, siehe MARČUK 1979. Die Auswirkungen der SSTA auf die Atmosphäre hängen von der geographischen Breite und Jahreszeit ab. Die tropischen SSTA spielen über Telekonnektionen bis zu globalen Maßstäben eine besonders wichtige Rolle.

Die vorliegende Arbeit faßt Ergebnisse über die Temperaturverhältnisse des Nordatlantischen Ozeans und ihres Zusammenhanges mit der Atmosphäre zusammen, die in den letzten Jahren am Bereich Meteorologie und Geophysik erzielt worden sind. Ein beträchtlicher Teil dieser Ergebnisse wurde in Diplomarbeiten (HARNO 1981, OLONSCHECK 1982 und SCHUMANN 1985) erarbeitet. Das besondere Anliegen besteht darin, stärkeres Interesse für die Verwendung der auch in aktuellen Analysen vorliegenden SSTA als Prädiktor zu wecken.

2. Daten

Hinsichtlich der SST des Nordatlantischen Ozeans standen für die Untersuchungen verschiedene Datenquellen zur Verfügung (vgl. auch WMO 1985).

Eine betrifft die Meßergebnisse an den Ozean-Wetter-Stationen OWS (Wetterschiffe) im Zeitraum 1951 bis Juni 1971. Die Tabelle 1 zeigt die Positionen der Stationen, ihre Lage kann aus Abb. 2 entnommen werden. Diese Stationen sind über einen beträchtlichen Teil des Nordatlantiks verteilt gewesen und repräsentieren das Untersuchungsgebiet relativ gut. Die Daten wurden vor allem den „Monthly Climatic Data for the World" 1951 ff. entnommen. Aus dem genannten Zeitraum stammt das umfangreichste SST-OWS-Datenmaterial, da sich ab 1972 die Anzahl der OWS beträchtlich verringerte und zudem Positionsveränderungen vorgenommen wurden.

Ferner liegen seit 1876 für Teile des nördlichen Nordatlantiks SST-Beobachtungen durch dänische und isländische Schiffe vor, die erstmals von RYDER 1917 für den Zeitraum 1876 bis 1915 in Form von Montasmittelwerten für 1°-Quadrate ausgewertet wurden. Diese hat SMED[1]) 1982 für jedes 1°-Quadrat bis 1975 weiter bearbeitet und über 14 Gebiete gewichtet gemittelt. Die von SMED angegebenen monatlichen SSTA für die Gebiete, deren

Tabelle 1
Positionen der OWS im Nordatlantik 1951 bis Juni 1971

OWS	Geogr. Breite	Geogr. Länge	Zeitraum von Abweichungen
A	62° 00′ Nord	33° 00′ West	
B	56° 30′ Nord	51° 00′ West	
C	52° 45′ Nord	35° 30′ West	
	57° 00′ Nord		02/1963—11/1966
D	44° 00′ Nord	41° 00′ West	
E	35° 00′ Nord	48° 00′ West	
I	59° 00′ Nord	19° 00′ West	
	59° 30′ Nord		01/1951—09/1953
	61° 00′ Nord	15° 20′ West	10/1953—06/1954
J	52° 30′ Nord	20° 00′ West	
K	45° 00′ Nord	16° 00′ West	
M	66° 00′ Nord	02° 00′ Ost	

[1]) Herrn Jens Smed, Kopenhagen, wird herzlich für die Überlassung der SST-Daten vor deren Drucklegung gedankt.

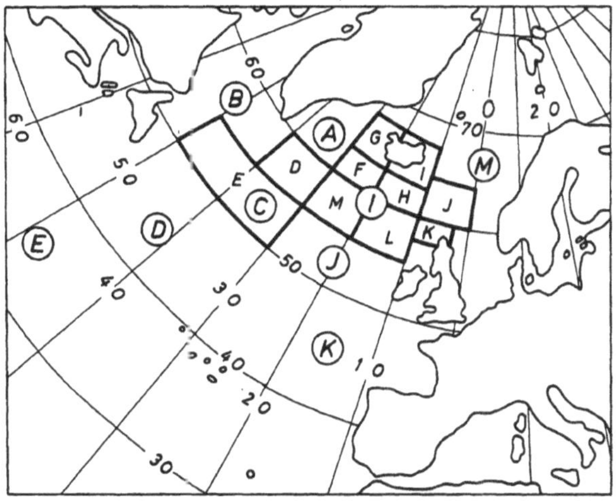

Abb. 2. Lage der OWS im Nordatlantik (umkreiste Buchstaben) und der genutzten Gebiete *D, E, F, G, H, I, J, K, L* und *M*

Tabelle 2
Lage der genutzten SST-Gebiete im Nordatlantik nach J. Smed

Gebiet	Geogr. Nord-Breite	Geogr. West-Länge	Verwendeter Datensatz
D	55 bis 60°	30 bis 40°	1890 bis 1975
E	50 bis 55°	30 bis 50°	1890 bis 1967
F	60 bis 63°	20 bis 30°	1890 bis 1975
G	63 bis 67°	20 bis 30°	1890 bis 1967
H	60 bis 63°	10 bis 20°	1876 bis 1975
I	63 bis 67°	10 bis 20°	1876 bis 1967
J	60 bis 64°	0 bis 10°	1876 bis 1975
K	58 bis 60°	3 bis 10°	1876 bis 1975
L	55 bis 60°	10 bis 20°	1876 bis 1975
M	55 bis 60°	20 bis 30°	1876 bis 1975

Koordinaten aus Tabelle 2 zu ersehen sind, beziehen sich auf den von Ryder 1917 genutzten Zeitraum 1876—1915. Die Gebiete umfassen eine beträchtliche Fläche in der Größenordnung von je 10^5 km^2. Für die hier durchgeführten Untersuchungen wurden 10 Gebiete (überwiegend Zeitraum 1890—1975) genutzt. Ihre Lage ist auf Abb. 2 dargestellt. Daten aus den Gebieten *Al*, *B*, *C* und *N*, die zum Teil besonders große Lücken aufweisen, wurden nicht verwendet. Die Homogenität der Gebietsreihen ist hinsichtlich der Kontinuität der Beobachtungen sowie der Zahl der Beobachtungen selbst als sehr gering einzuschätzen. Probleme, die mit der im Laufe der Zeit zweifellos veränderten Meßtechnik zusammenhängen, können von uns überhaupt nicht berücksichtigt werden, vgl. auch Barnett 1984.

Ein Beispiel für die stark wechselnde Häufigkeit der Zahl der Beobachtungen im Jahresverlauf im Gebiet *J* für die Gesamtperiode 1876—1975 gibt Tabelle 3. Liegt die monatliche Anzahl der Beobachtungen bei $\leqq 5$, was besonders im Winter vorkommt, so ist die Stabilität der Zeitreihe stark herabgesetzt. Es können dann Temperatursprünge von mehreren Grad auftreten sowie scheinbare Vorzeichenwechsel der SSTA das Bild bestimmen. Besonders anhaltende Unterbrechungen traten generell in den Monaten Januar und Februar der Jahre 1876 bis 1882 sowie für November und Dezember der Jahre 1876 bis 1879 auf. Einschneidende Lücken riefen der 1. und insbesondere der 2. Weltkrieg hervor. So betrafen die Ausfälle für die Gebiete *H*, *J*, *K*, *L* und *M*, für die ansonsten die meisten Daten vorliegen, folgende Zeiträume:

1. Weltkrieg:	Gebiet *K*:	März 1917 bis Novmber 1918
	Gebiet *L*:	März 1917 bis Oktober 1918
	Gebiet *M*:	November 1917 bis März 1918
2. Weltkrieg:	Gebiet *H* und *J*:	Januar 1940 bis Juni 1945
	Gebiet *K*:	Januar 1940 bis September 1945
	Gebiet *L*:	Juni 1939 bis Februar 1946
	Gebiet *M*:	Juni 1939 bis März 1946

Kürzere Lücken in den Beobachtungsreihen wurden nach der Differenzenmethode oder mittels linearer

Tabelle 3
Zahl der Beobachtungen nach Monaten für das Gebiet *J* im Zeitraum 1876/1975

Monat	Zahl der Beobachtungen								
	0	1—3	4—10	11—20	21—50	51—100	101—150	151—200	>200
J	14	3	23	17	33	8		2	
F	14	3	20	14	35	12		2	
M	7		7	8	41	33	2		2
A	6			1	29	40	19	5	
M	6				22	55	17		
J	6			3	16	56	19		
J	5			2	20	65	8		
A	5		2	1	21	62	8	1	
S	5			2	15	70	6	2	
O	5	1	1	6	42	40	2	3	
N	7		4	8	51	28	1		1
D	10	2	16	16	48	7			1
Summe	90	9	73	78	373	476	82	15	4
%	7,5	0,8	6,1	6,5	31,1	39,7	6,8	1,2	0,3

Regression zwischen Monatsmittelreihen benachbarter Gebiete geschlossen.

Als kritisch erwies sich der Ausfall der Beobachtungen zwischen 1940 und 1945. Als Notbehelf wurde für diesen Zeitraum monatsweise eine lineare Interpolation zwischen den letzten vorhandenen und nach Neubeginn ersten vorhandenen Werten vorgenommen, um die fehlenden Werte näherungsweise zu erhalten.

Trotz der genannten, z. T. ernsten Einschränkungen in der Qualität der SSTA-Zeitreihen muß ihr Wert doch hoch eingeschätzt werden. Die 100jährigen Reihen der Monatsmittelwerte der SST bzw. SSTA bilden eine wertvolle Basis zur Einschätzung der meeresklimatischen Veränderungen im nördlichen Nordatlantik in den letzten 100 Jahren sowie für das Studium der Wechselwirkungen Ozean/Atmosphäre.

Als Quelle für SST-Daten wurden ferner die zweimal wöchentlich durch das RMC Offenbach verbreiteten quasi-synoptischen SST-Verteilungen des Nordatlantiks für den Zeitraum von Februar 1982 bis Januar 1985 herangezogen. Der Ausschnitt dieser Karten entspricht gerade dem Ausschnitt der Abb. 2.

Ferner wurden vieljährige Zeitreihen der Monatsmittelwerte der Lufttemperatur (SAT) für verschiedene europäische Stationen, die von Schlundt 1982 zusammengestellt wurden, verwendet. Die SAT-Monatsmittelwertreihe von Potsdam für 1893 bis 1980 (ergänzt bis 1984) wurde von Kleber 1985 übernommen.

Für den Zeitraum 1900 bis 1975 wurden Reihen der Monatsmittelwerte der Luftdruckdifferenzen Azoren—Island und Potsdam—Kopenhagen für die näherungsweise Erfassung der Zonalzirkulation sowie Nantes-Neufundland für die Meridionalzirkulation benutzt, die Börngen 1984 zusammengestellt hat. Zu entsprechenden Reihen des Vorticitygebietsindex für den Zeitraum 1957/80 siehe Werner 1983.

3. Zu einigen Eigenschaften der SST des Nordatlantiks

Die untersuchten Reihen der Monats- und Jahreszeitenmittelwerte der SST erwiesen sich im allgemeinen nicht als normalverteilt, ihre Verteilung entspricht vielmehr häufig einer logarithmisch-normalen Verteilung. Wenn man dagegen Zeitreihen der Monatsmittel der einzelnen Monate (alle Januar-, Februarwerte usw.) bildet, so sind diese Reihen fast ausschließlich normalverteilt.

Über den Anteil der einzelnen Intervalle der Standardabweichung σ der Reihen der Monats- und Jahreswerte der SST an den OWS und in den Gebieten informiert die Tabelle 4. Man erkennt, daß in allen Jahreszeiten die σ-Werte zwischen 0,21 und 0,80 (von Ausnahmen bei OWS *M* und Gebiet *M* abgesehen) liegen. Die Standardabweichungen der Gebiete liegen im allgemeinen höher als die der OWS, was neben der geographischen Lage auf die großen Unterschiede in der Länge der Reihen zurückgeführt werden muß.

Als dominierende zeitliche Schwankung erweist sich der Jahresgang. Für einige Gebiete ist der mittlere Jahresgang der SST auf Abb. 3 dargestellt. Die Maximalwerte werden stets im August erreicht. Die Minima fallen im jährlichen Gang auf die Monate Februar (OWS *A*, *B*, *C*, *J* und Gebiete *H*, *J*, *L*), Februar und März (OWS *K* und *M*), März (OWS *I* und *E*, Gebiet *K*) und April (OWS *D*, Gebiet *M*). Die Jahresschwankung variiert an den OWS zwischen 8,8 K bei *E* und 3,8 bei *I*, während sie in den auf Abb. 3 dargestellten Gängen für die Gebiete nur zwischen 5,1 K im Gebiet *K* und 4,0 K im Gebiet *M* variieren.

Was die Andauer der SSTA angeht, so werden nach der Literatur (z. B. Perry und Walker 1977) im Nordatlantik hauptsächlich Anomalien der Andauer von 7 bis 12 Monaten angetroffen. Die Tabelle 5 zeigt die Befunde nach der Auswertung für die OWS. Man erkennt, daß SSTA mit einer Andauer von mehr als 7 Monaten noch recht häufig zu erwarten sind, während ihre Häufigkeit bei Andauern von mehr als einem Jahr dagegen stark zurückgeht. Als Maximum wurden SSTA bis zu einer Andauer von 3 Jahren identifiziert, so die positive Anomalie von September 1956 bis Juli 1959 bei OWS *I* und von September 1956 bis November 1958 bei OWS *J*. Die Feststellung solcher Anomalien hängt natürlich erheblich von der Wahl des Bezugsniveaus (hier Mittelwert der gesamten Reihe) ab. Bei SSTA der Andauer von mehr als einem Jahr gehen diese — bei der rein zeitlichen Betrachtung — in Klimafluktuationen über. Aussagen

Tabelle 4
Verteilung der höchsten mittleren Werte der Standardabweichung σ der SST-Monatswerte in den Jahreszeiten sowie der σ-Jahreswerte an den OWS und in den Gebieten *H*, *J*, *K*, *L* und *M* ( )

σ	Frühjahr	Sommer	Herbst	Winter	Jahreswerte
0—0,20					
0,21—0,40	*M*, *I*, *K*	*B*, *J*	*M*	*I*, *K*, *M*	*A*, *B*, *C*, *E*, *I*, *J*, *K*, *M* (K)
0,41—0,60	*A*, *B*, *C*, *J*	*A*, *C*, *E*, *I*, *K*, *M*	*A*, *E*, *I*, *J*, *K*	*A*, *B*, *C*, *J* (*K*, *L*)	(*H*, *J*, *L*, *M*)
0,61—0,80	*D*, *E* (*L*, *M*)	(*H*, *J*, *K*, *L*, *M*)	*B*, *C*, *D* (*H*, *J*, *K*, *L*, *M*)	*D*, *E* (*H*, *J*)	*D*
0,81—1,00				(*M*)	
1,01—1,20		*D*			

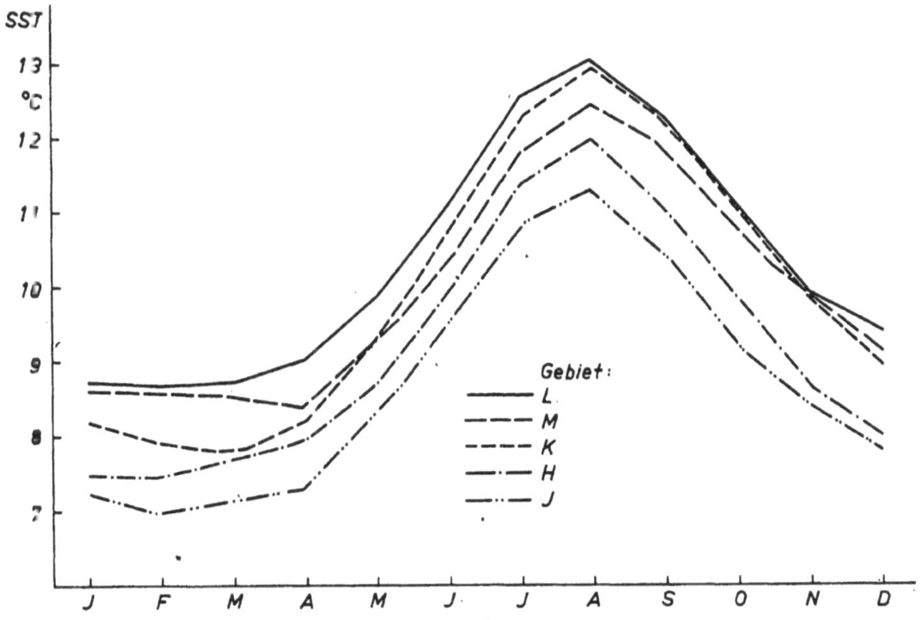

Abb. 3. Mittlerer Jahresgang (1876 bis 1975) der SST in den Gebieten *H*, *J*, *K*, *L* und *M*.

über die räumliche Erstreckung der SSTA können nicht erfolgen. Im nördlichen Teil des Nordatlantiks (so bei OWS A) besteht offenbar eine größere Neigung zu längeren Anomalien als im westlichen und zentralen Teil.

Einen gewissen Einblick in die zeitliche Variabilität der SST gibt das auf Abb. 4 dargestellte Energiedichtespektrum für das Gebiet *J*. Die Abbildung enthält auch das korrespondierende Spektrum der SAT für die Station Thorshavn/Färöer. Das von Jahresgang und Trend eliminierte SST-Spektrum (Olonscheck 1982) weist signifikant von Null verschiedene Abweichungen zu dem dem Prozeß entsprechenden roten Rauschen bei 8, 5 und 3,5 Monaten auf. Eine weitere Erhöhung ist auch bei 40 bis 50 Monaten (ca. 4 Jahren) angedeutet. In dem längerperiodischen Teil des dargestellten Spektrums erfolgt der Abfall der Spektralwerte etwa nach einem —5/3-Potenzgesetz. Im kürzerperiodischen Teil des Spektrums erkennt man gute Übereinstimmung zwischen SST- und SAT-Spektrum, was auch das in Abb. 9 wiedergegebene Kohärenzspektrum belegt.

Tabelle 5
Andauer von SSTA ab 4 Monate an den OWS 1951/71, Zahl der Fälle

OWS	Andauer der SSTA in Monaten		
	4—6	≧7	≧12
A	9	13	2
B	17	7	2
C	14	9	2
D	12	12	3
E	13	9	1
I	10	11	5
J	7	10	6
K	9	12	4
M	15	9	2

Hinsichtlich räumlicher Zusammenhänge ergeben sich für die OWS, bezogen auf die Station *C*, folgende Korrelationskoeffizienten für die Gesamtreihen 1951/70:

OWS:	*A*	*B*	*C*	*D*	*E*	*I*	*J*	*K*	*M*
$r =$	0,08	0,19	1,00	0,13	—0,03	0,19	0,32	0,13	—0,28

Eine Kopplung zwischen den verschiedenen Reihen kann man angesichts der bedeutenden Entfernungen zwischen den OWS nur in geringem Umfang oder gar nicht feststellen. Es deutet sich die Tendenz an, daß Zusammenhänge in zonaler Richtung besser sind als in meridonaler Richtung.

Bei den näher untersuchten Gebieten ergaben sich analog folgende, alle signifikant von Null verschiedenen Korrelationskoeffizienten mit Bezug auf das Gebiet *J*:

Gebiet:	*H*	*J*	*K*	*L*	*M*
$r =$	0,81	1,00	0,82	0,67	0,35

Infolge der räumlichen Nachbarschaft fallen die räumlichen Kopplungen hier bedeutend besser aus.

Das bestätigt auch eine Kohärenzanalyse zwischen den einzelnen Gebietsreihen im Spektralbereich zwischen 2 und 254 Monaten (Olonscheck 1982). Im gesamten erfaßten Spektralbereich weisen die Stationspaare *H/J*, *H/L*, *L/M* und mit gewissen Einschränkungen auch *J/K* statistisch signifikante Kohärenzwerte auf. In gleicher Phase befindliche kohärente Schwingungen bestehen in den Periodenbereichen 2—4, 7—8, 17—19, 127 und 254 Monaten für die Paare *H/K*, *H/M*, *J/L* und *K/L*. In Bezug auf die erfaßten längerperiodischen Schwingungen sind besonders *J/M* und *K/M* gekoppelt.

Um die Eigenschaften des Wassertemperaturfeldes in räumlicher und zeitlicher Hinsicht näher zu erkunden, wurde das durch die OWS-Daten gebildete SST-Feld in empirische Orthogonalfunktionen zerlegt (Harno 1981). Zur Methodik siehe auch Schlundt 1982 sowie zur Anwendung auf den Nordatlantik auch Perry und Walker 1977.

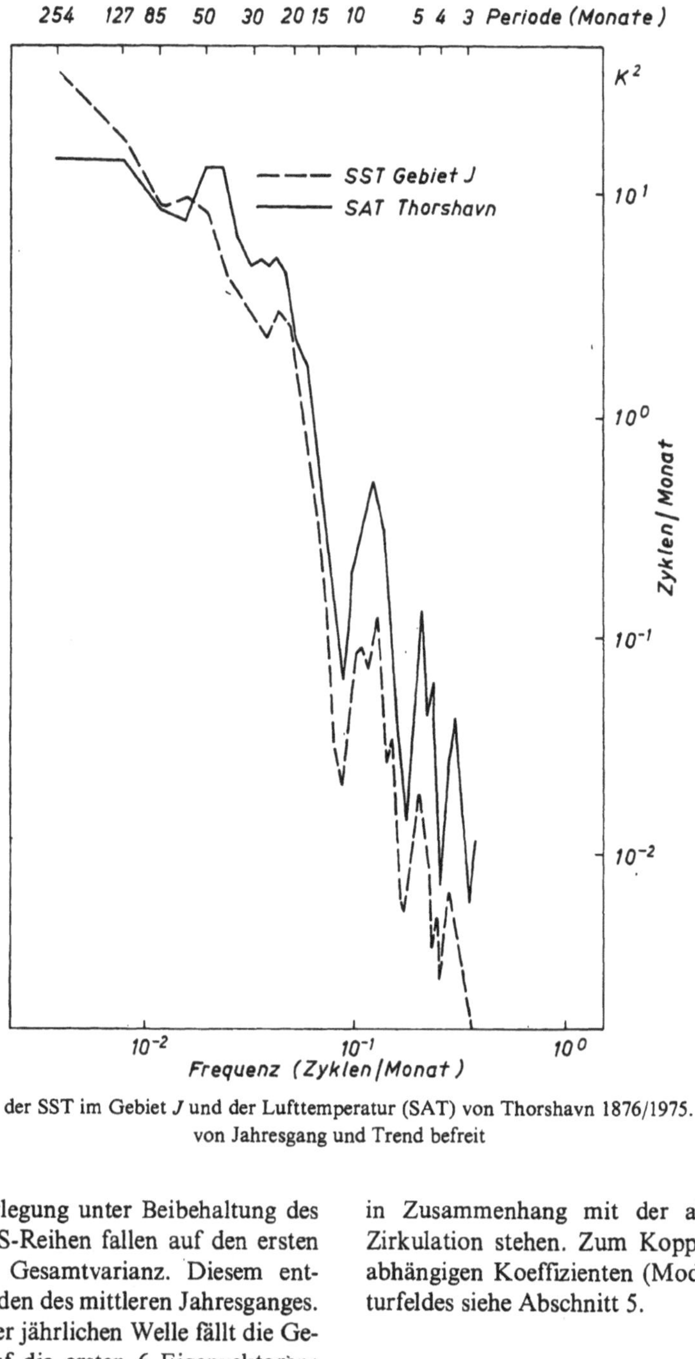

Abb. 4. Energiedichtespektren der SST im Gebiet *J* und der Lufttemperatur (SAT) von Thorshavn 1876/1975. Die Ausgangsreihen wurden von Jahresgang und Trend befreit

Bei Vornahme der Zerlegung unter Beibehaltung des Jahresganges in den OWS-Reihen fallen auf den ersten Eigenvektor 89,4% der Gesamtvarianz. Diesem entsprechen gut die Amplituden des mittleren Jahresganges. Nach der Eliminierung der jährlichen Welle fällt die Gesamtvarianz wie folgt auf die ersten 6 Eigenvektoren:

1. 36,0% 4. 9,1%
2. 18,6 5. 8,3
3. 11,4 6. 7,1

Die Werte der Eigenvektoren 1 bis 6 sind für die OWS auf Tabelle 6 angegeben. Die Verteilung der ersten 3 enthält Abb. 5. Die Werte des 1. Eigenvektors nehmen von Nordost nach Südwesten zu und erreichen am OWS *D* ein Maximum, während die des 2. Eigenvektors konzentrisch um den maximalen Wert beim OWS *C* angeordnet sind. Bei der Verteilung des 3. Eigenvektors sind hohe Werte im Norden und Süden getrennt durch einen Bereich niedriger Werte, die sich etwa auf der Breite zwischen Neufundland und dem Golf von Biskaya hinzieht. Harno 1981 deutet die ersten beiden als Oberschwingungen des Jahresganges und den dritten wie auch die übrigen, hier dargestellten, als Advektionsmuster, die in Zusammenhang mit der allgemeinen ozeanischen Zirkulation stehen. Zum Kopplungsverhalten der zeitabhängigen Koeffizienten (Modes) des Wassertemperaturfeldes siehe Abschnitt 5.

Tabelle 6

Zerlegung des SST-Feldes in empirische Orthogonalfunktionen. Werte der ersten 6 Eigenvektoren (mit Eliminierung des Jahresganges) 1951/70 in K

OWS	1	2	3	4	5	6
A	−0,22	0,07	0,61	0,30	−0,45	0,05
B	0,11	0,19	0,07	−0,31	−0,07	0,87
C	0,09	0,69	0,33	−0,30	0,30	−0,33
D	0,88	0,09	−0,03	0,08	−0,44	−0,12
E	0,35	−0,29	0,50	0,26	0,64	0,16
I	−0,15	0,23	0,29	0,40	−0,14	0,05
J	−0,07	0,42	−0,13	0,42	0,02	0,08
K	0,03	0,29	−0,30	0,52	0,15	0,27
M	−0,04	−0,26	0,25	0,28	−0,21	0,03

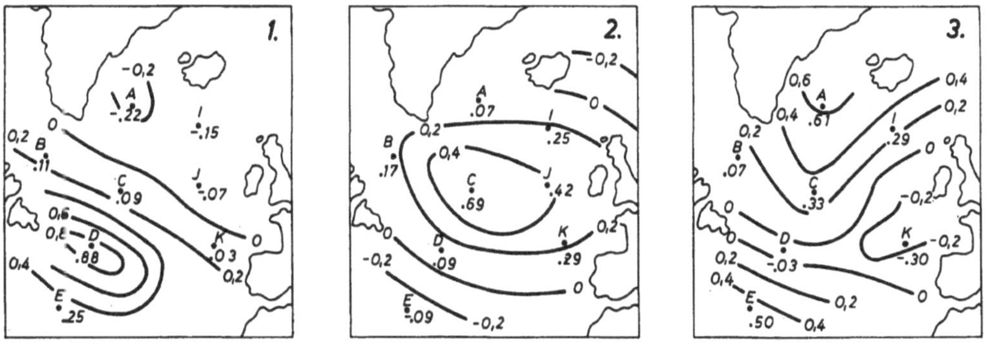

Abb. 5. Verteilung der ersten drei Eigenvektoren der SST-Zeitreihen an den OWS 1951/70 (Jahresgang wurde eliminiert)

Sehr gute, neu erarbeitete Informationen über die thermischen Verhältnisse des Nordatlantik bieten vor allem der Atlas von MONIN und STEPANOV 1984 und die Zusammenstellungen von GALERKINA 1983.

4. Zum Langzeitverhalten von SST und SAT im Nordostatlantik

Die untersuchten Zeitreihen der SST zeigen auch im langperiodischen Bereich eine ausgeprägte Variabilität.

Wenn man die Jahresmittelwerte der untersuchten Gebiete an eine Sinusschwingung nach der Methode der kleinsten Quadrate anpaßt, erhält man im Mittel eine Periode von ca. 80 Jahren als längste identifizierbare Schwingung. Entsprechende Ergebnisse wurden auch bei der Bearbeitung von Klimaelementen und Zirkulationsparametern gefunden, so durch OLBERG 1983 und TIPPMANN 1984.

Die Analyse ergab für die Gebiete (mit Ausnahme von *E*, wo ein abweichendes Verhalten beobachtet wird) folgende charakteristische Daten (nach SCHUMANN 1985):

Gebiet	Periode Jahre	Jahr des Maximums	Amplitude K
D	80	1952	0,40
F	71	1948	0,37
G	77	1950	0,71
H	79	1951	0,48
I	92	1952	0,65
J	92	1955	0,48
K	83	1952	0,41
L	77	1952	0,45
M	64	1949	0,38
Mittel	79 ± 9	1951	0,48

Das Trendverhalten der Jahresmittelreihen ist in fast allen betrachteten Gebieten durch einen fallenden Trend von Beginn der Beobachtungen an bis zu einem Minimum kurz vor oder zu Beginn der 20er Jahre dieses Jahrhunderts gekennzeichnet. Danach folgt ein Anstieg bis zu einem Maximum in den fünfziger Jahren, worauf wieder ein fallender Trend bestimmend ist. Diese Befunde stehen in grundsätzlicher Übereinstimmung mit Ergebnissen von PALTRIDGE und WOODRUFF 1981 sowie BARNETT 1984.

Allerdings sind die beobachteten Trends bei der Betrachtung von Zeitreihen der einzelnen Monate recht unterschiedlich ausgeprägt (SCHUMANN 1985).

Bei der Untersuchung der Monatsmittel der Gebiete bei eliminiertem Jahresgang ergibt sich für die Gebiete *H*, *J*, *K*, *L* und *M*, die von OLONSCHECK 1982 näher betrachtet wurden, zunächst eine Abnahme der SST von Beginn der Beobachtungen bis etwa 1885. Ab 1890 beginnt eine Periode mit geringen Fluktuationen und einer geringeren mittleren Abnahme der Werte. Diese Phase hält bis in die erste Hälfte der 20er Jahre an. Von da ab erfolgt ein Anstieg bis zu einem Maximum in den vierziger Jahren. Allerdings ist die Bestimmung der Lage des Maximums schwierig, da gerade auf diese Jahre die Lücken fallen, die der 2. Weltkrieg gerissen hat (siehe Abschnitt 2). Dem folgt eine eher geringfügige Abnahme bis in die fünfziger Jahre. Unter Schwankungen bleibt das Niveau bis in die 60er Jahre hoch. Dann erst folgt eine spürbare Abnahme der Temperatur, die in den Gebieten *H*, *J* und *M* bis zum Ende der Beobachtungsreihen anhält, während es für die Gebiete *K* und *L* ab 1973 möglicherweise zu einem Wiederbeginn der Erwärmung kommt. Die Gesamterwärmungsbeträge liegen zwischen 1,1 und 1,4 K. Dies steht in Übereinstimmung mit SMED 1979 und anderen Autoren.

Die Reihe des Gebietes *J*, das in der Nähe der energetisch-aktiven Zone des Nordostatlantiks liegt, wurde einer speziellen Bearbeitung unterzogen. Die monatlichen, zehnjährig übergreifend gemittelten Verläufe sind auf Abb. 6a und b dargestellt. Zum Vergleich enthält die Abb. 7a und b die korrespondierenden SAT-Werte für Thorshavn/Färöer.

Auf Abb. 6a und b erkennt man, daß in allen Monaten eine Erwärmung im Untersuchungszeitraum eingetreten ist, besonders deutlich ist dieser Effekt in den Monaten August bis Dezember ausgeprägt. Charakteristisch ist die relative Konstanz oder der nur langsame Abfall der Temperatur nach Erreichen des Maximums. Die Kurven stellen ein eindrucksvolles Beispiel für die Existenz meeresklimatischer Veränderungen im Laufe der letzten 100 Jahre im Nordostatlantik dar. Wie Tabelle 7 im einzelnen ausweist, liegt der Beginn der Erwärmung zwischen 1918 (Dezember-Reihe) und 1926 (Juni-Reihe). Das ist insbesondere für die kalte Jahreszeit November bis März deutlich später als bei den zum Vergleich herangezogenen korrespondierenden Lufttemperatur-Verläufen. Zwischen April und Oktober indes ist der Unter-

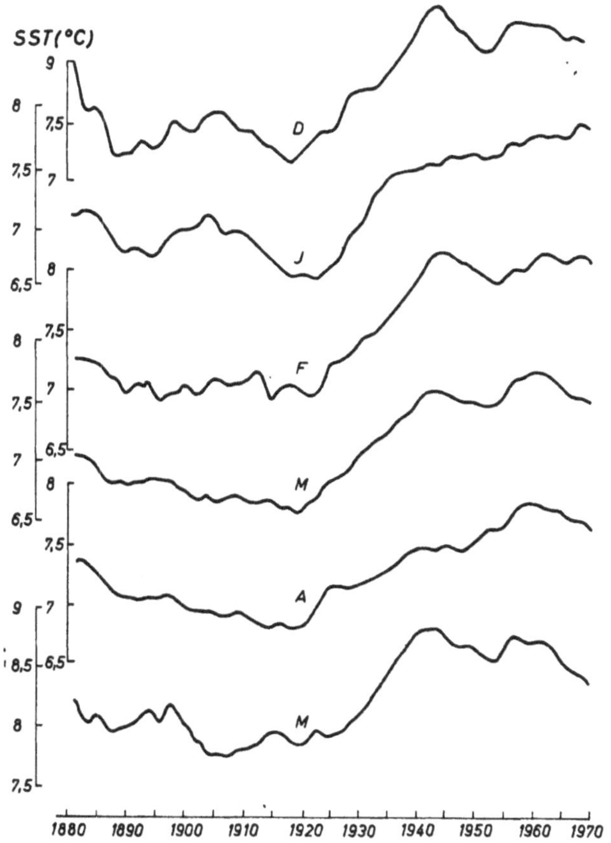

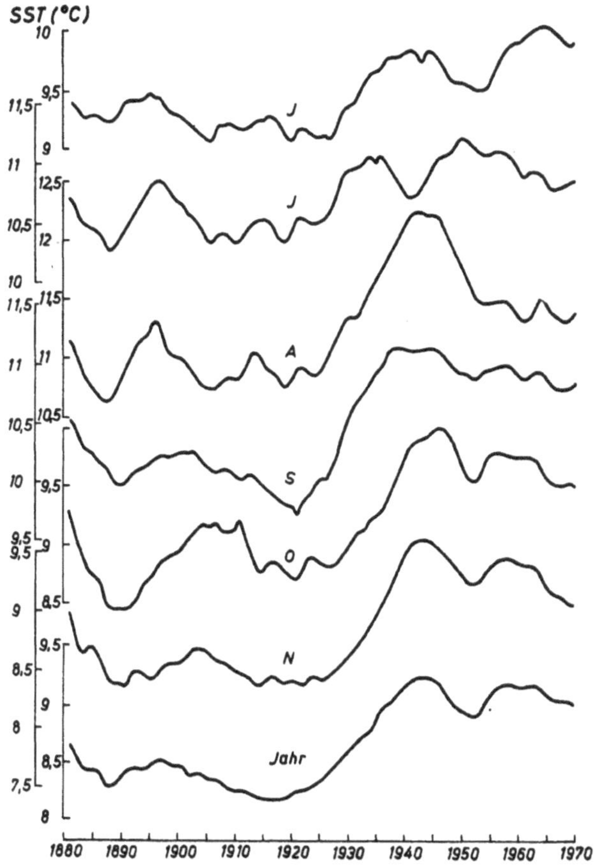

Abb. 6a. Zehnjährig übergreifend gemittelter Gang der SST des Gebietes *J*. Umfang der Originalreihen von 1876 bis 1975. Winter- und Frühjahrsmonate (links)

Abb. 6b. Wie Abb. 6a Sommer- und Herbstmonate sowie Jahr (rechts)

schied im zeitlichen Ablauf gering, oder es beginnt für den Ozean die Erwärmung sogar eher. Eine exakte Bestimmung dieser Daten ist wegen der überlagerten Schwankungen anderer Frequenz schwierig.

Der Betrag der Erwärmung ist in der Luft etwas höher als im Wasser, Ausnahmen bilden Juli und August, wo die Differenzen ein anderes Vorzeichen aufweisen, die Beträge jedoch gering sind. Größere, zum Teil erhebliche Unterschiede ergeben sich in Bezug auf den Zeitpunkt des Maximums der Erwärmung. Hier läuft die atmosphärische Temperaturschwankung eindeutig der ozeanischen voraus, besonders deutlich auszumachen in den Monaten Januar bis April. Allerdings ist wegen der durch Fluktuationen gekennzeichneten Struktur des dargestellten geglätteten Prozesses die Bestimmung dieser Größen, besonders die Zuordnung der Maxima, schwierig und nicht immer eindeutig. Auf alle Fälle ist aber klar, daß eine gekoppelte Klimaschwankung stattgefunden hat, wobei das Nachlaufen der SST gegenüber der SAT offenbar typisch ist. Dieser Befund stimmt mit den auf globaler Basis gewonnenen Resultaten von PALTRIDGE und WOODRUFF 1981 überein. Im Vergleich der Abbildungen erkennt man gut die insgesamt höhere Variabilität der SAT.

Für den Zeitraum 1951/70 wurde auch für die OWS-SST eine Trendanalyse durchgeführt, indem für die Reihen der einzelnen Monats- und Jahresmittelwerte dreijährig übergreifend der Trend durch linearen Ausgleich bestimmt wurde.

Anhand des Verlaufes in den Wintermonaten läßt sich eine Erwärmung im nördlichen Nordatlantik (OWS *B*, *A*, *M*) und im Norwegischen Meer, ein anhaltender leichter Rückgang der Temperatur im zentralen und östlichen Nordatlantik (OWS *C*, *I*, *J*) sowie ein stärkerer Abfall der Temperatur in den 50er Jahren mit anschließend etwa gleichbleibendem Verlauf im südlichen Teil des Untersuchungsgebietes (OWS *D*, *K*, *E*) feststellen. Im Frühjahr setzt sich die Erwärmung des nördlichen Nordatlantik (OWS *A*) fort, während die Variabilität bei den OWS *M* und *I* gering bleibt und eine leichte Abnahme bei OWS *B* sowie ein deutlicher Temperaturrückgang bei den OWS *J*, *C*, *K*, *D* und *E* eintrat. In dem erfaßten Zeitabschnitt sind die sommerlichen Verhältnisse durch eine durchgängige, aber unterschiedlich ausgeprägte Abkühlung gekennzeichnet, so durch einen leichten Rückgang bei den OWS *M*, *A*, *B* (entspricht dem nördlichen Teil) und einen deutlicheren bei den übrigen OWS. Im Herbst wird ein ähnliches Bild angetroffen, im Norden (OWS *A*) kommt es jedoch schon zu einer geringen Temperaturzunahme. Aus dieser Analyse kann man den Schluß ziehen, daß das Trendverhalten des Nordatlantiks in den 50er und 60er Jahren unterschiedlich und uneinheitlich war, was sicher in Zusammenhang mit dem unterschiedlichen Ansprechen des Ozeans auf Schwankungen der allgemeinen atmosphärischen Zirkulation steht.

Untersucht wurde ferner das vieljährige Verhalten der zehnjährig übergreifend gemittelten Differenz der Mo-

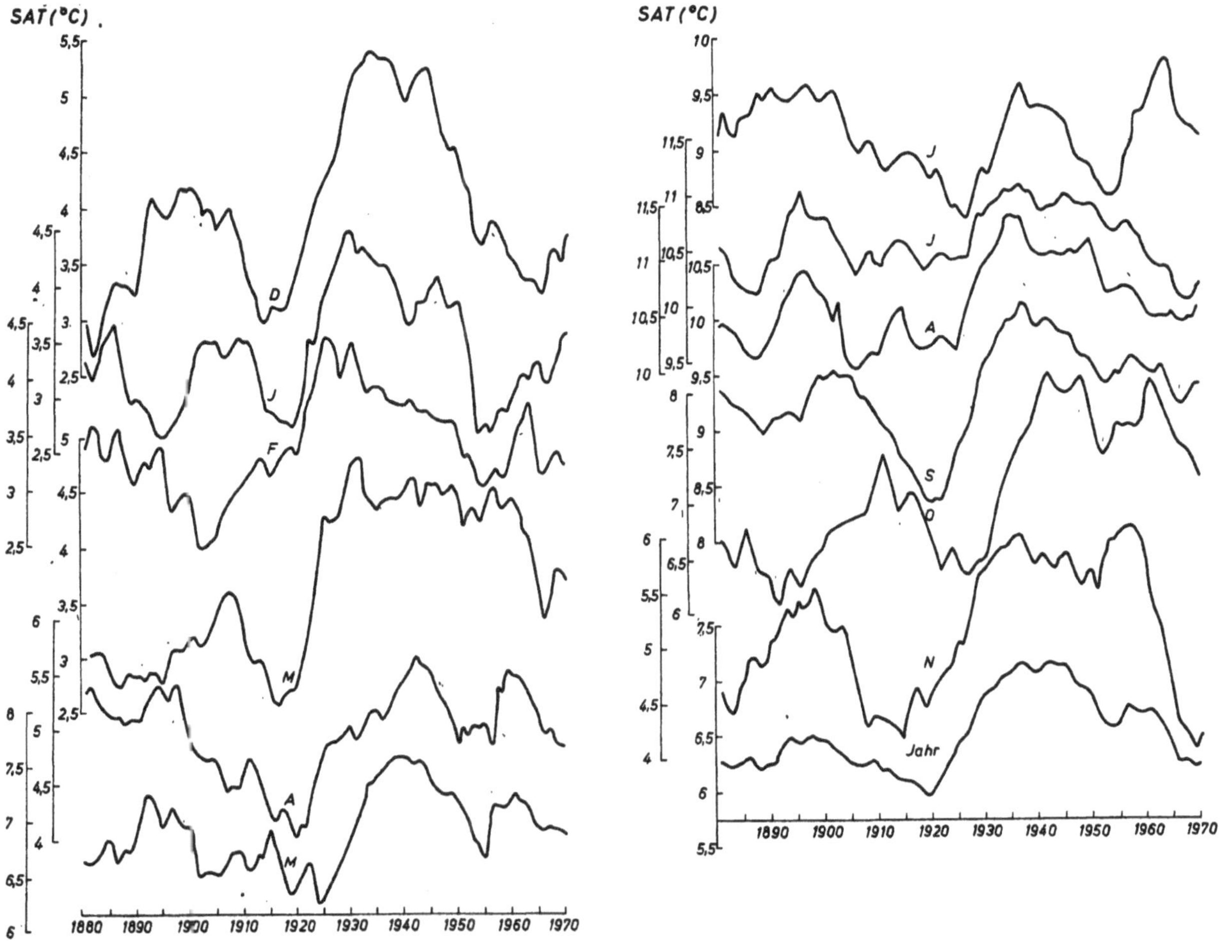

Abb. 7a. Zehnjährig übergreifend gemittelter Gang der Lufttemperatur (SAT) von Thorshavn (Färöer). Umfang der Originalreihen von 1876 bis 1975. Winter- und Frühjahrsmonate (links)

Abb. 7b. Wie Abb. 7a Sommer- und Herbstmonate sowie Jahr (rechts)

Tabelle 7
Angaben zum langjährigen Verlauf der SST im Gebiet *J* und der SAT von Thorshavn

	Monat	Beginn der Hauptererwärmung			Haupterwärmung in K			Zeitdifferenz im Erwärmungsmaximum in Jahren + = SST später	Eintreten des Temperaturmaximums	
		SST	SAT	Differenz + = SST später	SST	SAT	Differenz + = SST höher		SST	SAT
Winter	*D*	1918	1913	+ 5	1,3	2,4	−1,1	+ 7	1943	1936
	J	1922	1918	+ 4	1,2	1,8	−0,6	+10	(1960)	(1950)
	F	1922	1902	+10	1,2	1,8	−0,6	+17	1944	1927
Frühj.	*M*	1920	1916	+ 4	1,2	2,2	−1,0	+13	1960	1947
	A	1919	1919	0	1,1	1,6	−0,5	+17	1959	1942
	M	1925	1924	+ 1	1,0	1,4	−0,4	+ 5	1943	1938
Sommer	*J*	1926	1926	0	0,9	1,5	−0,6	+ 4	1941	1937
	J	1925	1927	− 2	0,9	0,8	+0,1	+ 5	(1950)	(1945)
	A	1924	1924	0	1,5	1,2	+0,3	+ 7	1942	1935
Herbst	*S*	1921	1922	− 1	1,4	1,8	−0,4	+ 9	1946	1937
	O	1920	1923	− 3	1,3	1,8	−0,5	+ 4	1946	1942
	N	1922	1915	+ 7	1,2	2,0	−0,8	+ 6	1943	1937
Jahr		1918	1919	− 1	1,0	1,2	−0,2	+ 3	1943	1940

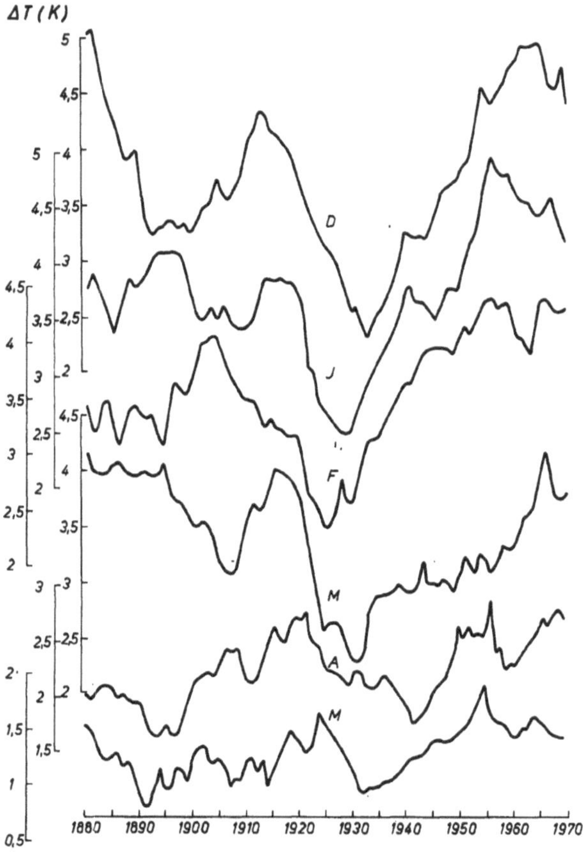

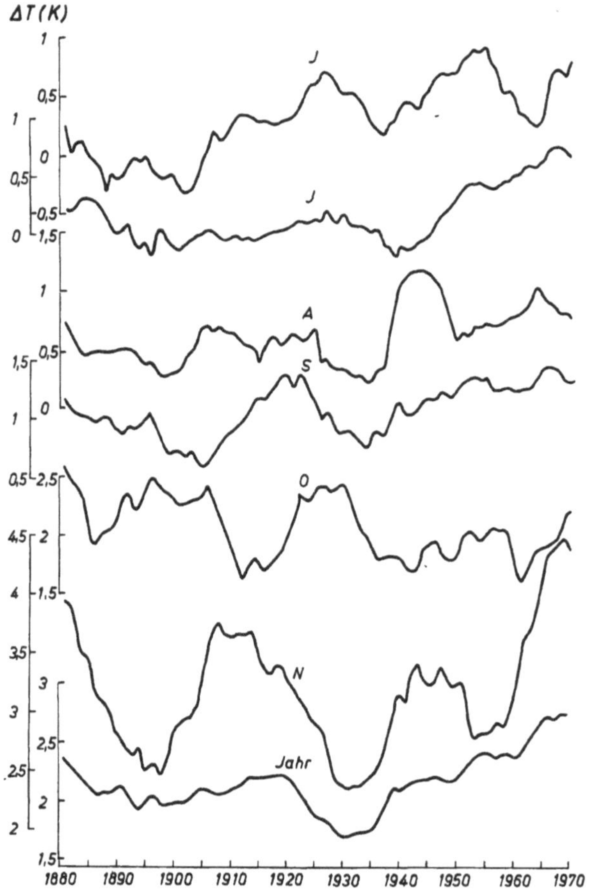

Abb. 8a. Zehnjährig übergreifend gemittelter Gang der Differenzen der Monatsmittel der SST des Gebietes *J* und der SAT von Thorshavn. Umfang der Originalreihen von 1876 bis 1975. Winter- und Frühjahrsmonate (links)
Abb. 8b. Wie Abb. 8a. Sommer- und Herbstmonate sowie Jahr (rechts)

natsmittelwerte Wasser- minus Lufttemperatur (ΔT). Diese Größe ist ein wichtiger Kennwert für den Energieaustausch zwischen Ozean und Atmosphäre. In der Arbeit des Verfassers 1984c wird am Beispiel der OWS *D* und *M* gezeigt, daß der Jahresgang von ΔT parallel zum Jahresgang der Gesamtwärmeabgabe $H + LE$ des Ozeans an die Atmosphäre verläuft. Das vieljährige Verhalten von ΔT, dargestellt in Abb. 8a und b, vermittelt einen Eindruck von den möglichen Variationen im Energieaustausch Ozean—Atmosphäre. Zu Veränderungen kam es insbesondere in der kalten Jahreszeit zwischen November und März in Form langperiodischer Schwingungen. Im Sommer sind zeitweise auch Umkehrungen im Vorzeichen der Monatsmittelwerte der Differenz zu verzeichnen gewesen.

5. Ozean und Atmosphäre in ihrer gegenseitigen Beeinflussung

Es gibt zahlreiche Arbeiten über Korrelationen zwischen SSTA in den mittleren Breiten und Anomalien der atmosphärischen Zirkulation, z. B. für den Nordatlantik die Arbeiten von Namias 1964, Ratcliffe und Murray 1970, Perry und Walker 1977, Šuševskaâ 1979, Ped' und Umanskaâ 1984 und Žuravleva 1984. Allerdings bieten Korrelationsanalysen nur wenig Anhaltspunkte zur Feststellung physikalischer Gesetzmäßigkeiten der Kopplung Ozean—Atmosphäre, da die SSTA auch Indikator für andere Prozesse sein können. So wurde die Diskussion gefördert durch die Aufstellung physikalisch begründeter Hypothesen (Nikolajev 1981) sowie durch die Vornahme geeigneter Modellrechnungen (bspw. Webster 1981, 1982). Nikolajev vertritt die Auffassung, daß die Wirkung einer gegebenen SSTA auf die Atmosphäre von den jeweils gegebenen Verwertungsbedingungen der zusätzlich verfügbaren potentiellen Energie in der Atmosphäre abhängt. Das bedeutet, daß ein und dieselben SSTA durchaus verschiedene Nachwirkungen in der Atmosphäre erzeugen können. Modellrechnungen haben vor allem deutlich gemacht, daß das Ansprechen der Atmosphäre auf SSTA abhängig ist von der geographischen Breite und der Jahreszeit. So ist im Winter der mittleren Breiten ein Ansprechen der Atmosphäre auf die SSTA nur im lokalen Maßstab vorhanden, dagegen sind ausgeprägte Fernwirkungen, die von tropischen SSTA ausgehen, zu erwarten. Auftretende Wärmeflußanomalien vom Ozean zur Atmosphäre im Zeitmaßstab von 1 Monat sind im Winter hauptsächlich als Advektionseffekte und nicht durch SSTA hervorgerufen zu deuten. Während in den mittleren Breiten im Winter die Atmosphäre „aktiver“ ist als der Ozean, ist es im Sommer gerade umgekehrt zu erwarten, d. h., die SSTA können sich auch in größerem räumlichen Maßstab auf die atmosphärische Zirkulation auswirken. Die Abhängigkeit des Ansprechens der Atmosphäre auf die SSTA von der Jahreszeit wurde auch schon von Ratcliffe und Murray 1970 anhand empirischer Untersuchungen festgestellt. Ferner spielen die Intensität der SSTA, ihre horizontale Ausdehnung sowie ihre Position bezüglich der Lage der Frontalzone eine wichtige Rolle. Von Šuševskaâ 1979 wird beispielsweise der Zusammenhang zwischen der Anordnung der SSTA im Nordatlantik und der atmosphärischen Zirkulation im Vorwinter auf dem Gebiet der UdSSR (15. 10. bis 20. 12.) betrachtet. Vor sehr warmen Vorwintern gibt es bereits im September ein ozeanisches Signal in der Form einer zonalen Anordnung der SSTA im Nordatlantik mit positiven SSTA über weiten Teilen des südöstlichen Nordatlantiks. Kalte Vorwinter lassen dagegen solche Vorzeichen der SST-Situation vermissen.

Harno 1981 untersuchte Korrelationsfunktionen der monatlichen SSTA an den OWS im Zeitraum 1951/70 und korrespondierenden Zirkulationsparametern, wobei die Erhaltungsneigung berücksichtigt wurde. Eine jahreszeitliche Differenzierung erfolgte nicht.

Der Einfluß der atmosphärischen Zirkulation auf die Herausbildung der SSTA kann auf diese Weise gut nachgewiesen werden. Es ergeben sich folgende Korrelationskoeffizienten bei Heranziehung der Luftdruckdifferenz Azoren—Island als Maß für die Stärke der Zonalzirkulation:

	Verschiebung (Zirkulation vor SSTA)				
OWS	0	1	2	3	Monate
A	−0,15	−0,19	−0,22	−0,23	Nördlicher Teil
B	−0,17	−0,25	−0,26	−0,20	
C	−0,21	−0,18	−0,14	−0,14	Mittlerer Teil
J	−0,19	−0,14			
D			0,16	0,18	Südlicher Teil
E	0,22	0,23	0,15		

- - - . . . . = Korrelationskoeffizient signifikant von Null verschieden mit einer Irrtumswahrscheinlichkeit von 1 (5) %

Im nördlichen Atlantik stellen sich nach 1 bis 3 Monaten negative SSTA bei einer stärker als normalen Zonalzirkulation ein. Im mittleren Teil erfolgt das Ansprechen im gleichen Sinn tendenziell rascher. Im südlichen, besonders südwestlichen Teil des Untersuchungsgebietes findet man indes direkte Zusammenhänge, d. h., daß bei einer gesteigerten Zonalzirkulation in diesem Gebiet die Temperatur zunimmt.

Hinsichtlich der Kopplung mit der Meridionalzirkulation ergab sich für die Korrelation von Monatsmittelwerten zwischen SSTA und der Luftdruckdifferenz Nantes—Neufundland für 1951/70:

	Verschiebung (Zirkulation von SSTA)				
OWS	0	1	2	3	Monate
I	0,16	0,16	0,21	0,16	Östlicher Teil
J	0,24	0,28	0,25	0,19	
K	0,24	0,25	0,14		
D		−0,14			Südlicher Teil
E	−0,21	−0,20			

Wenn die Luftdruckdifferenz Nantes—Neufundland größer als normal ist, d. h. Luftbewegungen aus südlicher Richtung sich verstärken, gibt es eine Tendenz zur Erhöhung der SST. Damit verbunden ist eine Warmwasseradvektion aus den südwestlichen in die nordöstlichen Regionen. Dort wird die Wärmeabgabe an die Atmosphäre zunehmen, und möglicherweise kann der Aufbau eines Höhenhochs östlich davon begünstigt werden. Dadurch käme es zum Fortbestehen der Meridionalzirkulation im Sinne einer positiven Rückkopplung. Zu den Beziehungen zwischen blockierenden Hochdruckgebieten und SST siehe Funke 1984. Im südlichen Teil dagegen findet man inverse Beziehungen zwischen SSTA und der Meridionalzirkulation.

Auf diese Weise kann auch ohne jahreszeitliche Differenzierung das Signal der Kopplung Ozean—Atmosphäre im Fall zeitlich voreilender Zirkulationseffekte herausgearbeitet und die Erkenntnisse von J. Bjerknes 1960 können ergänzt werden.

Zwischen den zeitabhängigen Koeffizienten (Modes) der Zerlegung des durch die OWS gegebenen SST-Feldes in empirische Orthogonalfunktionen (vgl. Abschnitt 3) und den oben erwähnten Zirkulationsparametern wurde eine spektrale Kohärenzanalyse durchgeführt (mit eliminiertem Jahresgang). Die als signifikant befundenen Ergebnisse der Kopplung zwischen den Modes und der Zonalzirkulation können aus der Tabelle 8 ersehen werden. Es zeigt sich, daß für Schwingungen von 10—12 Monaten das Maximum der Luftdruckdifferenzanomalien den maximalen SSTA um etwa 1 bis 2 Monate vorauseilt. Keine gesicherten Zusammenhänge ergab dagegen eine gleiche Analyse mit der Luftdruckdifferenz Nantes—Neufundland, die die Meridionalzirkulationsverhältnisse widerspiegelt. Es gelang auch nicht, an diesem Material den Effekt der Rückopplung des Ozeans auf die Atmosphäre statistisch gesichert nachzuweisen.

Die Langzeitkorrelation zwischen der Temperaturdifferenz Wasser—Luft ΔT für das Gebiet *J* und der Luftdruckdifferenz Potsdam—Kopenhagen erbringt Hinweise des jahreszeitlich unterschiedlichen Ansprechens der Atmosphäre auf Variationen der Wärmeflüsse. Die Tabelle 9 zeigt, daß ΔT im Juni und Juli einen Monat später die Luftdruckdifferenz im inversen Sinn beeinflußt. Korrelationen zwischen dieser Druckdifferenz und der SST allein im Gebiet *J* ergaben bei einer Verschiebung von 1 Monat einen statistisch signifikanten Zusammenhang im Mai und August in direkter und im Dezember in inverser Weise.

Tabelle 8

Kohärenz Modes SST/Luftdruckdifferenz Azoren-Island (Jahresgang eliminiert), signifikante Werte

Mode	Periode Monat	Kohärenz k^2	Vorzeichen des Co- und Quadratur-Spektrums		Phasenunterschied Monat
2.	12,4	0,51	—	—	1,13 ± 0,82
	10,3	0,56	—	—	1,38 ± 0,94
3.	12,4	0,56	—	—	2,84 ± 1,93
	10,3	0,49	+	—	−2,40 ± 1,92
5.	10,3	0,48	+	+	0,77 ± 0,62

Diese Ergebnisse entsprechen etwa den Modellvorhersagen von Webster 1981, 1982. Weitere Langzeitkorrelationen erbrachten signifikante Ergebnisse für die Kopplung von Jahreswerten ΔT Gebiet J/Luftdruckdifferenz Potsdam—Kopenhagen bzw. Luftdruckdifferenz Azoren-Island für den Zeitraum 1900/75. Für den Zeitabschnitt 1957/75 ist eine Kopplung zwischen ΔT und dem Vorticitygebietsindex und der Meridionalzirkulation im 500-hPa-Niveau ebenfalls gegeben.

Schumann 1985 testete für den Zeitraum Februar 1982 bis Januar 1985 die Hypothese von Nikolajev 1981 über das unterschiedliche Ansprechen der Atmosphäre auf SSTA in Abhängigkeit von der Phasendifferenz der langen barischen und thermischen Wellen. Zu diesem Zweck führte er eine harmonische Analyse der Absoluten Topographien 1000 und 500 hPa sowie der Relativen Topographie 500/1000 hPa zwischen 60° W und 30° E und zwischen 65° und 45° N durch. Die Phasendifferenzen zwischen der barischen und thermischen Welle wurden in $\pi/2$-Stufen ermittelt. Es ergaben sich jedoch keine verwertbaren Beziehungen zwischen SSTA — Phasendifferenz — nachfolgende Entwicklung in der Atmosphäre. Die Zahl der Bestätigungen und der Nichtbestätigungen der Hypothese hielt sich etwa die Waage. Dieses ungünstige Ergebnis kann möglicherweise auf den zu kurzen Testzeitraum zurückgeführt werden.

Weitere Untersuchungen galten den Zusammenhängen von SST und SAT. Die mehr lokale Kopplung kann der Abb. 4, auf der Energiedichtespektren der SST im Gebiet J und der SAT von Thorshavn enthalten sind, entnommen werden. Die Abb. 9 zeigt das Kohärenzspektrum zwischen beiden Zeitreihen mit hohen Kohärenzwerten insbesondere im Periodenbereich von 51, 23, 8, 5 und 3,5 Monaten. Insgesamt kann von einer engen Kopplung gesprochen werden.

Olonscheck 1982 führte ohne jahreszeitliche Differenzierung mit Verschiebungen bis zu 3 Monaten an trendbefreiten Reihen räumliche Korrelationen unter Berücksichtigung der Erhaltungsneigung zwischen der SST des Gebietes J und der SAT an verschiedenen Stationen durch. So bestehen signifikante direkte Zusammenhänge außer mit Thorshavn mit dem Nordwestatlantik einschließlich Großbritannien und dem nordwestlichen Teil des europäischen Festlandes sowie mit Island und Westnorwegen. Ein inverser Zusammenhang besteht dagegen mit dem nordwestlichen und zentralen Bereich des europäischen Teiles der UdSSR und Teilen des südlichen Mitteleuropas.

Diese Ergebnisse gaben Anlaß, eingehender die Beziehungen der SST-Monatsmittelwerte der verschiedenen Gebiete mit den korrespondierenden Werten der SAT von Potsdam im Zeitraum 1893/1975 sowie 1982/1984 zu untersuchen (Schumann 1985). Herangezogen wurden die SST-Gebiete H, J, K, L, M, D und F für die Jahre 1893 bis 1975 und die Gebiete I, G und E für die Jahre 1893 bis 1967 (jeweils ohne 1940 bis 1945). Es wurden nur SSTA mit einem Betrag von 1 K und mehr in die Betrachtung einbezogen, jedoch auch die Werte unter 1 K zu Beginn und am Ende einer zeitlich ausgedehnten Anomalie. Die SSTA wurden unter Berücksichtigung der längsten identifizierbaren Schwingung (s. Abschnitt 4) bestimmt. Die SSTA in den einzelnen Jahreszeiten wurden mit Hilfe von Vierfeldertafeln in Beziehung zu den Potsdamer Lufttemperaturwerten gesetzt, und zwar für Zeitverschiebungen von 0, 1 und 2 Monaten. Entscheidend für die Zuordnung zu einer bestimmten Jahres-

Tabelle 9

Korrelationskoeffizienten ΔT im Gebiet J/Luftdruckdifferenz Potsdam-Kopenhagen im Zeitraum 1900/75 für Monatsmittelwerte im synchronen und um einen Monat verschobenen (ΔT vor Luftdruckdifferenz) Fall

Verschiebung Monat	J	F	M	A	M	J	J	A	S	O	N	D
0	+0	−0,17	0,04	0,13	$\underline{0{,}34}$	0,11	$\underline{0{,}25}$	−0,01	$\underline{0{,}56}$	$\underline{0{,}37}$	$\underline{0{,}36}$	0,19
1	−0,09	−0,13	−0,03	−0,04	−0,11	−0,16	$-\underline{0{,}37}$	−0,04	0,14	0,06	−0,02	0,06

—— = Wert mit einer Irrtumswahrscheinlichkeit von 1 %, - - - - von 5 % signifikant von Null verschieden

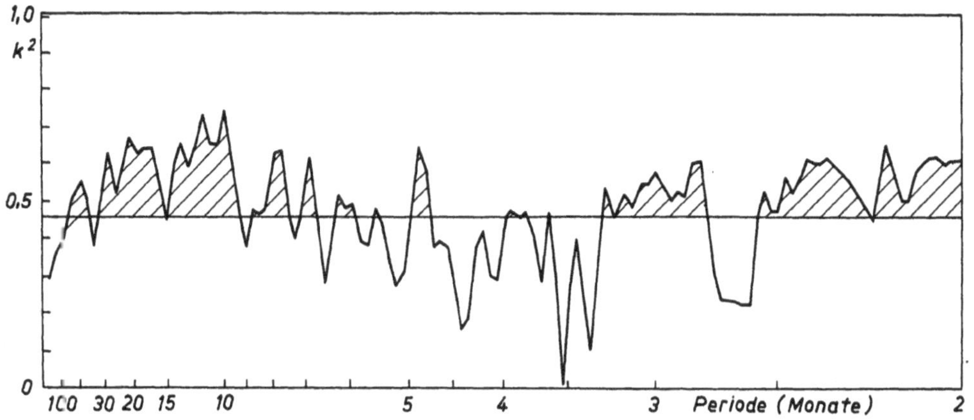

Abb. 9. Kohärenzspektrum SST Gebiet *J*/SAT Thorshavn 1876/1975 im Periodenbereich 2 bis 127 Monate. Die Ausgangsreihen wurden von Jahresgang und Trend befreit

zeit ist der Auftrittsmonat der SSTA, auch wenn die zugeordnete Lufttemperaturanomalie bereits in der folgenden Jahreszeit liegt. Mit Hilfe geeigneter statistischer Testverfahren wurde die Signifikanzprüfung durchgeführt. Die Hauptergebnisse enthält in Kurzform die Tabelle 10. Diese kann wie folgt angewendet werden (SCHUMANN 1985):

Ausgehend von dem gewünschten Monat, für den eine Aussage über das zu erwartende Vorzeichen der SATA Potsdam gemacht werden soll, wird festgestellt, welcher Jahreszeit die beiden Vormonate angehören. Von der Jahreszeit des ersten Vormonats ausgehend wird in die Tabelle eingegangen, und es werden die Gebiete ermittelt, für die ein Zusammenhang zwischen SSTA und SATA besteht. Für die Monate September bis Dezember kann man sich auch der Angaben bei RATCLIFFE und MURRAY 1970 oder ŠUŠEVSKAÂ 1979 bedienen.

In Auswertung der aktuellen SSTA-Verteilungen vom RMC Offenbach wird festgestellt, ob für die in Frage kommenden Gebiete eine SSTA hinreichender Intensität ermittelt werden kann. Danach läßt sich das Vorzeichen der SATA für den nächsten oder übernächsten Monat bestimmen. Wenn die Angaben für verschiedene Gebiete unterschiedliche Vorhersagen ergeben, entscheidet man sich für das Vorzeichen, das durch die größere Zahl der Gebiete belegt ist oder für das Vorzeichen, für das der Zusammenhang zur SATA eine höhere Signifikanz aufweist.

Beim zweiten Vormonat wird analog verfahren, wodurch die Vorfristigkeit der Abschätzung erhöht werden kann.

Eine Anwendung der Zusammenhänge ohne Zeitverschiebung zwischen SSTA und SATA Potsdam ist dann gerechtfertigt, wenn mindestens drei SSTA-Verteilungen des Prognosemonats vorliegen.

Tabelle 10

Signifikanz des Zusammenhanges SSTA in den Gebieten/SAT Potsdam im Zeitraum 1893/1975 (bzw. 1967) für Monatsmittelwerte im synchronen und bis zu 2 Monaten verschobenen (SSTA vor SAT) Fall

Gebiet	Verschiebung Monat	Winter-	Frühjahr	Sommer	Herbst
H	0				
	1		*x*	*x*	
	2	*x*			
K	0		*xx*		
	1		*x*	*xx*	
	2			*x*	
L	0		*x*		
	1				
	2				
M	0	*yy*	*y*		
	1	*yyy*			
	2	*yy*			
F	0				
	1		*x*		
	2				
I	0				
	1				
	2		*xxx*		
E	0		*yy*		
	1		*yy*		
	2	*y*			

x (*y*) = direkter (inverser) statistischer Zusammenhang ist mit einer Irrtumswahrscheinlichkeit von 5% gesichert
xx (*yy*) = dasselbe mit 1%
xxx (*yyy*) = dasselbe mit 0,1%

Für den Zeitraum 1982/85 wurde in 22 Fällen eine Prüfung des Vorzeichenprognoseverfahrens vorgenommen. In 13 Fällen hätte eine Prognose das richtige Vorzeichen ergeben, in einem weiteren Fall hätte die Verwendung eines Zusammenhanges ohne Zeitverschiebung noch zu einer sinnvollen Prognose des richtigen Vorzeichens geführt. In drei weiteren Fällen hätte eine Prognose mit Hilfe der Ergebnisse aus der angegebenen Literatur das richtige Vorzeichen ergeben. Damit konnte insgesamt ein günstiges Ergebnis erzielt werden, das im wesentlichen seinen Zweck erfüllt hat, wenn dadurch deutlich wird, daß die SSTA, die routinemäßig leicht verfügbar ist, als Prädiktor gut geeignet ist und auch in bestehenden Prognoseverfahren berücksichtigt werden sollte.

Auf alle Fälle sollten die regelmäßig verbreiteten SSTA-Karten des Nordatlantischen Ozeans im praktischen

Dienst Verwendung finden. Neben langfristigen Abschätzungen ist das im Bereich der Kurzfristberatung und -vorhersage zu empfehlen für die Phänomene Nebel, Schauer und Gewitter, Starkwindgebiete, Identifizierung von Kaltwasserauftriebsgebieten in Zusammenhang mit Routungsaufgaben u. a. mehr.

Literatur

Barnett, T. P.: Long-term Trends in Surface Temperature over the Oceans. Monthly Weater Rev. **112** (1984), 303—312.

Börngen, M.: Beitrag zur Analyse und Interpretation zeitlicher Änderungen des Salzgehaltes im Bereich der Ostsee-Eingänge. Geodät u. geophys. Veröff. (Berlin), R. IV, H. 38 (1984), 67 bis 109.

Funke, H.: Statistische Untersuchungen mit einer Zeitreihe der Blockierungssituationen im europäisch-atlantischen Raum. Diplomarbeit, Sektion Physik der Humboldt-Universität, Berlin 1984.

Galerkina, L. I.: Sezonnaja i ekstremal'naâ izmenčivost' termogalinnych polej severnoj Atlantiki. Gidrometeoizdat, Moskva 1983.

Graf, H.-F.: Eine globale Eigenschwingung des Systems Ozean-Atmosphäre. Z. Meteor. **35** (1984) 4, 223—226.

Harno, W.: Beitrag zur Analyse der Wassertemperaturen an der Oberfläche des Nordatlantiks und deren Beziehungen zur atmosphärischen Zirkulation. Diplomarbeit, Sektion Physik der Humboldt-Universität, Berlin 1981.

Hupfer, P.: Wechselwirkungen zwischen Ozean und Atmosphäre — ein fundamentales Problem von Meteorologie und Ozeanologie. Wiss. Z. Humboldt-Univ. Berlin, Math.-nat. R. **31** (1982) 4, 391—398.

Hupfer, P.: Neuere Forschungsergebnisse zu den Wechselwirkungen zwischen Ozean und Atmosphäre. Geogr. Berichte (Gotha) **113** (1984a) 4, 241—251.

Hupfer, P.: Ozeanologische Erfordernisse für die Weiterentwicklung der Klimatheorie. Aus der Arb. v. Plenum und Klassen der AdW der DDR (Berlin) **9** (1984b) 8, 27—36.

Hupfer, P.: Atmosphäre und Ozean. Abh. Meteor. Dienst d. DDR (Berlin) Nr. 134 (1984c), 75—84.

Kleber, G.: Beiträge zur Untersuchung rezenter Klimaänderungen im Gebiet der DDR. Diss. (A), Math.-nat. Fakultät der Humboldt-Univ. Berlin 1985.

Marčuk, G. I.: Modeling of Climate Change and the Problem of Long-Range Weather Forecasting. Siberian Branch Acad. of Sciences of the USSR, Computing Center, Novosibirsk 1979, S. 1—30.

Monin, A. S.; Stepanov, V. H. (Red.): Pole temperatury vody severnoj časti Atlantičeskogo okeana. Gidrometeoizdat, Moskva 1984.

Namias, J.: Seasonal persistence and recurrence of European blocking during 1958/60. Tellus **16** (1964) 3, 394—407.

Nikolajev, Û. V.: Rol' krupnomasštabnogo vzaimodejstviâ okeana i atmosfery v formirovanii anomalij pogody. Gidrometeoizdat, Leningrad 1981, S. 1—51.

Olberg, M.: Zum spektralen Verhalten der Niederschlags-, Strahlungs- und Trockenindexreihe für Potsdam. Z. Meteor. **33** (1983) 5, 281—285.

Olonscheck, D.: Beitrag zur Kenntnis der klimatischen Eigenschaften der Oberflächenwassertemperatur im Nordostatalantik und ihres Zusammenhanges mit der Lufttemperatur. Diplomarbeit, Sektion Physik der Humboldt-Universität, Berlin 1982.

Paltridge, G.; Woodruff, S.: Changes in Global Surface Temperature from 1880 to 1977 Derived from Historical Records of Sea Surface Temperature. Monthly Weather Rev. **109** (1981), 2427—2434.

Ped', D. A.; Umanskaâ, I. A.: Perenos tepla i vlagi c Severnoj Atlantiki na kontinent i ego rol' v formirovanii temperatury vozducha i osadkov pri zonal'nom tipe cirkulâcii atmosfery. Trudy Gidrometcentra SSSR vyp. 254 (1984), 3—16.

Perry, A. H.; Walker, J. M.: The Ocean-Atmosphere System. Longman, London, New York 1977.

Rasmusson, E. M.: El niño and Variations in Climate. American Scientist **73** (1985) 3/4, 168—177.

Ratcliffe, R. A. S.; Murray, R.: New lag associations between North Atlantic sea surface temperature and Europeans pressure applied to longe-range weather forecast. Quart. J. Roy. Met. Soc. **96** (1970), 226—246.

Ryder, C.: Monthly mean temperatures of the surface water in the Atlantic, north of 50° N. Lat. Appendix to the Nautical-Met. Ahnual of the Danish Met. Inst., Kopenhagen 1917, S. 1—21.

Schlundt, I.: Untersuchung der raumzeitlichen Temperaturvariabilität im europäischen Raum mittels Eigenvektoranalyse. Diplomarbeit, Sektion der Humboldt-Universität, Berlin 1982.

Schumann, T.: Versuch der Verifizierung der Hypothese von Nikolajev zum Ansprechen der Atmosphäre auf SSTA im Nordatlantik. Diplomarbeit, Sektion Physik der Humboldt-Universität, Berlin 1985.

Smed, J.: Fluctuations of the sea surface temperature in areas of the North Atlantic, 1876—1975. Danish Met. Institute, Climatological Pap. **4** (1979), 205—210.

Smed, J.: Monthly anomalies of the sea surface temperature in areas of the northern North Atlantic 1876—1975. Persönliche Mitteilung 1982. In Vorbereitung für: ICES Oceanographic Data Lists and Inventories.

Šuševskaâ, G. P.: Nekotorye osobennosti zirkulâcii atmosfery i teplovogo sostojaniâ severnoj Atlantiki ekstremal'no tepliâ i cholodniâ predsimaâ. Trudy GNIC **219** (1979), 108—112.

Tippmann, U.: Diagnose einer 80-jährigen Periode in klimatologischen Zeitreihen. Diplomarbeit, Sektion Physik der Humboldt-Universität, Berlin 1984.

Ugrûmov, A. I.: Teplovoj režim okeana i dolgosročnye prognozy pogody. Gidrometeoizdat, Leningrad 1981, S. 1—176.

Webster, P.: Mechanism Determining the Atmospheric Response to Sea Surface Temperature Anomalies. J. Atm. Sc. **38** (1981) 3, 554—571.

Webster, P.: Seasonality in the Local and Remote Atmospheric Response to Sea Surface Temperature Anomalies. J. Atm. Sc. **39** (1982) 1, 41—52.

Werner, P. C.: Der Vorticitygebietsindex. Z. Meteor. **33** (1983) 5, 218—225.

WMO, Scientific Plan for the World Climate Research Programme. WCRP Publ. Ser. No. 2, WMO/TD No. 6, Geneva 1984.

WMO, User's Guide to the Data and Summaries of the Historical Sea Surface Temperature Data Project. Marine Met. and Related Oceanographic Activities, Report No. 13, WMO/TD No. 36, Geneva 1985.

Žuravleva, T. M.: Vlijanie termičeskogo režima Tichogo i Atlantičeskogo okeanov na raspredelenie sezonnoj anomalii v Primorskom krae. Trudy Gidrometcentra SSSR **254** (1984), 50—65.

Abh. Meteorol. Dienstes DDR Nr. 140 (1988)

Zur Anregung von El Niño/Südliche Oszillation

von H.-F. GRAF

Zusammenfassung

Auf der Grundlage der Abhängigkeit von Stärke und Lage der Subtropenhochs vom meridionalen thermischen Gradienten zwischen dem Äquator und den Polen wird eine Hypothese entwickelt, nach der El Niño/Südliche Oszillation (ENSO) sowohl Teil einer innertropischen Autooszillation des gekoppelten Systems Ozean-Atmosphäre sein als auch durch negative Temperaturanomalien hoher nördlicher Breiten angeregt werden kann. Solche Abkühlungen können zum Beispiel durch explosive Vulkanausbrüche entstehen. Ein Vergleich von ENSO-Jahren mit Jahren starker Vulkaneruptionen zeigt, daß tatsächlich einige der beobachteten ENSOs vulkanisch getriggert sein können. Von 45 Vulkanausbrüchen seit 1899 erfolgte nur in fünf Fällen aus drei Jahren kein ENSO nach 0 bis 2 Jahren. Damit beruhen die beobachteten Telekonnektionen fast immer auf einer Überlagerung von Effekten erhöhten stratosphärischen Aerosolgehaltes und positiver Anomalien der Meeresoberflächentemperatur des äquatorialen Ostpazifik.

Summary

Basing on the dependence of strength and position of subtropic highs on the meridional thermal gradient between the equator and the poles, a hypothesis is developed, that El Niño/Southern Oscillation (ENSO) may be part of an innertropic auto-oscillation of the coupled system ocean-atmosphere as well as it may be triggered by negative temperature anomalies of high northern latitudes. Such coolings may be due to for example explosive volcanic eruptions. A comparison of ENSO-years with years with strong explosions of volcanos shows, that some of the observed ENSOs may really be envoced volcanically. The 45 volcanic eruptions since 1899 with VEI $\geqq 4$ only in 5 cases (out of three years) were not followed by ENSO after 0 to 2 years. Thus, the observed teleconnections nearly always are mixtures of both, effects of a greater amount of stratospheric aerosol and of positive anomalies of the sea surface temperature of the equatorial eastern Pacific.

Резюме

На базе связи между сильности и положения субтропических антициклонах с меридиональном градиентом температуры экватор минус полюс, развивается гипотеза что Эль Ниньо/Южная осциллация может быть внутритропическая автоосциллация система океан-атмосфера, а также может быть вызвана отрицательными аномалиями высоких северных широтах. Такие похолодения может обънаружить под влиянием взрывных вулканических извержениях. Сравнение годов ENSO с годов сильных извержениях показывает, что некакие от наблюдаемых ENSO, по-видимому, возбужданы вулканами. От 45 вулканических извержениях с 1899 только в 5 случаев не было ENSO после 0 до 2 года. Это значит, что наблюдаемые телеконнекционы часто базируют на смешение эффектов стратосферной аэрозоля и положительных аномалиях морской поверхности экваториальной восточной Тихой Океана.

1. Einleitung

Zum Verständnis des Klimas und seiner Variationen im Zeitbereich von einigen Monaten bis zu einigen Jahren — und damit zu seiner Vorhersagbarkeit in diesem Zeitraum — ist zumindest die Kenntnis und physikalische Beschreibbarkeit der partiellen Interaktivität der wesentlichsten Subsysteme des Klimasystems notwendig. Ein wichtiger Teilaspekt ist dabei die Wechselwirkung von Ozean und Atmosphäre in tropischen Breiten, deren Klärung das Hauptziel des 1985 angelaufenen und auf 10 Jahre konzipierten internationalen Forschungsprogramms TOGA („Interannuelle Variabilität des Tropischen Ozeans und der Globalen Atmosphäre") ist. Weiter spielen hier noch in relativ kurzen Zeitabschnitten ablaufende Variationen der Kryosphäre (Meereis und Schneedecke), der Bodenfeuchte und auch die mehr oder weniger zufällig auftretenden Störungen der Atmosphäre durch die Exhalationen von Vulkanen eine besondere Rolle.

Ozeanische Prozesse schließen dabei neben den Energie- und Massenflüssen an der Grenzfläche zwischen Ozean und Atmosphäre auch den Wärmetransport und die Wärmespeicherung in der ozeanischen Mischungsschicht sowie die Dynamik aller wesentlichen Stromsysteme ein. Am Ende des Zeit-scales ist auch das CO_2-Speichervermögen des Ozeans von großer Bedeutung.

Die Koppelung zwischen Ozean und Atmosphäre ist in tropischen Regionen besonders ausgeprägt. Ein Beispiel dafür ist die ENSO (El Niño/Southern Oscillation)-Problematik, für die bereits einfache statistische Grundlagen zur Nutzung für die Witterungsprognose (sogenannte Telekonnektionen) selbst in höheren Breiten vorliegen, obwohl die gesamte Dynamik des Prozesses bei weitem noch nicht geklärt ist. Immerhin ergibt sich aus der globalen Auswirkung und dem daraus folgenden weltweiten Interesse, daß dieses Phänomen eine wichtige Rolle bei der Vereinigung ozeanologischer und meteorologischer Forschung spielen kann.

Bereits 1897 lieferte HILDEBRANDSON [14] einen ersten Hinweis auf den atmosphärischen Aspekt des ENSO-Phänomens, die „Südliche Oszillation", indem er eine Koppelung von Schwankungen des Luftdruckes am Boden zwischen Sydney in Australien und Buenos Aires in Argentinien beschrieb. Wenige Jahre später bestätigten LOCKYER und LOCKYER [22] diese Beziehung und schätzten die Periode der Schwankung zu etwa 3,8 Jahren ab. Diese Autoren stellten schon 1904 anhand von 95 Stationen eine erste weltweite Karte zusammen, die, ähnlich der 1957 von BERLAGE [3] veröffentlichten (Abb.

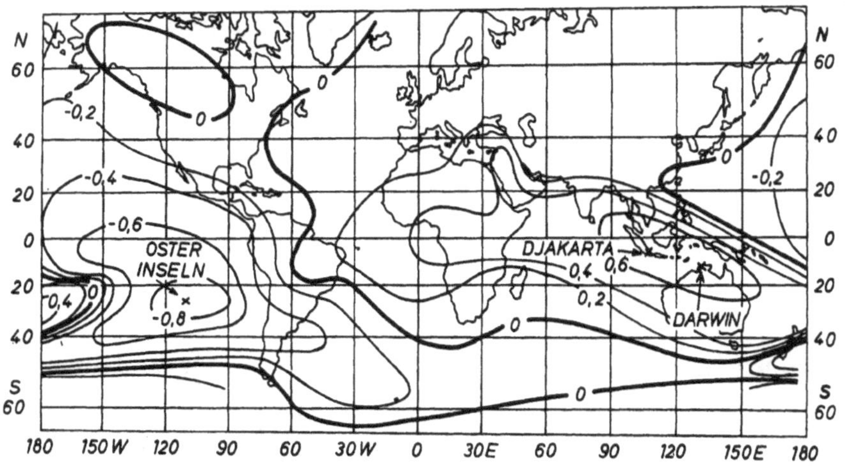

Abb. 1. Gleichzeitige Korrelationen der mittleren monatlichen Luftdruckanomalie von Djakarta, Indonesien, mit weltweit verteilten Stationen, Nordsommer, nach [3]

1), zeigt, daß diese Luftdruckschwankungen weltweit ausgeprägt sind. In einer Serie von Arbeiten beschrieben Walker [37] und Walker und Bliss [38] diese nun als „Südliche Oszillation" bezeichnete Erscheinung weiter und untersuchten auch die Beziehungen zwischen Luftdruck, Temperatur und Niederschlag. Außer den beschreibenden Arbeiten von Berlage [3] sowie Troup [36] blieb die Südliche Oszillation seit den 30er Jahren in der Literatur weitgehend unbeachtet, bis J. Bjerknes [4, 5] 1966 bzw. 1969 zeigte, daß die interannuellen Fluktuationen der Meeresoberflächentemperatur (SST) auf weiten Flächen des östlichen äquatorialen Pazifiks in enger Verbindung mit der Walker-Zirkulation (d. h. mit der zonalen Windkomponente in der Äquatorebene), die ihrerseits an die Südliche Oszillation gekoppelt ist, und mit dem Niederschlagsfeld im tropischen Pazifik stehen. Damit war eine Brücke zwischen dem atmosphärischen Phänomen und dem in der Ozeanologie spätestens seit Humboldt [16] bekannten „el niño", d. h. mit in unregelmäßigen Abständen wiederkehrenden starken Erwärmungen der Oberfläche des äquatorialen Ostpazifik hergestellt.

Nachdem 1969 Bjerknes [5] auf sogenannte „Telekonnektionen", also auf Fernwirkungen zwischen dem äquatorialen Ostpazifik und dem Westwindgürtel der gemäßigten Breiten aufmerksam gemacht hatte, setzte eine sprunghafte Intensivierung der Arbeiten zu diesem Problemkreis ein, die nicht zuletzt durch das ungewöhnliche starke ENSO-Ereignis der Jahre 1982/83 mit anscheinend weltweiten Auswirkungen auf Witterung und Klima [30, 31, 34] erneut Aufschwung genommen hat.

Da die Erhaltungszeit der anormalen Erwärmung des tropischen Pazifiks im Mittel bei etwa 18 Monaten liegt [31], kann dieses Phänomen zur Vorhersage globaler Witterungsanomalien genutzt werden, wenn die Mechanismen seiner Auswirkung auf die allgemeine Zirkulation hinreichend bekannt sind. Andererseits erfolgt mit dem Ausbleiben des kalten, nährstoffreichen Tiefenwassers an der Oberfläche des äquatorialen Ostpazifiks und vor den Küsten Perus und Ekuadors ein drastischer Eingriff in das marine Ökosystem, der sich katastrophal auf die Fischereiwirtschaft in diesem Gebiet auswirkt. In Abb. 2 ist der plötzliche Rückgang des Weltfischfanges im Gefolge des starken ENSO der Jahre 1972/73 auf ca 1/5 der vorher angelandeten Menge zu erkennen. Da aus den in den Küstengewässern Perus und Ekuadors gefangenen Fischen vornehmlich Fischmehl produziert wird, steigen nach ENSO-Ereignissen die Weltmarktpreise für dieses Produkt (und auch für das Substitut Sojamehl) erheblich, und die Bedeutung einer rechtzeitigen Vorhersage von ENSOs wird auch von dieser Seite her deutlich.

2. Interannuelle und saisonale Schwankungen der SST im äquatorialen Pazifik

Für den Zeitraum 1946 bis 1976 ist in Abb. 3 [15] in einem Längen-Zeitdiagramm der mittlere Jahresgang (Abweichung der Monatsmittel vom langjährigen Jahresmittel) des beobachteten SST-Feldes im äquatorialen Pazifik zusammen mit den entsprechenden Änderungen des Windfeldes aufgetragen. Die Variation der SST ist allgemein nicht sehr groß. Sie reicht im Gebiet maximaler Varianz (100° W) von etwa −1,8 K bis +2,4 K. Insgesamt ist die Oberfläche des östlichen Pazifik durch Advektion kalten Wassers (Südäquatorial- und Humboldt-Strom) und durch Aufwellen von Tiefenwasser in der Nähe des Äquators relativ kalt, was zur starken Trockenheit auf den Inseln des äquatorialen Ost- und Zentralpazifiks führt.

Der Jahresgang des Windvektors wird von der meridionalen Windkomponente bestimmt, während der Jahresgang der Zonalkomponente so schwach ist, daß Signal und Rauschen kaum getrennt werden können. Lediglich über dem Westpazifik (120° E bis 170° E) ist mit starken Ostwinden im Juli und schwachen im Januar ein Jahresgang zu finden. Die innerjährliche Schwankung der SST ist offenbar räumlich und zeitlich eng mit dem Windfeld gekoppelt. Nördliche Winde am Äquator, die hauptsächlich im Nordwinter im Gefolge der Äquatorpassage des Nord-Ost-Passates auftreten, fallen mit erhöhter SST zusammen, südliche Winde dagegen mit verminderter SST.

Die westwärtige Ausbreitung der erhöhten SST ent-

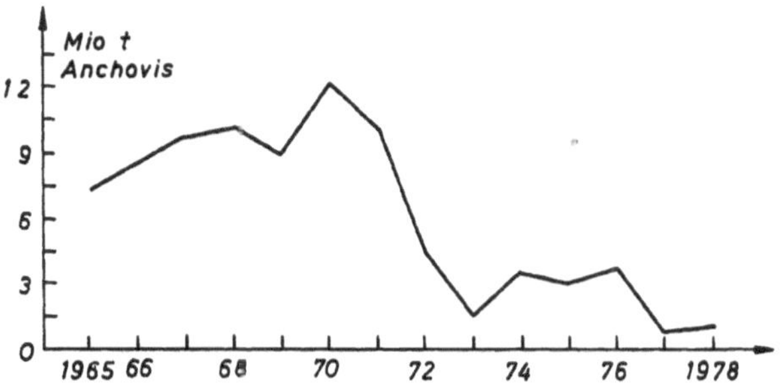

Abb. 2. Jahresfang von Anchoveta vor der Küste Perus (1965 bis 1978)

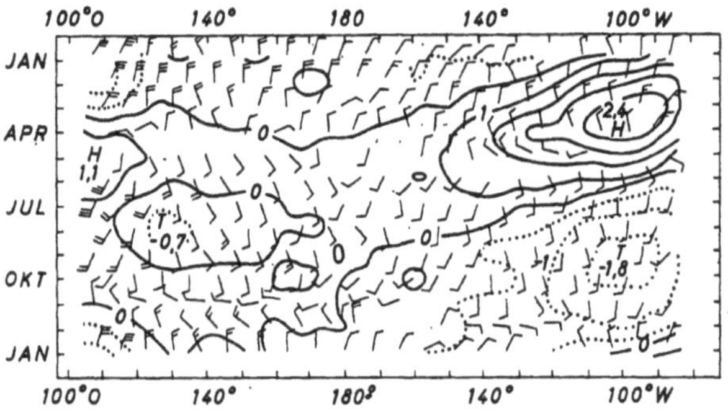

Abb. 3. Jahresgänge der klimatologischen Mitteltemperatur der Meeresoberfläche und des Windes an der Oberfläche entlang dem äquatorialen Pazifik nach [15]

spricht im Jahresgang dem in [31] beschriebenen „mittleren" ENSO (Abb. 4) mit einer Ausbreitungsgeschwindigkeit von 1 m/s und gleicher räumlicher Struktur. Sie ist primär eine Oberflächenerscheinung.

Der Hauptunterschied zwischen interannuellem Gang und Jahresgang der SST sind die im längerperiodischen Bereich auftretende größere Längenausdehnung, Amplitude und Andauer. Möglicherweise noch bedeutsamer ist jedoch der Unterschied der räumlichen und zeitlichen Koppelung zwischen Wind- und SST-Feld. Während im Fall von ENSO die auslösende Windanomalie zwischen 140° E und 180° E, also weit entfernt von den später beobachteten maximalen SST-Anomalien (SSTA) auftritt (s. Abschn. 4), findet sich im Jahresgang eine sehr enge raum-zeitliche Koppelung zwischen Wind und SST. Der leichte SST-Anstieg vor der südamerikanischen Küste im Nordwinter entspricht dem el niño-Phänomen in seiner ursprünglichen Bedeutung, dem Auftreten einer warmen, südwärts gerichteten Meeresströmung vor den Küsten Ekuadors und Perus, die um die Weihnachtszeit (el niño = span. „das Kind", hier „Christkind") mit großer Regelmäßigkeit auftritt und die Küstengewässer bis etwa auf 12° S für 3 bis 4 Monate beherrscht.

Abweichend von diesem mittleren Jahresgang treten in unregelmäßigen Abständen Episoden auf, in denen ungewöhnlich starke positive SSTA im Ostpazifik beobachtet werden, die sich bis weit in den zentralen Pazifik ausdehnen und ihr Maximum vor der südamerikanischen Küste (Ekuador und Peru) mit +4 K oder mehr erreichen. Den mittleren Verlauf solcher ENSO-Ereignisse (1957, 1963, 1965, 1969, 1972, 1976) haben RASMUSSON und CARPENTER [31] eingehend beschrieben. Abb. 4 zeigt die SST-Verteilung in der stärksten Entwicklungsphase des Prozesses. Die Autoren fanden, daß von Juni bis September vor ENSO-Jahren die Ostwinde westlich der Datumslinie am Äquator stärker sind als gewöhnlich und daß die südpazifische Konvergenzzone nach Südwesten verlagert ist. Von Oktober bis November entwickeln sich sodann Westwindanomalien, die in der Nähe der Datumsgrenze zu leichten positiven SSTA führen. Untersuchungen von LEGLER [21] haben allerdings gezeigt, daß die Phase verstärkter Ostwinde nicht immer auftritt und daß für die Entwicklung eines ENSO-Ereignisses offenbar nur Perioden länger andauernder Westwinde eine notwendige Bedingung sind. Solche Westwinde können in Zusammenhang stehen mit einem schwächer als normal ausgeprägten Monsuntrog über dem östlichen Indik und über Indonesien bzw. mit dessen Verlagerung in den Westpazifik. Damit verbundene negative Anomalien des indischen Sommermonsuns treten häufig vor ENSO auf [1]. Eine weitere Ursache kann auch eine Verstärkung und Südverlagerung des Nordpazifikhochs sein [9, 10], auf die in Abschnitt 4 eingegangen wird. Die Westwinde erzeugen dynamisch eine schwach positive SSTA im Zentralpazifik, und da die tropische Troposphäre üblicherweise feucht-labil geschichtet ist, können, auch wegen der ohnehin hohen

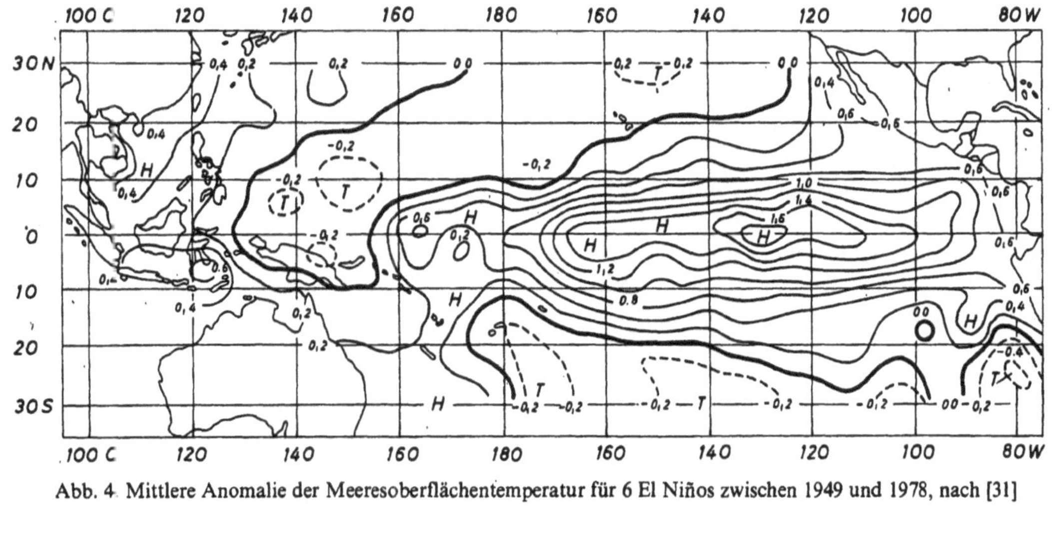

Abb. 4 Mittlere Anomalie der Meeresoberflächentemperatur für 6 El Niños zwischen 1949 und 1978, nach [31]

zentralpazifischen SST, sogar relativ kleine positive SSTA zur Entwicklung hochreichender Kumulusbewölkung führen bzw. die Ausbildung von Paaren tropischer Wirbelstürme beiderseits des Äquators fördern [19]. Der dadurch angefachte verstärkte Transport latenter Wärme von der Ozeanoberfläche in die obere tropische Troposphäre führt zur Störung der am Boden westwärts gerichteten WALKER-Zirkulation im Zentralpazifik [33]. Damit entwickeln sich die Westwinde im Zentralpazifik weiter und erhalten bzw. verstärken die positive SSTA in diesem Gebiet im Sinne einer positiven Rückkoppelung. Im Verlauf des Nord-Winters überquert der Nordostpassat den Äquator und führt zu vermindertem Aufwellen von Tiefenwasser an der südamerikanischen Küste sowie zum Einsetzen einer warmen Strömung aus äquatorialen Gewässern nach Süden (saisonales el niño). Im Falle von ENSO wird diese küstennahe Erwärmung nicht im April unterbrochen, sondern dauert den Sommer über an, wobei sich die positive SSTA zusammen mit dem von ihr gebildeten Wärmetief westwärts in Richtung zum zentralen Pazifik verlagert und sich schließlich mit der dort bereits bestehenden positiven SSTA verbindet. Somit kann ENSO als regionaler Effekt einer durch innertropische positive Rückkoppelungen verstärkten Störung des Jahresganges der allgemeinen Zirkulation interpretiert werden [9].

3. Hypothesen zur Entstehung und Entwicklung von ENSO

Die erste physikalische Erklärung von ENSO-Effekten wurde von J. BJERKNES [4, 5] gegeben. Seine Hypothese basiert auf einem regionalen Zusammenhang zwischen SST im äquatorialen Pazifik und der HADLEY-Zirkulation.

Die normalerweise niedrigen SST im Ostpazifik resultieren aus einer Kombination von EKMAN-Drift durch den den Äquator überquerenden Südostpassat, Küstenaufwellen sowie Advektion kalter Wassermassen mit dem Humboldt- und dem Südäquatorialstrom, die ihrerseits durch den Südostpassat getrieben werden. Die relativ kalte Meeresoberfläche verhindert die Entwicklung von Feuchtkonvektion und führt zur Aridität im Ostpazifik.

Da die innertropische Feuchtkonvektion die Hauptquelle der Energie der HADLEY-Zirkulation darstellt, schwächen negative SSTA die Intensität dieser meridionalen Zirkulation. FU [7] stellte sogar fest, daß die HADLEY-Zirkulation ihre Richtung im Falle sehr niedriger SST am Äquator umkehren kann. Andererseits verstärkt die niedrige Oberflächentemperatur des Ostpazifiks die WALKER-Zirkulation mit ihren Ostwinden in der unteren Troposphäre und unterstützt damit das Aufwellen kalten Tiefenwassers am Äquator. Der thermische Gradient zwischen West- und Ostpazifik wird damit ebenso wie der Luftdruckunterschied zwischen dem Südpazifik-Hoch (z. B. Tahiti) und dem indonesischen Wärmetief (z. B. Darwin) verstärkt. Diese Situation entspricht der positiven Phase der Südlichen Oszillation.

Demzufolge werden der meridionale atmosphärische, in höhere Breiten gerichtete Transport von Wärme und Drehimpuls und schließlich auch der Südostpassat abgeschwächt. Die so verminderte Advektion und das ausbleibende Aufwellen von kaltem Wasser führen zu positiven SSTA im Bereich des östlichen äquatorialen Pazifiks. Die nun regional verstärkte Feuchtkonvektion ist begleitet von verstärktem Niederschlag in diesem sonst ariden Gebiet [6, 13] sowie vom Anwachsen des meridionalen Transportes von Drehimpuls, einem intensiverem Südpazifikhoch und Südostpassat und folglich wieder verstärktem Aufwellen und intensiverer Advektion kalten Wassers.

Da die Atmosphäre sehr schnell auf Änderungen der thermischen Bedingungen an ihrer Unterlage reagiert, müßte, entgegen allen Beobachtungen, der Südostpassat gleichzeitig mit oder kurz nach dem SST-Maximum am stärksten sein und dieses sofort wieder abbauen. Hier erhebt sich die Frage, wie dann die positive SSTA über ein ganzes Jahr aufrecht erhalten werden kann.

Nach der weithin akzeptierten Hypothese von WYRTKI [39] wird in der Phase starken Südostpassates warmes Wasser im Westpazifik aufgestaut, wodurch sich im Gleichgewicht mit der Schubspannung des Windes ein ostwärts gerichteter Druckgradient im Ozean ausbildet. Wenn der Südostpassat abflaut, fließt das Wasser hauptsächlich in den ostwärts gerichteten Zweigen des pazifischen Stromsystems in Richtung zur südamerikanischen Küste ab. Am wichtigsten scheint dabei der Nordäquatoriale Gegenstrom zu sein [8].

Westwind-Anomalien über dem äquatorialen Westpazifik erzeugen KELVIN-Wellen, die in der Thermokline entlang dem Äquator ostwärts wandern. Damit wird die Thermokline abgesenkt und das Aufwellen im Ostpazifik reduziert [24]. Das warme Wasser erreicht die südamerikanische Küste je nach dem angeregten Mode der KELVIN-Welle in 3 Monaten bis einem Jahr. Danach wird durch die positive SSTA über dem Ostpazifik der zonale Luftdruckgradient abgeschwächt und die südliche Oszillation tritt in ihre negative Phase.

Die positiven SSTA im östlichen Pazifik neigen dazu, sich nach Westen auszubreiten, da sie ein lokales Wärmetief erzeugen, das an seiner Westseite zu westlichen Winden führt. Da diese Westwinde das Aufwellen von Tiefenwasser dämpfen, wandert das Wärmetief zusammen mit der positiven SSTA zum Zentralpazifik und verbindet sich dort mit der bereits bestehenden zentralpazifischen positiven SSTA.

4. Mögliche Ursachen für Westwind-Anomalien über dem westlichen und zentralen Pazifik

WYRTKIS Grundhypothese zur ENSO-Entwicklung [39] basiert auf einer Westwind-Anomalie über dem westlichen Pazifik im Anschluß an eine Periode starken Südost-Passats, der einen Wasserüberschuß am Westrand des pazifischen Bassins aufgebaut hat. Jedoch werden starke Südostpassate nicht vor jedem ENSO beobachtet [21], und vor dem extremen Ereignis von 1982/83 gab es anscheinend keine positive Wasserstandsanomalie im

Westpazifik [26] Damit bleiben Westwind-Anomalien die einzige notwendige Bedingung für die Auslösung von ENSOs.

Solche anomalen Westwinde können zunächst als Teil einer innertropischen Oszillation des gekoppelten Systems Ozean—Atmosphäre aufgefaßt werden [10, 12]. Sie können auch durch schwache niedertroposphärische Konvergenz über dem östlichen Indischen Ozean, gefolgt von schwachem indischem Sommermonsun und möglicherweise begleitet von einer Verlagerung des asiatischen Monsunsystems hin zum zentralen Teil des äquatorialen Pazifiks [1, 30], hervorgerufen werden. Eine weitere regionale Ursache kann auch eine unternormale Aufheizung des Hochlandes von Tibet sein [8].

Daneben besteht die Möglichkeit, daß eine allgemeine Abkühlung der Nordheimisphäre oder eine Anomalie des Jahresganges der Temperatur der Nordhemisphäre in der Art, daß eine stärkere und/oder frühere Abkühlung hoher Breiten erfolgt, zu den gleichen Effekten führt.

Ausgehend von der Hypothese, daß die SST-Verteilung in der äquatorialen Zone ein Resultat des Passat-Regimes ist, das durch die vom meridionalen hemisphärischen Temperaturgradienten abhängigen Subtropenhochs bestimmt wird, bestehen wenigstens drei globale oder hemisphärische Möglichkeiten zur ENSO-Triggerung [9, 10]:

1. Abschwächung der allgemeinen Zirkulation durch die Abnahme des thermischen Gradienten zwischen dem Äquator und den Polen. Das führt zu schwächerem Passat und weniger Aufwellen sowie Advektion kalten Wassers im äquatorialen Ostpazifik. Die Periode der innertropischen Oszillation des gekoppelten Systems Ozean—Atmosphäre wird verlängert [9].
2. Erwärmung der Südhemisphäre, die am Südpol stärker ist und somit zur Abschwächung des Südpazifik-Hochs und des Südostpassates führt. Die Intertropische Konvergenzzone (ITCZ) erreicht oder überquert den Äquator und unterbricht das äquatoriale Aufwellen kalten Tiefenwassers.
3. Abkühlung der Nordhemisphäre mit einer Verstärkung des nordhemisphärischen meridionalen Temperaturgradienten, Südverlagerung und Verstärkung des Nordpazifikhochs, Verstärkung des Nordostpassates und Verlagerung der ITCZ in Richtung zum Äquator. Im Extremfall überquert die ITCZ den Äquator und kehrt das Aufwellen in Abwellen um.

Da Änderungen der Temperatur auf der Nordhemisphäre stärker ausgeprägt sind und damit auch die allgemeine Zirkulation der Nordhalbkugel variabler ist als die der Südhalbkugel, ist die dritte Hypothese, zumindest für kürzere Zeiträume, die wahrscheinlichste. Nach [21] weisen die Nordostpassate eine höhere Varianz auf als die Südostpassate und verstärkten sich in 70er Jahren gegenüber dem vorangegangenen Jahrzehnt.

Eine Kreuz-Spektral-Analyse [9] zwischen dem Index der Südlichen Oszillation (Druckdifferenz Tahiti—Darwin) SOI und der nordhemisphärischen Mitteltemperatur [17] für die Jahre 1935 bis 1981 zeigte maximale Kohärenz zwischen beiden Zeitreihen im Bandbereich um 3,6 Jahre, wobei die Temperatur der Nordhemisphäre dem SOI um 1 bis 3 Monate nachläuft. Dieses Ergebnis korrespondiert sowohl mit früheren Ergebnissen einer Kreuzkorrelation [28] als auch mit dem mittleren Ablauf von ENSO-Ereignissen [31], nach dem die Entwicklung eines ENSO etwa 1 Jahr vor der Hauptphase mit Westwindanomalien im zentralen Pazifik beginnt. Diese fallen nach dem Kreuz-Spektrum mit negativen Temperaturanomalien der Nordhemisphäre zusammen.

Somit kann ENSO als Ausdruck einer negativen Rückkoppelung des Systems Ozean—Atmosphäre aufgefaßt werden, bei der der primäre thermische Effekt (z. B. Abkühlung der Nordhemisphäre durch diabatische Prozesse) dynamische Effekte in der Atmosphäre (Verlagerung und Änderung der Stärke des Subtropenhochs) hervorruft. Diese dynamischen atmosphärischen Effekte können, wenn sie stark genug sind, die äquatoriale Region zu beeinflussen, wo der Coriolisparameter sein Vorzeichen ändert, dynamische Vorgänge im Ozean auslösen (Abwellen anstatt Aufwellen, Verlagerung von Advektionsgebieten). Das damit geänderte Feld der SST wirkt wiederum thermisch zurück auf die Atmosphäre und führt zur die Störung ausgleichenden Erwärmung der Nordhemisphäre über den verstärkten Transport von Wärme in höhere Breiten [10].

5. ENSO und explosive Vulkaneruptionen

Im vorangegangenen Abschnitt wurde die Hypothese aufgestellt, daß eine Abkühlung in hohen Breiten der Nordhemisphäre über die damit verbundene Verstärkung des meridionalen Temperaturgradienten und dessen Auswirkungen auf die Lage und Stärke der Subtropenhochs einen Trigger für ENSO-Ereignisse darstellen kann.

Es ist mit Sicherheit anzunehmen, daß eine Zunahme des stratosphärischen Aerosols zu einer Abnahme der Temperatur an der Erdoberfläche und zur Erwärmung in der unteren Stratosphäre führt. Allerdings können, bedingt durch Variationen der Oberflächenalbedo und der Wolkenstruktur, in der Troposphäre beträchtliche zonale Unterschiede auftreten [2, 11, 20, 23].

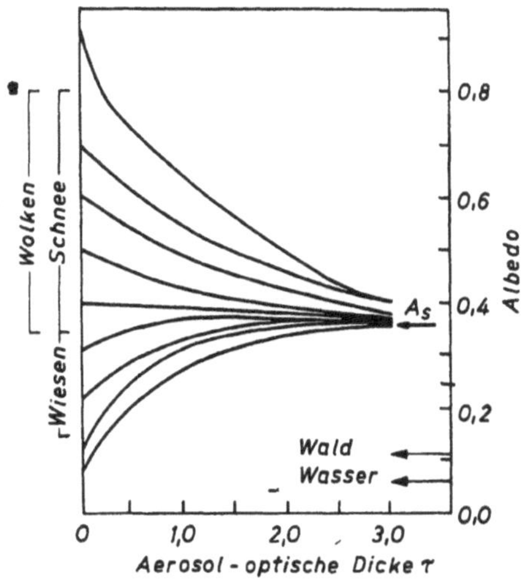

Abb. 5. Abhängigkeit der planetaren Albedo von der optischen Dicke des Aerosols für stratosphärisches Aerosol, A_S = gegenwärtige Albedo, Oberflächenalbedo verschiedener Flächen links bzw. rechts, vereinfacht nach [35]

Tabelle 1
Zusammenhang zwischen ENSO-Jahren, definiert nach QUINN [29] bzw. SCOR [18] und explosiven Vulkanausbrüchen mit VEI ≧ 4, definiert nach [27]

ENSO-Jahr		Vulkan	Monat/Jahr	Position	
QUINN	SCOR				
1900 (3)		Dona Juana	11/1899	1,52	76,93
1902 (3)		Mt. Pelé	5/1902	14,82	−61,17
		Soufriére	5/1902	13,33	−61,18
		Mt. Pelé	5/1902	14,82	−61,17
		Sta. Maria	10/1902	14,75	−91,55
1905 (3)		Thordarhyrna	5/1903	64,27	−17,60
		Tungurahua	4/1905	−1,47	−78,45
		Ksudach	3/1907	51,83	157,52
1911 (4)		Tarumai	4/1909	42,68	141,38
		Taal	6/1911	14,00	121,00
1912 (3)	1912	Katmai	6/1912	58,28	−155,17
1914 (3)		Colima	6/1913	19,42	−103,72
		Sakurazima	6/1914	31,58	130,67
1917 (2)	1917	Agrigan	4/1917	18,77	145,67
1918 (4)					
1919 (3)		Katla	10/1918	63,63	−19,03
		Manam	8/1919	−4,10	145,06
1923 (2)		Puyehne	12/1921	−40,58	−72,10
1925 (4)	1925	Raikoke	2/1924	48,25	153,25
1926 (4)	1926				
1929 (3)		Komaga-Take	6/1929	42,07	140,68
1939 (3)					
1932 (2)		Klijuchevskoj	3/1931	56,18	160,78
		Fuego	1/1932	14,48	−90,88
		Quizapu	4/1932	−35,67	−70,77
1939 (3)		Rabaul	5/1937	−4,27	150,20
1940 (2)	1940				
1941 (4)	1941				
1943 (2)					
1944 (2)					
1946 (1)		Klijuchevskoj	1/1945	56,18	160,78
1948 (1)		Sarychev	11/1946	48,10	153,20
		Hekla	3/1947	63,98	−19,70
1951 (2)		Lamington	1/1951	−8,94	148,17
		Ambryn	9/1951	−16,25	168,08
1953 (3)	1953	Bagana	2/1952	−6,14	155,19
		Mt. Spurr	7/1953	61,30	−152,25
1957 (4)	1957	Nilahue	7/1955	−40,35	−72,07
		Bezymjanny	3/1956	56,07	160,72
1958 (4)	1958				
1963 (1)		Agung	3/1963	−8,34	115,50
		Sheveluch	11/1964	56,78	161,58
1965 (3)	1965	Taal	9/1965	14,00	121,00
—		Kelut	4/1966	−7,93	121,31
—		Oldoinyo Lengai	8/1966	−2,75	35,90
—		Awu	8/1966	3,67	125,50
1969 (2)	1969	Fernandina	6/1968	−0,37	91,55
1972 (4)	1972				
1973 (4)	1973	Tiatia	7/1973	44,35	146,25
1975 (1)	1975	Fuego	10/1974	14,48	−90,88
		Tolbachik	7/1975	55,93	160,47
1976 (3)	1976	Augustine	1/1976	59,37	−153,42
—		Bezymjanny	2/1979	56,07	−160,72
—		St. Helens	5/1980	46,20	−122,18
1982 (4)	1982	Alaid	4/1981	51,0	155,7
		El Chichon	5/1982	17,3	93,2
1983 (4)	1983				

In einer wolkenfreien Atmosphäre kann das stratosphärische Aerosol in Abhängigkeit von der Albedo der Unterlage die planetare Albedo sowohl verstärken als auch reduzieren. Aus Abb. 5 folgt, daß über Gebieten mit geringer Oberflächenalbedo (Wasser, Wald) bei Zunahme der stratosphärischen Aerosolkonzentration die planetare Albedo zunimmt, während z. B. über Schneegebieten eine Abnahme der planetaren Albedo zu erwarten ist. Das bedeutet, daß im Winter im Gebiet der eisfreien nördlichen Ozeane infolge einer höheren Konzentration von stratosphärischem Aerosol ein Temperaturrückgang zu erwarten ist, während über den schneebedeckten Landflächen eine Erwärmung stattfindet. Dies führt zur Unterstützung der Ausbildung von Trögen über den Ozeanen und von Keilen über den Kontinenten, d. h. zur Anregung der stehenden barischen Wellen in der Troposphäre. Gleichzeitig nimmt der meridionale hemisphärische Temperaturgradient über den maritimen Meridianen zu, die Meridionalzirkulation wird dort intensiviert, und die Subtropenhochs verlagern sich äquatorwärts. Entsprechende Temperaturanomalien wurden auf der Nordhemisphäre von LOGINOV [23] gefunden. Neueste Modellrechnungen [25] haben außerdem gezeigt, daß neben der Abkühlung der Nordhemisphäre durch die Aerosolwolke des El Chichon (April 1982) auch die Intertropische Konvergenzzone südwärts verlagert wurde — einer der wesentlichen Punkte der in Abschnitt 4 aufgestellten Hypothese.

In Tabelle 1 sind ENSO-Jahre entsprechend den Definitionen von QUINN et al. [29] bzw. SCOR (Scientific Comittee of Ocean Research) zusammen mit explosiven Vulkaneruptionen mit einem Vulkan-Explosivitäts-Index (VEI) $\geqq$ 4, d. h. mit solchen, die mit hoher Wahrscheinlichkeit Einfluß auf die stratosphärische Aerosolschicht hatten [27], zusammengestellt. Unter der Annahme einer Residenzzeit von vulkanischem Aerosol in der unteren Stratosphäre von 20 bis 40 Monaten wurden dabei jedem ENSO-Jahr die möglichen Triggereruptionen zugeordnet.

Wenn als möglicherweise vulkanisch angeregte ENSOs nur solche gezählt werden, bei denen der Vulkanausbruch maximal zwei Jahre vor dem ENSO-Jahr bis März des ENSO-Jahres selbst erfolgte, ergibt sich, daß von allen 35 nach QUINN et al. [29] definierten ENSO-Jahren seit 1900 26 durch explosive Vulkaneruptionen getriggert sein können. In zwei Fällen (1902 und 1917) erfolgte die Eruption im Mai bzw. April und in zwei weiteren Fällen noch später im Jahr. Damit fallen von insgesamt 35 nur fünf ENSO-Jahre nicht zeitlich mit vulkanischen Eruptionen zusammen (1940, 1941, 1943, 1944, 1972). Von den 18 ENSO-Jahren gemäß der SCOR-Definition sind derart 16 mit Vulkanausbrüchen gekoppelt, nur drei folgen nicht auf Störungen der stratosphärischen Aerosolschicht.

Von allen 45 Vulkanausbrüchen mit VEI $\geqq$ 4 seit 1899 (die Serie Mt. Pelé, Soufriére und Mt. Pelé im Mai 1902 wird als ein Ereignis gezählt) erfolgte nur in fünf Fällen aus drei Jahren kein ENSO nach der Definition von QUINN et al. [29] innerhalb von zwei Jahren: 1907 Ksudach; 1966 Kelut, Oldoinoyo Lengai, Awu; 1979 Bezymjanny.

Die „Trigger-Eruptionen" treten etwa zu gleichen Teilen allein in tropischen, allein in gemäßigten Breiten oder in beiden Regionen gleichzeitig auf.

Ein relativ zuverlässiger Parameter für die Südliche Oszillation als dem atmosphärischen Teil des ENSO-Phänomens existiert erst seit 1935 mit der Anomalie der Boden-Druckdifferenz Tahiti minus Darwin. Anhand dieses Materials lassen sich einige Vulkaneruptionen finden, die eindeutig vor einem Vorzeichenwechsel des SOI stattfanden. Es handelt sich dabei um die extratropischen Eruptionen der Vulkane Kljushevskoj (1/1945), Sarychev (11/1946) und Hekla (3/1947), Bezymjanny (3/1956), Tolbachik (7/1975) und Alaid (4/1981), denen jeweils nach etwa einem Jahr ein andauernder Vorzeichenwechsel des SOI folgte. Ein solcher, das ENSO-Jahr 1965 einleitender Umschlag des SOI erfolgte nach der Eruption des Sheveluch (11/1964) bereits nach einem Monat. Hierbei ist zu beachten, daß im Jahre 1964 die Aerosolwolke, die vom Ausbruch des Agung (3/1963) stammte, in hohe Breiten driftete und dort besonders wirksam wurde [23]. Im Gegensatz dazu erfolgte auf die eindeutig abgrenzbaren tropischen Eruptionen Lamington (1/1951), Agung (3/1963), Fernandina (6/1968) und El Chichon (4/1982) ein Vorzeichenwechsel des SOI sehr rasch nach 0 bis 5 Monaten. Im Falle des El Chichon ist wieder die Überlagerung mit den Auswirkungen des Alaid-Ausbruches von 1981 zu beachten.

Mit diesen Ergebnissen treten bisher unbeachtete Schwierigkeiten bei der Interpretation der Auswirkung sowohl eruptiver Vulkanausbrüche auf das Klima als auch bei der Untersuchung der Telekonnektionen, die von Erwärmungen des äquatorialen Pazifik ausgehen, zutage. Offenbar handelt es sich in den meisten Fällen um Überlagerungen von Effekten beider Phänomene. Zusätzlich ist zu beachten, daß ENSO offenbar nicht unabhängig von eruptiven Vulkanausbrüchen ist.

Eine klare Unterscheidung der Einzeleffekte mit klimadiagnostischen Methoden ist derzeit nur bedingt möglich und erfordert in jedem Falle eine Untersetzung durch Modellexperimente. Da gegenwärtig dem Problem angepaßte Modelle der allgemeinen Zirkulation mit interaktiver Ozean—Atmosphäre-Koppelung sowie mit ausreichend guter Behandlung der Strahlungsprozesse nicht verfügbar sind, müssen zumindest Teilmodelle angesetzt und deren Ergebnisse mit den Beobachtungen aus gut belegten Falluntersuchungen verglichen werden.

Literatur

[1] ANGELL, J. K.: Comparison of variations in atmospheric quantities with sea surface temperature variations in the equatorial eastern Pacific. Mon. Wea. Rev. **109** (1981), 230 to 243.

[2] ANGELL, J. K.; KORSHOVER, J.: Surface temperature changes following six major volcanic episodes between 1780 and 1980. Mon. Wea. Rev. **113** (1985), 937—951.

[3] BERLAGE, H. P.: The Southern Oscillation and world weather. Kgl. Ned. Inst., Meded. Verh. **88** (1966), 152 p.

[4] BJERKNES, J.: A possible response of the atmospheric Hadley circulation to equatorial anomalies of ocean temperature. Tellus **18** (1966), 820—829.

[5] Bjerknes, J.: Atmospheric teleconnections from the equatorial Pacific. Mon. Wea. Rev. **97** (1969), 163—172.

[6] Doberitz, R.: Cross spectrum analysis of rainfall and sea temperature at the equatorial Pacific ocean. Bonner Meteorol. Abhandl. **8** (1968) 61 S.

[7] Fu, C.: Low-frequency coupled air-sea oscillation in the tropical Pacific. Tropical Ocean-Atmosphere Newsletter, 15, Jan 1983, 5—6.

[8] Fu, C.; Fletcher, J. O.: The role of the surface heat source over Tibet in interannual variability of the Indian summer monsoon. Tropical Ocean-Atmosphere Newsletter, 14, Nov. 1982, 6—7.

[9] Graf, H.-F.: Eine globale Eigenschwingung des Systems Ozean—Atmosphäre. Z. Meterorol. **35** (1985), 223—226.

[10] Graf, H.-F.: On el Niño/Southern Oscillation and northern hemispheric temperature. Gerlands Beitr. Geophys. **95** (1986), 63—75.

[11] Groismann, P. Ja.: Regional'nye klimaticheskije posledstvija vulkanicheskich izvershenij. Meteorol. i Gidrol., H. 4 (1985), 39—45.

[12] Hastenrath, S.; Wu, M. C.: Oscillations of upper-air circulation and anomalies in the surface climate of the tropics. Arch. Met. Geoph. Biokl., Ser. B, **31** (1982), 1—37.

[13] Heddinghaus, T. R.; Krüger, A. F.: Annual and interannual variations in outgoing longwave radiation over the tropics. Mon. Wea. Rev. **109** (1981), 1208—1218.

[14] Hildebrandson, H. H.: Quelques recherches sur les centres d'action de'l atmosphére. Kon. Svenska Vetens. — Akad. Handl. **29** (1897), 1—36.

[15] Horel, J. D.: The annual cycle of the tropical Pacific atmosphere and ocean. Mon. Wea. Rev. **110** (1982), 1863—1878.

[16] Humboldt, A. v., 1810: Recueil d' observations astronomiques d' operations trigonometriques et de measures barometriques, faites pendant le cours d' un voyage aux regions équinoxiales du nuveau continent depuis 1799 jusqu' en 1803. (Zit. in M. J. Lobell, Some observations on the Peruvian coastal current. Trans. Am. Geophys. Union, **2** (1942), 332 to 336).

[17] Jones, P. D. et al.: Variations in surface air-temperature, Part 1: Northern hemisphere 1880—1980. Mon. Wea. Rev. **110** (1982), 59—70.

[18] Jordan, R.: Preliminary report of the 1982—83 niño effects in Equador and Peru. Tropical Ocean-Atmosphere Newsletter, 19, July 1983, 8—9.

[19] Keen, R. A.: The role of cross-equatorial tropical cyclone pairs in the Southern Oscillation. Mon. Wea. Rev. **110** (1982), S. 1405.

[20] Labitzke, K.; Nanjokat, B.: On the variability and on trends of the temperature in the middle stratosphere. Contr. Phys. Atmosph. **56** (1983), 495—507.

[21] Legler, D. M.: Empirical orthogonal function analysis of wind vectors over the tropical Pacific region. Bull. Amer. Meteor. Soc. **64** (1983), 234—241.

[22] Lockyer, N.; Lockyer, W. J. S.: The behaviour of the short-period atmospheric pressure variation over the earths surface. Proc. Royal Society, London, No. 73 (1904) 457—470.

[23] Loginov, V. F.: Vulkanicheskije izvershenija i klimat. Gidrometeoizdat, Leningrad, 1984, 64 S.

[24] McCreary, J.: Eastern tropical ocean response to changing wind systems with application to El Niño. J. Phys. Oceanogr. **6** (1976), 632—645.

[25] McCracken, M. C.; Luther, F. M.: Preliminary estimate of the radiative and climate effects of the El Chichon eruption. Geofisica International, **23** (1984), 385—402.

[26] Meyers, G.; Dougney, J. R.: Was there a build-up in the western Pacific? Tropical Ocean—Atmosphere Newsletters, 16, Febr. 1983, 8—9.

[27] Newhall, C. G.; Self, S.: The volcanic explosivity index (VEI): An estimate of explosive magnitude for historical volcanism. J. Geophys. Res. **87** (1982), No. C 2, 1231—1238.

[28] Oort, A. H.: Climate variability — some observational evidence. In: Physical basis for climate prediction. Proc. Conf. Leningrad, 13.—17. Sept. 1982, WMO-WCP No. 47, 1—24.

[29] Quinn, W. H. et al.: Historical trends and statistics of the Southern Oscillation, El Niño and Indonesian droughts. Fishery Bulletin, **76** (1978), 663—678.

[30] Rasmusson, E. M.: El Niño and variations in climate. American Scientist, **73** (1985), 169—177.

[31] Rasmusson, E. M.; Carpenter, T. H.: Variations in tropical sea surface temperature and surface wind fields associated with the Southern Oscillation/El Niño. Mon. Wea. Rev. **110** (1982), 354—384.

[32] Rasmusson, E. M.; Wallace, J. M.: Meteorological aspects of the El Niño/Southern Oscillation. Science **222** (1983), 1195—1202.

[33] Shukla, J.; Wallace, J. M.: Numerical simulation of the atmospheric response to equatorial, Pacific sea surface temperature anomalies. J. Atm. Sci. **40** (1983), 1613—1630.

[34] Simon, K.: El Niño — Motor des Weltklimas. Naturwiss. Rdsch. **37** (1984), 497—499.

[35] Spänkuch, D.: Die Rolle des Aerosols im Klimasystem. Aus d. Arbeit Plenum u. Kl. AdW DDR, AdW d. DDR, WIZ, Berlin, **9** (1984) 8, S. 98—117.

[36] Troup, A. J.: The Southern Oscillation. Quart. J. Roy. Meteor. Soc. **91** (1965), 490—506.

[37] Walker, G. T.: Correlation in seasonal variations of weather, No. 9: A further study of world weather. Mem. India Meteorol. Dept. **24** (1924), 275—332.

[38] Walker, G. T.; Bliss, E. W.: World Weather No. 5. Mem. Royal Meteorol. Soc. **4** (1932), 53—84.

[39] Wyrtki, K.: El Niño — the dynamic response of the equatorial Pacific ocean to atmospheric forcing. Journ. Phys. Oceanogr. **5** (1975), 572—584.

Zur Untersuchung rezenter Klimaänderungen im Gebiet der DDR[1])

von G. HELBIG

Zusammenfassung

Die Untersuchungen in der vorliegenden Arbeit sind darauf gerichtet, das Ausmaß und den zeitlichen Ablauf rezenter Klimaänderungen im Gebiet der DDR zu erfassen. Die Schwerpunkte liegen dabei auf der Ermittlung

- von statistisch signifikanten sowie volkswirtschaftlich relevanten klimatischen Veränderungen,
- der Variationsbreite des Klimaregimes,
- von Zusammenhängen des Klimaverlaufes im Beobachtungsgebiet mit großräumigeren Entwicklungen sowie der Erfassung regionaler Besonderheiten,
- von langzeitlichen Variationen im Witterungsablauf.

Etwa 70- bis 90jährige Zeitreihen von täglichen Beobachtungswerten an den Stationen Schwerin, Potsdam, Halle-Stadt, Jena und Wahnsdorf gestatten die Rekonstruktion des Klimaverlaufes im Untersuchungsgebiet. Die zur Charakterisierung der Lufttemperatur-, Niederschlags-, Bewölkungs-, Wind- und Schneedeckenverhältnisse ausgewählten Datenreihen werden hinsichtlich ihrer Homogenität überprüft.

Für das Gebiet der DDR lassen sich drei jeweils rund 25 bis 35 Jahre umfassende Zeitabschnitte voneinander abgrenzen. So war der Zeitraum von der Jahrhundertwende bis zum Ende der 20er Jahre unseres Jahrhunderts durch ausgesprochen maritime Klimaverhältnisse mit verstärkter Zonalzirkulation, überwiegend kühlen Sommern und milden Wintern sowie einer überdurchschnittlichen Niederschlagshäufigkeit gekennzeichnet. Mit der Umstellung zu stärker meridional geprägten Strömungsverhältnissen folgte eine bis Mitte der 50er Jahre andauernde kontinentale Klimaperiode, die durch eine größere Eintrittshäufigkeit warmer Sommer und sehr strenger Winter sowie einer verminderten Niederschlagshäufigkeit ausgezeichnet war. Im dritten Zeitabschnitt herrschten wechselnde, zunächst kontinentale und anschließend infolge der milden Winter in den 70er Jahren maritime Verhältnisse vor. Die Untersuchungsergebnisse belegen das Auftreten ganz unterschiedlicher Erscheinungsformen von klimatischen Veränderungen sowie ihre jahreszeitlich und gebietsmäßig differenzierte Ausprägung.

Besonderes Interesse gilt Betrachtungen zur zeitlichen Struktur des Witterungsablaufes. Detaillierte Auskunft hierzu geben Untersuchungen der Vegetationsperiode im Hinblick auf ihre Eintrittsdaten sowie auf relevante Veränderungen des Temperatur- und Feuchtemilieus. Des weiteren erfolgen Analysen von Frostgefährdung und Schneedeckenverhältnissen. Anhand der Gegenüberstellung des Witterungsverlaufes von bezüglich ihrer Mitteltemperatur extremen Jahreszeiten lassen sich Zusammenhänge zwischen langzeitlichen Variationen der mittleren klimatischen Bedingungen sowie den Änderungen im Witterungsablauf aufzeigen. Wie Untersuchungsergebnisse aufgrund des Vergleiches der Eintrittshäufigkeiten von Witterungsereignissen und Großwettertypen für jeden Tag belegen, sind die extremen Winter und Sommer jeweils durch typische Witterungsphasen gekennzeichnet.

Die Entwicklung des jährlichen Temperaturverlaufes in natürliche orthogonale Funktionen ermöglicht die Analyse des Jahresganges der Lufttemperatur sowie seiner langzeitlichen Änderungen. Mit Hilfe dieser Methode können Veränderungen von Ausmaß und Eintrittszeiten markanter Witterungsregelfälle dokumentiert werden. Es erscheint durchaus aussichtsreich, das Verfahren auf weitere Klimaparameter und insbesondere auf deren Kombinationen anzuwenden, um den Witterungsverlauf umfassender zu charakterisieren.

[1]) Der ausführliche Beitrag erscheint in einer der nächsten Nummern der Abhandlungen des Meteorologischen Dienstes der DDR.

Contributions on the investigations in recent climatic changes in the area of the GDR

Summary

It is the aim of the present study to record the scale and temporal process of recent climatic changes in the area of the GDR. Focal points are the tracing of

- statistically significant and economically relevant climatic changes;
- the scale of variation of the climatic regime;
- correlations of the climatic processes in the area observed and large-scale developments as well as the record of regional special characteristics;
- long-term variations of the weather.

Records of observation values measured at the stations of Schwerin, Potsdam, Halle-Stadt, Jena and Wahnsdorf over 70 to 90 years enable the reconstruction of the climatic processes in the area of observation. The data series selected to characterize the conditions of air temperature, precipitation, distribution of the cloud cover, wind and covering of snow are examined as to their homogeneity.

For the area of the GDR, three periods of time covering 25 to 35 years each can be delimited. The period from the turn of the century till the end of the twenties of our century was characterized by really maritime climatic conditions with intensive zonal circulation, mainly cool summers and mild winters as well as above-average precipitation frequency. This was followed by a period of continental climate lasting till the middle of the fifties, which was due to more meridional streaming conditions and characterized by a larger number of warm summers and very cold winters as well as a reduced precipitation frequency. During the third period, continental and then — as a result of the mild winters in the seventies — maritime conditions prevailed. The findings show the occurrence of entirely different climatic changes as well as their different degrees with respect to seasons and areas.

The temporal structure of the weather is of special interest. Investigations in the start of the vegetation period as well as relevant changes in the temperature and humidity conditions give detailed information on this. Furthermore, there are analyses of the danger of frost and of the snow covering. On the basis of a comparison of the weather of seasons which are extreme with respect to their mean temperature, correlations can be shown between the mean climatic conditions and changes of the weather. As the findings resulting from the comparison of the frequency of occurrance of weather events and general weather types for every day prove, the extreme winters and summers are characterized by typical weather phases.

The development of the annual temperature curve by natural orthogonal functions enables the analysis of the annual curve of the temperature of the air as well as of its changes in the long term. With the help of this method, changes in the extent and times of occurrance of marked weather conditions can be recorded. It really seems to be promising to apply this procedure to other climatic parameters and especially to the combinations of them in order to characterize the process of the weather more comprehensively.

К исследованию современных изменений климата на территории ГДР

Резюме

Исследования настоящей работы направлены на то, чтобы охватить масштабность и протекание во времени современных изменений климата на территории ГДР. Главная задача состояла в определении

— статистически и с точки зрения народного хозяйства значительных климатических изменений,
— ширины вариации климатического режима,
— связей изменений климата в районе наблюдений с развитием климата в более обширном регионе, а также местных особенностей,
— долгосрочных вариаций в развитии климата.

Ряды результатов ежедневных наблюдений за 70—90 лет на станциях в Шверине, Потсдаме, Галле, Иене и Вансдорфе сделали возможной реконструкцию развития климата в районе наблюдений. Ряды данных, выбранные для характеристики температуры воздуха, осдаков, облачности, ветра и снежного покрова, были проверены относительно их однородности.

Для территории ГДР можно разграничить три временные периода протяженностью 25—35 лет каждый. Так, период с начала нашего века до конца 20-х годов характеризовался четко выраженным морским климатом с усиленной зональной циркуляцией, преобладанием прохладной летней погоды и умеренных зим, а также необычайно высокой частотой осадков. С переходом к более меридиональному течению последовал период континентального климата, продлившийся до середины 50-х годов и обозначенный большей частотой появления жаркой летней погоды и очень суровых зим, а также пониженной частотой осадков. В третий период преобладал изменчивый, сначала континентальный, а потом — вследствие умеренных зим 70-х годов — морской климат. Результаты исследований подтверждают появление весьма различных форм климатических изменений, а также их по сезонам и по районам разную выраженность.

Особый интерес представляют наблюдения временной структуры метеорологического процесса. Подробные сведения об этом дают исследования вегетационного периода относительно дат наступления и температуры и влажности среды. Кроме того имеет место анализ морозных угроз и условий снежного покрова. При помощи противопоставления сезонов, отличающихся крайней средней температурой, можно установить связи между долгосрочными вариациями средних климатических условий и изменениями метереологического процесса. Как подтверждают резулбтаты исследований на основе сравнения, проводимого для каждого отдельного дня, частоты наступления метереологических явлений и общих типов погоды, крайние зимние и летние сезоны характеризуются всегда типичными фазами погоды.

Представление меняющейся в течение года температуры в виде естественных ортогональных функций делает возможным анализ годового развития температуры и его долгосрочных изменений. Посредством этого метода возможна документация изменений масштабности и времен наступления характерных регулярных погодных явлений. Представляется весьма перспективным распространять этот метод и на другие климатические параметры и их комбинации, чтобы более полно охарактеризовать метеорологический процесс.

Abh. Meteorol. Dienstes DDR Nr. 140 (1988)

Zum Nachweis anthropogener Einflüsse auf Zeitreihen der Lufttemperatur

von A. HELBIG

Zusammenfassung

Die Beobachtungen in Berlin-Innenstadt, Halle-Stadt und Potsdam-Telegrafenberg wurden benutzt, um den anthropogenen Einfluß auf die Lufttemperatur im Stadtgebiet zu zeigen. Deutlich erkennbar ist der Wärmeinsel-Effekt. Auch im Betrag der interdiurnen Veränderlichkeit und in den empirischen Verteilungsfunktionen der interdiurnen Veränderung der Lufttemperatur treten signifikante Unterschiede auf.

Summary

The observations in Berlin-Innenstadt, Halle-Stadt und Potsdam-Telegrafenberg are used to show the anthropogenic impact on air temperature in urban areas. Clearly visible is the heat island effect. There are differences in the amount of interdiurnal variability and in the empirical frequency distributions of interdiurnal variations of air temperature also.

Резюме

Наблюдение на станции Берлин-Йнненштадт, Галле-Штадт и Потсдам-Телеграфенберг использовались, чтобы показать антропогенное влияние на температуру воздуха в городах. Хорошо видно эффект острова тепла. Также в величинах междусуточной изменчивости и в функциях емпирических распределений значительные разницы.

1. Einleitung

Aufgabe der Klimadiagnostik ist es nach BERNHARDT [3], aus der Beobachtung und der anschließenden mathematisch-statistischen Beschreibung des Verhaltens des klimatischen Systems, seiner Teilsysteme und Komponenten Rückschlüsse auf die Wahrscheinlichkeitsverteilung der Zustände des Systems zu ziehen. Man gelangt somit zu einer statistischen Charakterisierung des Verhaltens der Atmosphäre, die implizit auch die Wirkungen anthropogener Eingriffe von lokaler bis globaler Größenordnung enthält.

Über den regionalen Bereich hinausgehende anthropogene Einflüsse auf das klimatische System sind wegen der Existenz vielfacher Eingriffe und Wechselwirkungen und wegen der natürlichen Variabilität des Klimas selbst allerdings schwer festzustellen [10].

Urbanisierung und industrielle Produktion als gegenwärtige Hauptformen anthropogener Einwirkung haben neben der radikalen Änderung der Struktur der Erdoberfläche über die Freisetzung von Abwärme sowohl bei der Energieproduktion als auch beim Energieverbrauch und die Emission gasförmiger und fester Abprodukte eine permanente und nachweisbare Modifikation der atmosphärischen Grenzschicht über und im Lee von Städten und industriellen Ballungsräumen zur Folge.

Der langzeitlichen Entwicklung und Ausprägung des Stadtklimas, insbesondere bezüglich der Erhöhung der Lufttemperatur gegenüber dem Umland, schenkt man in der Klimadiagnostik bei der Trennung von natürlichen und anthropogen bedingten Klimamodifikationen besondere Beachtung. Die Mehrzahl der verfügbaren langen meteorologischen Reihen ist in ihrem Wert sowohl durch Stationsverlegungen und Änderungen der Beobachtungstechnik als auch dadurch beeinträchtigt, daß sich die ursprüngliche „Freilandstation" infolge des Wachstums der Städte immer mehr zur „Stadtstation" entwickelte und die Meßreihen in zunehmendem Maße durch das Stadtklima geprägt wurden. Damit erhebt sich die Frage, inwieweit Temperaturtrends, die aus diesen langen Reihen abgeleitet wurden, repräsentativ für ein größeres Gebiet sind. Wie DRONIA [5] und LANDSBERG [9] anschaulich zeigen, kann der globale Temperaturtrend völlig vom anthropogen bedingten Trend (Intensivierung der urbanen Temperaturanomalie im Verlaufe des Stadtwachstums) überlagert sein [13].

2. Trend der Lufttemperatur in Stadt und Umland

Zum Nachweis anthropogen bedingter Klimamodifikationen benötigt man meteorologische Zeitreihen räumlich benachbarter Stationen. Als solche wurden in der vorliegenden Arbeit die Temperaturreihen für Berlin-Innenstadt, Berlin-Ostkreuz, Potsdam-Telegrafenberg und Halle-Stadt verwendet.

Die Messungen der Lufttemperatur im Stadtgebiet von Berlin lassen sich bis in das Jahr 1712 zurückverfolgen und zählen zu den ältesten in Mitteleuropa [1]. Vor 1900 wechselten die Beobachtungsorte häufig, und sowohl die Qualität als auch die Zeitdauer der Beobachtung an einem oder gleichzeitig an mehreren Standorten wiesen erhebliche Unterschiede auf. Diese zeitlich parallelen Teilreihen boten jedoch schon frühzeitig die Möglichkeit, die Änderung der Temperaturverhältnisse in der Stadt nachzuweisen [14].

Für das Beobachtungsgebiet „Berlin-Innenstadt", das etwa dem Stadtkern entspricht, wurde aus den vorliegenden Teilreihen eine reduzierte Reihe der Tagesmittel der Lufttemperatur gebildet und für den Zeitraum 1766 bis

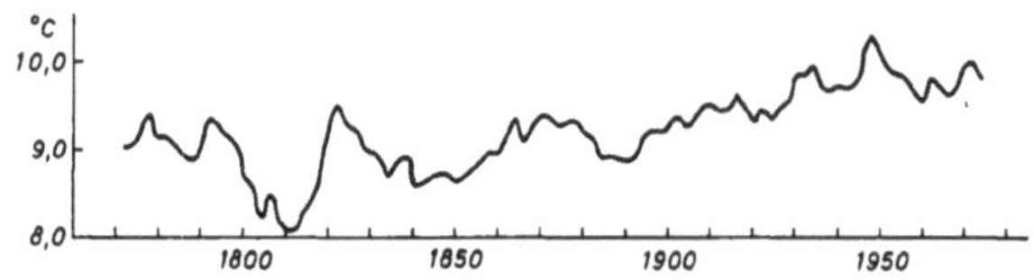

Abb. 1. 11jährig gleitend gemittelte Jahresmittelwerte der Lufttemperatur in Berlin-Innenstadt 1766—1980

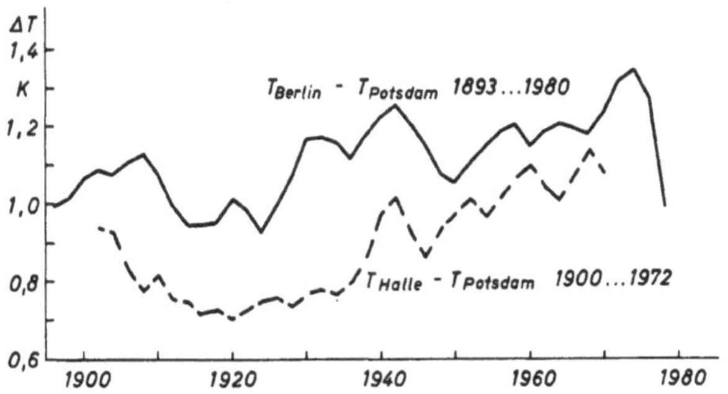

Abb. 2. Differenzen der Jahresmittel der Lufttemperatur zwischen Berlin-Innenstadt und Potsdam-Telegrafenberg bzw. Halle-Stadt und Potsdam-Telegrafenberg, 5jährig gleitend gemittelt

1934 veröffentlicht [8]. Diese Reihe diente als Basisreihe. Sie wurde bis zum Jahre 1980 mittels der Differenzenmethode auf der Grundlage der Messungen in Berlin-Dahlem (Westberlin), Potsdam-Telegrafenberg und Berlin-Ostkreuz ergänzt [7].

Die Darstellung der 11jährig gleitend gemittelten Jahresmittel der Lufttemperatur in Berlin-Innenstadt zeigt einen in der Mitte des vorigen Jahrhunderts einsetzenden positiven Trend, der natürliche und auch anthropogene Ursachen haben kann (Abb. 1).

Dieser Trend nimmt sowohl in einzelnen Zeitabschnitten als auch in den einzelnen Monaten unterschiedliche Beträge an. Im Vergleich der Mittelwerte für den Zeitraum 1951—1975 mit denen früherer Perioden liegen die Abweichungen mit wechselndem Vorzeichen im Januar höher als im Juli. Aber auch in bezug auf den Jahresmittelwert erweist sich die heutige Praxis als gerechtfertigt, statt eines langen Bezugszeitraums (wie z. B. die „Normalperiode" 1901—1950) kürzere Zeiträume für solche klimatologischen Aussagen zu wählen, die zur Extrapolation verwendet werden (Tab. 1).

Bildet man die entsprechenden Differenzen ΔT(Jul.) bis ΔT(Jan.) für jeden Zeitraum, so gewinnt man eine Übersicht über die Veränderung der thermischen Kontinentalität gegenüber dem Bezugszeitraum. In der Periode von 1766—1850 trug das Klima im Raum Berlin wesentlich kontinentalere Züge, während im Zeitraum 1901 bis 1925 es deutlich maritimer geprägt war (s. u.).

Bildet man die Differenz zwischen den Jahresmitteln der Lufttemperatur von Berlin-Innenstadt und den Jahresmitteln einer anthropogen unbeeinflußten Umland-Station, so läßt sich damit der von natürlichen Ursachen herrührende Trend eliminieren. Ausgewählt wurde die Station Potsdam-Telegrafenberg, an der seit 1893 Beobachtungen vorliegen.

Die 5jährig gleitend gemittelten Differenzen zwischen den Jahresmitteln von Berlin-Innenstadt und Potsdam lassen zwischen 1893 und 1980 einen deutlichen Anstieg erkennen, der der Stadtentwicklung zugeschrieben werden kann. Das gleiche gilt für die Differenzen zwischen den Jahresmittelwerten von Halle (Station im Stadtzentrum gelegen) und von Potsdam im Zeitraum 1900 bis 1972 (Abb. 2).

Legt man in erster Näherung einen linearen Trend zugrunde, ergibt sich für den Betrag der urbanen Temperaturanomalie ΔT in Berlin folgende Gleichung der Ausgleichsgeraden:

$$\Delta T(\text{Berlin—Potsdam}) = 0{,}9987 + 0{,}0025 \cdot t\,(\text{K}), \qquad (1)$$

t — Anzahl der Jahre seit 1893.

Die langperiodischen Schwankungen von ΔT für beide Stationspaare entstehen unter dem Einfluß von Schwankungen der allgemeinen Zirkulation, die über veränderte mittlere Bedeckungsgrade und Windgeschwindigkeiten den Wärmeinseleffekt modifizieren. Die markante negative Abweichung der Temperaturdifferenzen zwischen 1910 und 1930 vom langjährigen Mittelwert ist mit einer verstärkten Zonalzirkulation (maritime Periode) verbunden, während anschließend meridionale Zirkulationsformen wieder dominieren [4, 12, 16].

Tabelle 1

Abweichung (K) 25jähriger Mittelwerte der Lufttemperatur aufeinanderfolgender Zeiträume vom Mittelwert 1951—1975 (°C) in Berlin-Innenstadt

Periode	ΔT (Januar)	ΔT (Juli)	ΔT (Jahr)	ΔT (Juli)—ΔT (Jan.)
1766—1800	—1,77	+0,12	—0,75	+1,89
1801—1825	—2,32	—0,95	—1,16	+1,37
1826—1850	—2,94	—0,55	—1,05	+2,39
1851—1875	+0,13	—0,18	—0,68	—0,31
1876—1900	—0,73	—0,47	—0,67	+0,26
1901—1925	+0,53	—0,33	—0,41	—0,86
1926—1950	—0,17	+0,52	+0,07	+0,69
1951—1975	0,13 °C	19,30 °C	9,81 °C	

3. Interdiurne Veränderlichkeit und interdiurne Veränderungen

Eine weitere Möglichkeit, den anthropogenen Einfluß auf Temperaturreihen zu quantifizieren, bildet die Berechnung der interdiurnen Veränderlichkeit (i. V.) als absoluter Betrag der Differenzen der betreffenden Größe an aufeinanderfolgenden Tagen. Mit Berücksichtigung des Vorzeichens erhält man dagegen die Werte der interdiurnen Veränderung.

Aus den Tagesmitteln der Lufttemperatur der Reihen Berlin-Innenstadt und Potsdam ergeben sich für den Zeitraum 1. 1. 1893—31. 12. 1980 folgende Mittelwerte der interdiurnen Veränderlichkeit:

Berlin-Innenstadt	1,85 K
Potsdam-Telegrafenberg	1,90 K .

Der niedrigere Wert für Berlin-Innenstadt ist eine Folge der größeren thermischen Trägheit des Stadtgebietes, die auf der größeren Wärmeleitfähigkeit, der größeren Wärmekapazität und der vergrößerten aktiven Oberfläche der Bausubstanz basiert.

Dieses Verhalten spiegelt sich auch in den empirischen Häufigkeitsverteilungen der interdiurnen Temperaturveränderungen wider, die sich innerhalb der Grenzen von $-6{,}5$ K bis $+6{,}5$ K und einer Klassenbreite von 0,5 K zwischen Stadt und Umland statistisch signifikant unterscheiden (Irrtumswahrscheinlichkeit $\beta = 1\%, \chi^2 = 50{,}5$).

Besonders bei großen interdiurnen Temperaturänderungen kommt der urbane Dämpfungseffekt deutlich zur Wirkung (Tab. 2).

Tabelle 2
Relative Häufigkeiten (%) interdiurner Temperaturveränderungen in Berlin-Innenstadt und Potsdam, 1893—1980

Reihe	$\Delta T < -3{,}5$ K	$\Delta T \geqq 3{,}5$ K
Berlin-Innenstadt	6,7	6,4
Potsdam-Telegrafenberg	7,2	7,1

Der zeitliche Verlauf der interdiurnen Veränderlichkeit, dargestellt an den Jahresmitteln für Berlin-Ostkreuz (i. V. = 1,71 K) und Potsdam (i. V. = 1,76 K) im Zeitraum 1967—1980 (Abb. 3), ist zirkulationsbedingten Schwankungen unterworfen, die in beiden Reihen synchron auftreten. In einer dazu analogen Gegenüberstellung der Reihen von Berlin-Innenstadt und Potsdam stellte Bartels [2] ab etwa 1910 eine Verringerung des Unterschiedes der i. V. fest und begründete dies mit Veränderungen an der Stadtion Potsdam-Telegrafenberg (aufwachsender Baumbestand). Der Zeitraum der deutlichen Veränderung des Betrages der i. V. in Berlin-Innenstadt fällt jedoch mit dem Beginn der Ergänzung der Reihe auf der Basis der Daten von Berlin-Dahlem (Westberlin) zusammen. Da nach den Ergebnissen einer anderen Untersuchung des spektralen Verhaltens dieser Reihe [11] sich in eben diesem Zeitraum auch die spektralen Eigenschaften ändern, liegt die Vermutung nahe, daß bei der Ergänzung von Temperaturreihen mit dem Differenzenverfahren Eigenschaften, wie die interdiurne

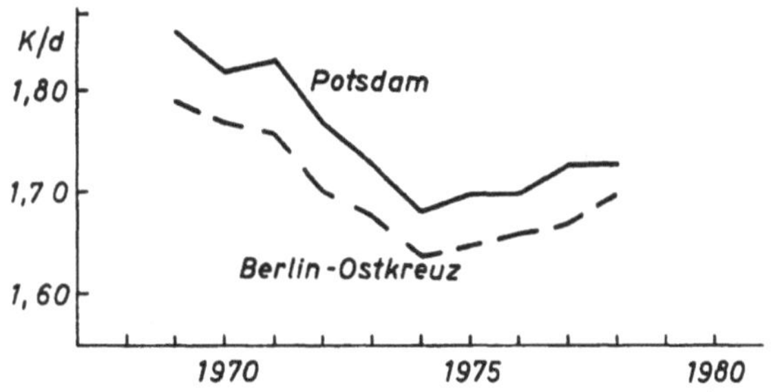

Abb. 3. Jahresmittel der interdiurnen Veränderlichkeit der vierterminigen Tagesmittel der Lufttemperatur in Berlin-Ostkreuz und Potsdam-Telegrafenberg, 5jährig gleitend gemittelt

Veränderlichkeit u. a., Veränderungen erfahren können. Zur Klärung dieses Sachverhaltes sind weitere Untersuchungen vorgesehen, da nicht in allen Monaten eine solche Verringerung des Unterschiedes der i. V. auftritt.

Bei der Interpretation unterschiedlicher Werte der i. V. an zwei benachbarten Stationen als Zeichen anthropogener Einflüsse muß auch dem Berechnungsverfahren des Tagesmittels der Lufttemperatur Beachtung geschenkt werden. Im Meteorologischen Dienst der DDR erfolgte am 1. 1. 1967 eine Umstellung vom bisher dreiterminigen Mittel (Beobachtungstermine: 7^h, 14^h, 21^h) auf das vierterminige (Beobachtungstermine: 1^h, 7^h, 13^h, 19^h) bzw. achtterminige Mittel.

Aus den für die Station Potsdam-Telegrafenberg vorliegenden stündlichen Werten für den Zeitraum 1893 bis 1980 wurden drei-, vier- und achtterminige Tagesmittel der Lufttemperatur und daraus die entsprechenden Mittelwerte der i. V. berechnet (Tab. 3).

Tabelle 3
Langjährige Mittelwerte aus drei-, vier- und achtterminigen Tagesmitteln der Lufttemperatur und entsprechend Mittelwerte der interdiurnen Veränderlichkeit (i. V.) für Potsdam 1893—1980

Mittelwert	i. V.	$\bar{T}$
dreiterminig	1,92 K	8,54 °C
vierterminig	1,81 K	8,45 °C
achtterminig	1,80 K	8,50 °C

Man sieht, daß der Unterschied zwischen den i. V. aus drei- und vierterminigen Mitteln an einer Station in der Größenordnung jener Differenz liegt, die durch anthropogene Einflüsse zustandekommt. Der Unterschied zwischen den jeweiligen empirischen Häufigkeitsverteilungen ist mit $\beta = 1\%$ statistisch gesichert ($\chi^2 = 44{,}3$).

Die Verringerung des Betrages der i. V. beim vierterminigen gegenüber dem dreiterminigen Mittel entsteht offenbar dadurch, daß die i. V. der Nachttemperaturen niedriger ist als die der Lufttemperaturen tagsüber.

In den oben diskutierten Berechnungen für Berlin-Innenstadt und Potsdam wurden in beiden Reihen zwischen 1893—1966 dreiterminige und ab 1967 vierterminige Mittelwerte verwendet.

Gleichartige Analysen wurden auch für das Stationspaar Halle (Stadt) und Potsdam für den Zeitraum 1900 bis 1972 an dreiterminigen Mittelwerten vorgenommen. Qualitativ bestätigt sich auch hier der dämpfende Einfluß eines Stadtgebietes auf die i. V. (Mittelwerte: Halle 1,88 K, Potsdam 1,92 K).

Die Auszählung der Andauer positiver bzw. negativer Temperaturänderungen liefert das zu erwartende Resultat, daß in der Stadt die Häufigkeit kurzperiodischer Wechsel des Vorzeichens der Temperaturänderung verringert wird (Tab. 4).

Tabelle 4
Absolute Häufigkeit unterschiedlicher Iterationslängen positiver und negativer Änderungen des Tagesmittels der Lufttemperatur in Halle und Potsdam, 1900—1972

Länge der Iteration	pos. ΔT		neg. ΔT	
	Halle	Potsdam	Halle	Potsdam
1	2696	2832	2631	2801
2	1867	1943	1922	1968
3	980	943	991	999
4	488	480	463	423
5	199	198	201	169

Bei der Suche nach anthropogen bedingten Klimafluktuationen kann die Einbeziehung weiterer meteorologischer Größen als Nebenbedingungen dazu beitragen, eine klare Aussage zu gewinnen.

Anthropogene Einflüsse auf die Reihen der täglichen Extremwerte der Lufttemperatur verändern entsprechend den Ursachen der urbanen Temperaturanomalie (vgl. [7]) deutlicher die Tagesminima als die -maxima. Heilmann [6] fand für die Differenzen der Monatsmittel der Minima der Lufttemperatur zwischen Halle und Potsdam ab Ende der fünfziger Jahre einen positiven Trend, der einen verstärkten anthropogenen Einfluß dokumentiert. Für die Tagesmaxima war ein solcher Nachweis nicht zu erbringen. Erst nach Einführen einer zusätzlichen Bedingung — Berücksichtigung von Tagen mit einer relativen Sonnenscheindauer >50% — ließ sich für die Sommermonate eine Zunahme der Differenzen mittels Mann-Kendall-Test (siehe [15]) statistisch sichern.

Literatur

[1] Bahr, R.-M.: Das Klima von Berlin (I). Geschichte der meteorologischen Beobachtungen der Stadt Berlin. Abh. Meteor. Dienst DDR, 78 (Band X) (1966) 48 S.

[2] Bartels, B.: Interdiurne Veränderlichkeit der Tagesmitteltemperatur in Potsdam und in Berlin-Innenstadt. Dipl.-Arb. Humboldt-Univ. Berlin, 1982, 44 S., unveröff.

[3] Bernhardt, K.: Persönliche Mitteilung, 1984.

[4] Böer, W.: Die mittlere Windversetzung in Potsdam — Ein Beitrag zur Kenntnis der Allgemeinen Zirkulation über Mitteleuropa. Abh. Meteor. Hydr. Dienst DDR, 53 (Band VII) (1960) 83 S.

[5] Dronia, H.: Der Stadteinfluß auf den weltweiten Temperaturtrend. Abh. FU Berlin (West), **LXXIV** (1967) 4, 30 S.

[6] Heilmann, A.: Versuche zur Trennung natürlicher und anthropogen bedingter Klimafluktuationen. Dipl.-Arb. Humboldt-Univ. Berlin, 1984, 63 S., unveröff.

[7] Helbig, A.: Beiträge zur Meteorologie der Stadtatmosphäre. Abh. Meteor. Dienst DDR, 137 (1987).

[8] Das Klima von Berlin (II), Temperaturverhältnisse (Tabellen). Abh. Meteor. Dienst DDR, 103 (Band XIII) (1971) 187 S.

[9] Landsberg, H. E.: The role of reference stations in the searches of climatic trends. Ann. Meteor. NF **16** (1980) 28—29.

[10] Munn, R. E.; Machta, L.: Human activities that effect climate. Proc. World Climate Conf., WMO-No. 537 (1979) 170—209.

[11] Olberg, M.: Persönliche Mitteilung, 1985.

[12] Olberg, M.; Graf, H.-F.; Witschel, W.: Andauerstatistik und Persistenzverhalten der Zirkulationsformen nach Dzerdzeevskij. Z. Meteor. **26** (1976) 25—32.

[13] Schönwiese, C. D.: Ist der Temperaturanstieg in der 1. Hälfte des 20. Jahrhunderts ein Stadtklimaeffekt? Meteor. Rdschau **33** (1980) 5, 155—156.

[14] Schwalbe, G.: Bemerkungen zu den Temperaturbeobachtungen in Berlin und Umgebung. Veröff. Preuß. Meteor. Inst. Nr. 272 (1913) S. 85.

[15] Stellmacher, R.: Prüfung der Homogenität und statistische Analyse von Zeitreihen, vorgestellt am Beispiel klimatologischer und hydrologischer Reihen. Diss. B, Inst. Geogr. Geoök. AdW DDR, 1983 117 S.

[16] Wustelt, J.: Die Temperaturschwankung in den Klimareihen von Jena und ihre Beziehungen zur Witterungskunde und zur Klimageschichte Europas. Abh. Meteor. Hydr. Dienst DDR, 66 (Band IX) (1962) 71 S.

Abh. Meteorol. Dienstes DDR Nr. 140 (1988)

Verfahren der Zeitreihenanalyse und ihre Nutzung bei der Untersuchung von Klimaschwankungen

von M. OLBERG

Zusammenfassung

In dieser Arbeit werden einige der für die Untersuchung von Klimaschwankungen am meisten verwendeten statistischen Methoden zusammengestellt und gezeigt, welche zusätzlichen statistischen Verfahren Fortschritte unseres Verständnisses der Klimaschwankungen bringen können. Skizziert wird die Anwendung spezieller numerischer Bandpaß-Filter, die gleitende ME-Spektralanalyse und die multivariate autoregressive Spektralschätzung oder Kohärenzanalyse.

Summary

The purpose of this note is to indicate some of the most suitable statistical methods for studying climate change and to present additional methods of time series analysis which may hold promise in advancing our understanding of how climate varies. The application of particular numerical band-pass filters, moving maximum entropy spectral analysis and multivariate autoregressive spectral estimation or coherence analysis is outlined.

Резюме

Задача данной записки заключается в следующем: наметить статистические методы изучения изменений климата и изучить вопрос о том, какие методы статистического анализа могут оказаться наиболее полезными для улучшения наших представлений об изменениях климата. Дается описание метода специального числового фильтрования, последовательного максимум-энтропия-спектрального анализа и многомерной авторегрессивной оценки спектра или когерентного анализа.

1. Einleitung

Im Rahmen des internationalen Welt-Klima-Programms ist die wissenschaftlich-statistische Verarbeitung der bereits vorliegenden bzw. noch zu erwartenden meteorologisch-klimatologischen Beobachtungsdaten einer der Schwerpunkte, um aus den dabei gewonnenen Erkenntnissen das Verständnis für das Zustandekommen der atmosphärischen Vorgänge in allen Spektralbereichen abzuleiten. Dabei steht die Erkundung von periodischen bzw. quasiperiodischen klimatischen Variationen mit Perioden bis zu einigen Jahren im Vordergrund. Sie wurden bisher mit Hilfe der klassischen Methoden der Zeitreihenanalyse, wie harmonische Analyse, Periodogrammanalyse, Autokorrelations-Energiespektralanalyse gewonnen, wobei vielfach allerdings nur einzelne Zeitreihen untersucht wurden.

Bei der statistischen Bearbeitung der einzelnen Wertereihen werden diese als Realisierungen von stationären Zufallsprozessen angenommen. Diese Stationaritätsforderung ist aber im allgemeinen bei langen Reihen bedingt durch langzeitliche Klimafluktuationen nicht erfüllt. Daher müssen erstens Verfahren der Zeitreihenanalyse entwickelt und eingesetzt werden, die neben der Aufdeckung periodischer und quasiperiodischer Schwankungen insbesondere auch Aussagen über zeitliche Änderungen des spektralen Verhaltens solcher Zeitreihen liefern. Als Verfahren bieten sich dafür die numerische Filterung und das autoregressive oder Maximum-Entropie-Spektralschätzverfahren an mit seiner Anwendung als gleitende Methode.

Zum anderen erfordern die in den letzten Jahren gewonnenen Erkenntnisse über die großräumigen Zirkulationszusammenhänge im System Atmosphäre—Ozean—Eisflächen verstärkt die Erkundung und Aufdeckung von Kopplungsbeziehungen zwischen den Zeitreihen verschiedener meteorologisch-klimatologischer Parameter an unterschiedlichen Orten. Da zur Aufklärung solcher unter der Bezeichnung Tele-Konnexion bekannten Zusammenhänge nur relativ kurze Beobachtungsreihen zur Verfügung stehen, ist als Analyseverfahren das mehrkanalige autoregressive Spektralschätzverfahren besonders geeignet, u. a. auch wieder als gleitende Methode angewendet.

Mit den genannten mathematisch-statistischen Verfahren können zunächst diagnostische Aussagen gewonnen werden als wichtige Voraussetzung für die Klimaforschung, deren Hauptziel die Voraussage von Klimaschwankungen in den verschiedenen zeitlichen und räumlichen Scalebereichen ist. Solche Untersuchungen sind für langfristige Planungen in der Volkswirtschaft von größtem Interesse.

Im folgenden soll über die Entwicklung und den Einsatz dieser Verfahren bei der Untersuchung ausgewählter meteorologisch-klimatologischer Datenreihen in zusammenfassender Form berichtet werden. Die Untersuchungsergebnisse, insbesondere hinsichtlich der autoregressiven Methoden, sind in den Publikationen von OLBERG, RÁKÓCZI [14], OLBERG, V. SCHÖNERMARK [10, 12], OLBERG [11, 13] enthalten.

Einzelne speziellere Untersuchungen zur Periodenanalyse sind in einigen Diplomarbeiten enthalten, die am Bereich Meteorologie und Geophysik der Humboldt-Universität zu Berlin in den vergangenen fünf Jahren angefertigt wurden. Die Beiträge der einzelnen Monate des Jahres zu der ca. 2- und 4- bis 6jährigen Schwingung, die in der BAURschen Niederschlagsreihe und der Reihe der monatlichen Anzahl der Zirkulationsformen nach HESS-BREZOWSKY enthalten sind, wurden von ROLOFF und SCHLEGEL [16] mit Hilfe der numerischen Filterung und der gleitenden ME-Spektralanalyse untersucht. Ein signifikant hervortretender Anteil eines Monats konnte aber nicht gefunden werden. Eine statistische Analyse der Reihen der interdiurnen Änderungen der Lufttemperatur für Berlin und Potsdam erbrachte Perioden von 9 bis 11 und ca. 2 Jahren sowie eine jährliche, halbjährliche und dritteljährliche Schwingung (s. ZÜHLKE [19]). Auch die in klimatologischen Reihen mitunter festzustellende ca. 80jährige Periode wurde mit Hilfe der modernen ME-Methode näher untersucht (TIPPMANN [18]), wobei eine Signifikanzprüfung wegen der Kürze der meisten Beobachtungsreihen problematisch ist.

Neben der statistischen Untersuchung der Lufttemperaturreihen ist die Aufdeckung von periodischen Fluktuationen in Reihen des Niederschlags als wichtiges, die Entwicklung der Vegetation bestimmendes meteorologisch-klimatologisches Element und dessen quantitative Verteilung über die einzelnen Monate des Jahres volkswirtschaftlich von entscheidender Bedeutung. Das innerjährliche Verhalten des Niederschlags für Berlin und Jena wurde von GOLTZSCHE [4] untersucht, wobei insbesondere die unterschiedliche Ausbildung einer halb- und ganzjährigen Periode in dem Zeitraum von 1851 bis 1980 im Verhalten ihrer Amplituden herausgearbeitet wurde.

2. Entwicklung spezieller numerischer Bandfiltersätze

Zeitliche Veränderungen der Amplituden periodischer oder quasiperiodischer Schwankungen in meteorologisch-klimatologischen Datenreihen lassen sich mit Hilfe der numerischen Filterung leicht erkennen. Da die Perioden der einzelnen Schwankungen im gesamten auflösbaren Frequenzbereich von Null bis zur NYQUIST-Frequenz liegen können, sind für solche Untersuchungen Filtergewichtssätze erforderlich, deren Frequenzdurchlaßfunktionen in diesem Frequenzbereich möglichst variabel und mit großer Flankensteilheit gewählt werden können. Bewährt haben sich für diese Zwecke die sogenannten harmonischen Bandfiltersätze (siehe z. B. KERTZ [6], TAUBENHEIM [17]) mit den Filtergewichtssätzen

$$w_\mu(k) = \frac{1}{m(1 + \delta_{|k|,m})} \cos \mu \frac{\pi}{m} k \tag{1}$$

für $k = 0, 1, 2, 3, \ldots, m$ und $\mu = 1, 2, \ldots, m - 1$, wobei $\delta_{|k|,m}$ das KRONECKER-Symbol ist, sowie der dazugehörigen Frequenzdurchlaßfunktion

$$D_\mu(f) = (-1)^\mu \frac{\sin 2\pi m f \Delta t}{2m} \times \frac{\sin 2\pi f \Delta t}{\sin^2 \pi f \Delta t - \sin^2 \pi f_d \Delta t}. \tag{2}$$

Δt ist dabei der zeitliche Abtastschritt (im folgenden wird $\Delta t = 1$ gesetzt) und $f_d = \mu/2m\,\Delta t$ die Frequenz des „maximalen" Durchlasses. Die Eigenschaften der Frequenzdurchlaßfunktion (2) findet man ausführlich bei KERTZ [6] diskutiert. Hier sei nur vermerkt, daß $D_\mu(f = f_d) = 1$ ist und Nullstellen der Funktion $D_\mu(f)$ bei den Frequenzstellen $f = \nu/2m$ für $\nu \neq \mu$ ganzzahlig liegen. Der Frequenzabstand zwischen den beiden Nullstellen um $f = f_d$ beträgt $\Delta f = 1/m$. Je nach Wahl der Parameter μ und m und damit f_d läßt sich die Frequenzlage des Durchlaßmaximums und die Flankensteilheit, ausgedrückt durch $\Delta f/2$, in weiten Grenzen variieren. Ungünstig sind jedoch die für kleine m relativ großen negativen bzw. positiven Frequenzdurchlaß-Nebenbänder. Eine starke Reduzierung dieser Nebenbänder erreicht man durch Multiplikation der Gewichtefunktion (1) mit einer Dreieckfunktion sowie Hinzufügung eines konstanten additiven Terms, der im Frequenzbereich die Durchlaßfunktion für $f = 0$ zum Verschwinden bringt. Der Ansatz für die Gewichtefunktion des derart modifizierten harmonischen Bandfilters lautet

$$w_{MB}(k) = \frac{2}{m}\left(1 - \frac{|k|}{m}\right)\left(\cos 2\pi f_d k - \left(\frac{\sin m\pi f_d}{m \sin \pi f_d}\right)^2\right) \tag{3}$$

für $|k| = 0, 1, 2, \ldots, m$ und $w_{MB}(k) = 0$ für $|k| > m$.

Durch diskrete FOURIER-Transformation erhält man die zu dieser Filterfunktion gehörende Frequenzdurchlaßfunktion

$$D_{MB}(f) = \left(\frac{\sin m\pi(f + f_d)}{m \sin \pi(f + f_d)}\right)^2 + \left(\frac{\sin m\pi(f - f_d)}{m \sin \pi(f - f_d)}\right)^2 - 2\left(\frac{\sin m\pi f}{m \sin \pi f} \cdot \frac{\sin m\pi f_d}{m \sin \pi f_d}\right)^2 \tag{4}$$

(siehe OLBERG [15]).

Die gewünschte Frequenz des Durchlaßmaximums kann im NYQUIST-Frequenzintervall $0 < f_d < 0{,}5$ kontinuierlich variieren, die Frequenzdurchlaßfunktion wird im wesentlichen durch die Eigenschaften der einer quadrierten Spaltfunktion sehr ähnlichen Funktion

$$S(f, f_d) = \left(\frac{\sin m\pi(f \pm f_d)}{m \sin \pi(f \pm f_d)}\right)^2 \tag{5}$$

geprägt. Die Nebendurchlaßbänder sind stark reduziert. Abb. 1 zeigt als Beispiel die Frequenzdurchlaßfunktionen für den Fall $m = 10$ und unterschiedliche Werte für f_d. Es ist zu sehen, daß für $f_d = \nu/2m$ ($\nu = 1, 3, 5, 7$) kleine negative Nebenbänder auftreten. Eine detaillierte Diskussion der Frequenzdurchlaßfunktion findet man bei OLBERG [15].

Diese Bandfiltersätze wurden u. a. entwickelt, um die aus den Spektrogrammen der gleitenden Maximum-Entropie-Spektralanalyse (siehe folgender Abschnitt) gewonnenen Aussagen über zeitliche Veränderungen im spektralen Verhalten einer Zeitreihe zu stützen bzw. um amplituden- oder/und frequenzmodulierte Schwingungen in Zeitreihen zu untersuchen. Durch Signaldemodulation mit Hilfe dieser schmalen Bandfilter kann die Zeitabhängigkeit der Amplitude oder der Frequenz eines schwingungsförmigen Signals aufgeklärt werden, indem in einem Zeit-Frequenz-Diagramm ähnlich dem Spektrogramm durch Isolinien gleicher oder maximaler Ampli-

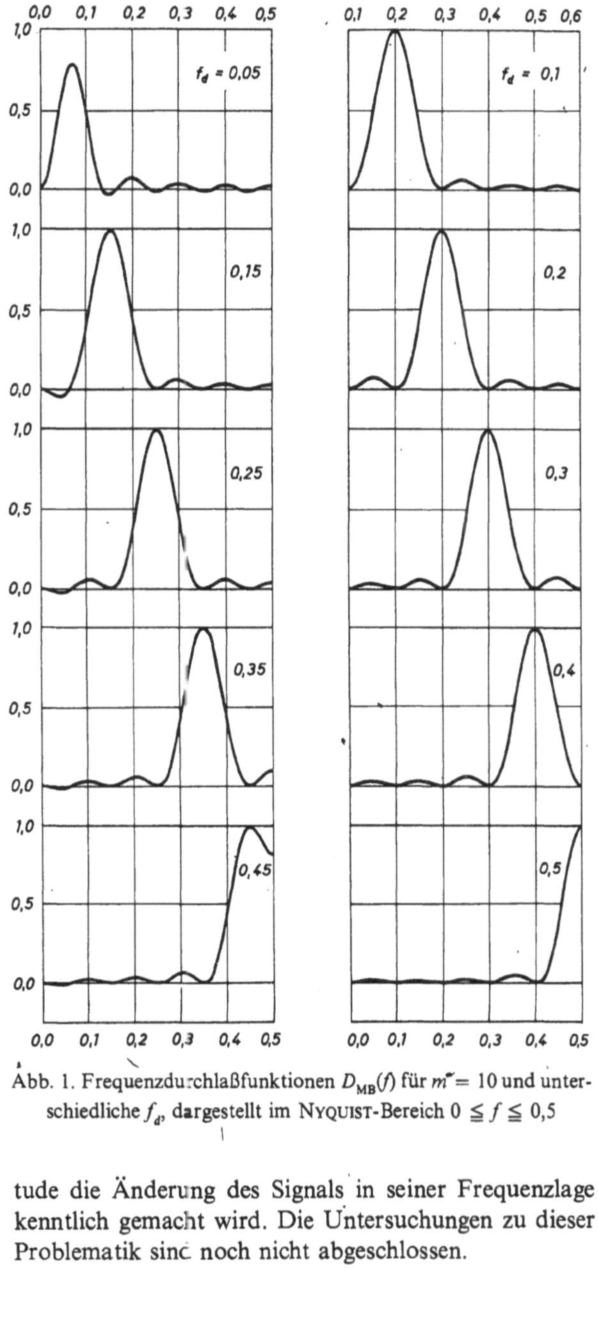

Abb. 1. Frequenzdurchlaßfunktionen $D_{MB}(f)$ für $m = 10$ und unterschiedliche f_d, dargestellt im NYQUIST-Bereich $0 \leqq f \leqq 0{,}5$

tude die Änderung des Signals in seiner Frequenzlage kenntlich gemacht wird. Die Untersuchungen zu dieser Problematik sind noch nicht abgeschlossen.

3. Die gleitende ME-Spektralanalyse

Neben der Nutzung der numerischen Filterung (NF) bei der Suche nach periodischen bzw. quasiperiodischen Schwankungen und deren zeitliche Veränderungen ist die Maximum-Entropie-Spektralanalyse (MESA) und insbesondere deren Anwendung als gleitendes Analyseverfahren eine aussagekräftige Untersuchungsmethode (siehe OLBERG, ROSENOW [9], OLBERG, RÁKÓCZI [14] und die dort zitierte Literatur zu dieser Methode).

Die MESA ist bekanntlich ein Filterverfahren, bei dem nicht wie gewöhnlich die gewünschte Frequenzdurchlaßfunktion bzw. die Filtergewichte vorgegeben werden und das Filterergebnis als Filterausgang im Mittelpunkt steht, sondern es wird der Filterausgang als Zufallszahlenreihe gefordert und die Filtergewichte (jetzt Autoregressionskoeffizienten genannt) bzw. deren diskrete FOURIER-Transformation (DFT) als ME-Spektrum gesucht (siehe dazu das Blockschema der Abb. 2).

Läßt man diesen speziell zu bestimmenden Filteroperator wie bei der numerischen Filterung über die gegebene Zeitreihe gleiten, wobei bei jedem Schritt die Autoregressionskoeffizienten $a_M(k)$ neu zu berechnen sind, dann erhält man eine zeitliche Folge von ME-Spektren, deren Darstellung in einem Zeit-Frequenz-Diagramm in Form von Isolinien das sogenannte Spektrogramm ergibt. Zur Einschätzung zeitlicher Änderungen des spektralen Verhaltens einer untersuchten Datenreihe als Realisierung eines Zufallsprozesses ist die Angabe von Signifikanzschwellen erforderlich, die in [9, 11] zu

$$S_\alpha(f) = \left(1 + u_\alpha \sqrt{2\frac{M}{N}}\right) E(\hat{S}(f)) \tag{6}$$

angenommen wurden. N ist dabei der Umfang der Wertereihe, M die Ordnung der Autoregression, u_α die Sicherheitsgrenze der Normalverteilung bei einer Irrtumswahrscheinlichkeit α und $E(\hat{S}(f))$ der Erwartungswert des empirischen ME-Spektralwertes an der Frequenzstelle f. Für diesen Erwartungswert setzt man eine Nullhypothese an, z. B. $E\hat{S}(f)) = S_{\text{Hyp}}(f) = \text{const}$. Die Annahme eines frequenzunabhängigen (weißen) Modellspektrums kann aber nur eine erste Näherung sein, die Annahme eines roten Modellspektrums ist bei der Untersuchung einzelner meteorologisch-klimatologischer Zeitreihen mitunter vorteilhafter (siehe OLBERG [8]) und zwingender. Bei der dreidimensionalen Darstellung einer gleitenden MESA (siehe [14]) bedeutet ein weißes Modell, daß die „Signifikanzfläche" eine Ebene parallel zur Zeit-Frequenz-Ebene ist. Ein rotes Modell ergibt eine in Richtung der Frequenzachse mit zunehmenden Frequenzen monoton abfallende, unterschiedlich gekrümmte „Signifikanzfläche". Außer der Frequenzabhängigkeit des Modells müßte auch noch eine Zeitabhängigkeit angenommen werden, um dem instationären Verhalten Rechnung zu tragen. Als Modell wäre also anzusetzen

$$S_{\text{rot}}(f, t) = \sigma^2_{\text{rot}}(t) \frac{1 - \varrho^2(t)}{1 - 2\varrho(t) \cos 2\pi f + \varrho^2(t)} \tag{7}$$

mit der Autokorrelationsfunktion (zeitabhängig)

$$K(k, t) = \varrho^{|k|}(t) \quad \text{für} \quad |k| = 0, 1, 2, \ldots M \tag{8}$$

Es ist $\varrho(t) < 1$, und die Frequenz $f = j\,\Delta f (j = 0, 1, 2, \ldots, M)$ variiert diskret im dimensionslosen NYQUIST-Intervall $0 \leqq f \leqq 0{,}5$ (siehe dazu z. B. GILMAN u. a. [3], OLBERG [8]).

Bei der Durchführung der Analyse wird in den einzelnen Analyseintervallen der gleitenden MESA die Dispersion σ^2_{rot} des Modells und der Abfall des Modellverlaufs zu höheren Frequenzen, ausgedrückt durch den Parameter ϱ, als zeitlich konstant angenommen, der Stationaritätsforderung für das jeweilige Untersuchungsintervall entsprechend. Angewendet wurde das Verfahren der gleitenden MESA bei der Untersuchung der statistischen Struktur von Klimaschwankungen im mitteleuropäischen Raum, wobei die zeitlich recht unterschiedliche Ausprägung von quasiperiodischen Schwankungen (ca. 8, 3 und 2jährige Perioden) in klimatologischen Daten-

Filtereingang:
Ausgangsreihe
$x(j)$

$$\longrightarrow \boxed{\sum_{k=-m}^{m} w(k)\, x(j-k) = x_F(j)} \longrightarrow$$

Filterausgang:
gefilterte Reihe
$x_F(j)$

NF: Filtergewichte $w(k)$ werden *vorgegeben* bzw. durch DFT aus der *vorzugebenden* Frequenzdurchlaßfunktion berechnet.

MESA: Autoregressionskoeffizienten $a_M(k)$ sind zu berechnen, wobei die *Forderung* erfüllt werden muß, daß die gefilterte Reihe eine Zufallszahlenreihe ist.

Ausgangsreihe
$x(j)$

$$\longrightarrow \boxed{\sum_{k=0}^{M} a_M(k)\, x(j-k) = x_Z(j)} \longrightarrow$$

Zufallszahlenreihe
$x_Z(j)$

DFT der $a_M(k)$ ergibt das ME-Spektrum in der Form

$$\boxed{S_{ME}(f) = \frac{\text{const}}{\left|1 + \sum_{k=1}^{M} a_M(k)\, e^{i2\pi fk}\right|^2}}$$

Abb. 2. Blockschema zur numerischen Filterung und Maximum Entropie-Spektralanalyse

reihen (analysiert wurden die BAURsche und Potsdamer Niederschlagsreihe, die Reihe der monatlichen Häufigkeit meridionaler Zirkulationsformen über Mitteleuropa nach HESS-BREZOWSKY sowie die Strahlungsbilanzreihe für Potsdam) als Ergebnis zu verzeichnen ist (siehe OLBERG, V. SCHÖNERMARK [10], OLBERG [13]). Auch die Analyse anderer geophysikalischer Datenreihen (Reihe der Monatsmittelwerte der mittleren heliographischen Breite der Sonnenflecken, Salzgehaltsreihe der Ostsee) zeigt im Spektrogramm starke Persistenzschwankungen einzelner hervortretender Frequenzbänder im Spektrum (siehe dazu BÖRNGEN, HUPFER, OLBERG [1]).

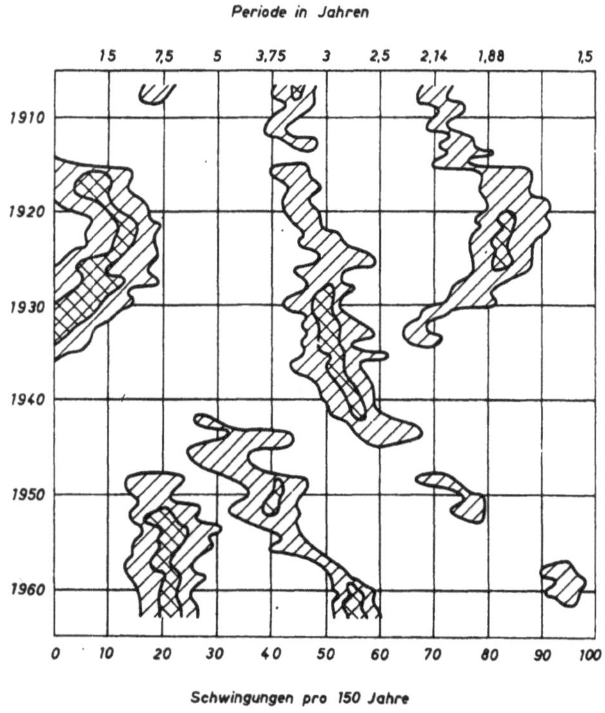

Abb. 3. Spektrogramm der Reihe des Salzgehaltes der Ostsee

In Abb. 3 ist als Beispiel das Spektrogramm der Reihe des Salzgehaltes der Ostsee in 15 m Tiefe, gemessen vom dänischen Feuerschiff „Lappegrund" (nördlicher Teil des Sunds) wiedergegeben. Man erkennt in diesem Spektrogramm die zeitliche recht unterschiedliche Ausbildung einzelner Schwingungen. Deutlich ausgeprägt ist im Zeitraum von 1925 bis 1945 eine ca. 3jährige Schwingung. Nach 1945 dominiert eine Schwingung mit einer Periode von ca. 7 Jahren, nach 1960 setzt die ca. 3jährige Schwingung wieder ein.

4. Datenumfangserweiterung und Datenergänzung

Bei der gleitenden MESA gehen im Spektrogramm, ähnlich wie bei der numerischen Filterung, am Anfang und Ende des untersuchten Zeitbereiches je nach der Länge der verwendeten Teilintervalle, für die die einzelne MESA durchgeführt wird, Spektrogrammzeilen verloren, so daß insbesondere in den Zeitabschnitten bis zur Gegenwart keine spektralen Aussagen möglich sind. Mit Hilfe der autoregressiven Modellierung kann eine Vorwärts- und Rückwärtsextrapolation vorgenommen werden, die es erlaubt, den Umfang des Datenmaterials zu erweitern bzw. Lücken im Datenmaterial zu schließen. Damit kann dann ein Spektrogramm für den gesamten Beobachtungszeitraum erstellt werden.

Werden die N Ausgangswerte mit $x(j)$ für $j = m + 1, m + 2, \ldots, m + N$ bezeichnet und ist m die Anzahl der rückwärts zu extrapolierenden Werte, dann macht man den Rückwärtsextrapolationsansatz

$$x(k) = \sum_{j=1}^{M} a_M(j)\, x(k+j) \quad \text{für} \quad k = m, m-1, \dots, 1\,, \tag{9}$$

wobei vorher aus den N Ausgangswerten bzw. einem Anteil davon die M Autoregressionskoeffizienten $a_M(j)$ bestimmt wurden. In Gleichung (9) wird dann der erste rückwärtsextrapolierte Wert $x(m)$ aus den ersten M gegebenen Beobachtungswerten berechnet. In den folgenden extrapolierten Wert $x(m-1)$ gehen dieser extrapolierte Wert $x(m)$ und $M-1$ Beobachtungswerte ein usw. Mit wachsender Anzahl der ermittelten Extrapolationswerte steigt dabei der Extrapolationsfehler stark an. Sinnvoll ist nur die Berechnung einer Anzahl m von extrapolierten Werten, die kleiner als M ist.

Analog setzt man die Vorwärtsextrapolation in der Form

$$x(m+N+k) = \sum_{j=1}^{M} a_M(j)\, x(m+N+k-j) \quad \text{für} \quad k = 1, 2, \dots, m \tag{10}$$

an. So kann eine Datenreihe begrenzt nach „links und rechts“ erweitert werden (siehe dazu die graphische Veranschaulichung in Abb. 4a).

Benutzt wurde dieses Verfahren der Datenfortsetzung in [13] zur Berechnung der Spektrogramme für die Niederschlags- und Strahlungsbilanzreihe für Potsdam für den gesamten untersuchten Beobachtungszeitraum von 1893 bis 1981. Beim Betrachten der zeichnerischen Darstellung der Reihen bzw. der Spektrogramme in [13] ist zu ersehen, daß sich die extrapolierten Werte bzw. die extrapolierten Spektrogrammbereiche gut in den vorgegebenen bzw. analysierten Verlauf einordnen. Detaillierte Untersuchungen zu Fragen und Möglichkeiten der linearen, autoregressiven Extrapolation klimatologischer Wertereihen sind jedoch noch notwendig, um den Einsatz dieses Verfahrens zu rechtfertigen. Das gilt auch hinsichtlich seiner Anwendung bei der Datenergänzung.

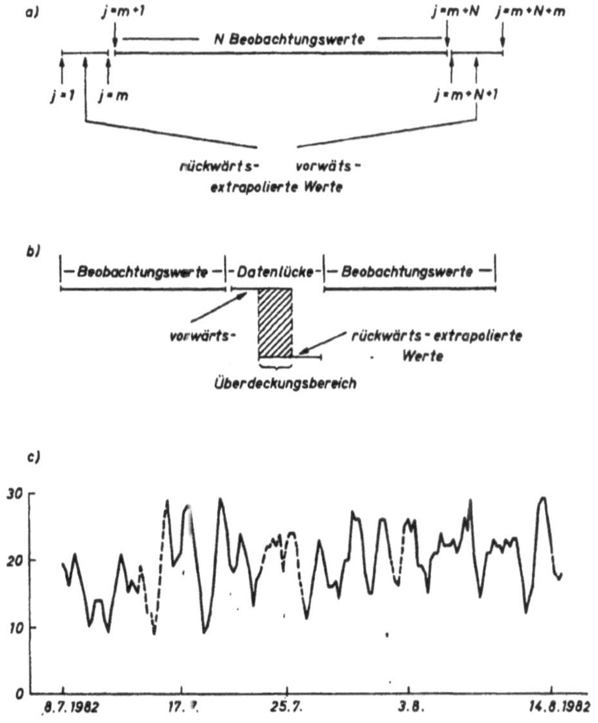

Abb. 4. Schema der autoregressiven Datenerweiterung (a) und Datenergänzung (b), Beispiel einer autoregressiven Datenergänzung (c)

Soll eine bestehende Datenlücke geschlossen werden, dann können die vorangehenden Beobachtungsdaten vorwärts-, die nachfolgenden rückwärtsextrapoliert werden. Im Überlagerungsbereich der vor- und rückwärts extrapolierten Werte müssen diese gewichtet gemittelt werden, da die Fehler der extrapolierten Werte mit wachsendem zeitlichem Abstand von den Beobachtungswerten zunehmen. Die einfachste Wichtungsfunktion wäre eine Dreieckfunktion der Form

$$w(k) = 1 - \frac{k}{n+1}\,, \tag{11}$$

mit der im Überlagerungsbereich von n extrapolierten Werten die vorwärtsextrapolierten Werte für $k = 1, 2, \dots, n$ und die rückwärtsextrapolierten Werte für $k = n, n-1, \dots, 2, 1$ zu multiplizieren und dann zu addieren wären (siehe dazu Skizze Abb. 4b). Als Beispiel für die Datenergänzung ist in Abb. 4c die Reihe aufeinanderfolgender Werte der Zonalkomponente des mittleren Windes in ca. 95 km Höhe über Mitteleuropa (10. Juli bis 14. August 1982, gemessen in Kühlungsborn (siehe Greisiger [5])) angegeben, die ergänzten Datenlücken sind gestrichelt.

5. Mehrkanalige autoregressive Spektralschätzung

Zur Aufdeckung von statistischen Beziehungen zwischen zwei oder mehreren meteorologisch-klimatologischen oder geophysikalischen Datenreihen kann als modernes Analyseverfahren die mehrkanalige oder multivariate autoregressive Kreuzspektralschätzung eingesetzt werden. Ihre Anwendung ist wiederum wegen der hohen spektralen Auflösung sehr vorteilhaft, wenn die zu untersuchenden Zeitreihen kurz sind.

Die Ansätze und Grundgleichungen dieses Verfahrens sind in [14] ausführlich behandelt. Hier sei das Prinzip der multivariaten Autoregressionsanalyse anhand eines Blockschemas (siehe Abb. 5) skizziert. Anstelle der Autoregressionskoeffizienten $a_M(k)$ treten die Autoregressionsmatrizen $\boldsymbol{A}_M(k)$, die vom Typ (n, n) sind, wenn n Wertereihen in die Analyse eingehen. Sie werden mit Hilfe eines normierten LWR-(Levinson-Wiggins-Robinson)-Algorithmus bestimmt.

Als Ergebnis der Analyse erhält man die Schätzungen der Kohärenz- bzw. Phasenspektren zwischen den einzelnen Wertereihen. Die statistische Beurteilung der ermittelten Kopplungsbeziehungen in einzelnen Frequenzbändern, ausgedrückt durch die berechneten autoregressiven Kohärenzwerte, ist problematisch, da die Wahrscheinlichkeitsverteilung der entsprechenden Prüfgröße bisher noch nicht bekannt ist. In [13] wurde in Anlehnung an die Signifikanzgrenze beim konventionellen Ko-

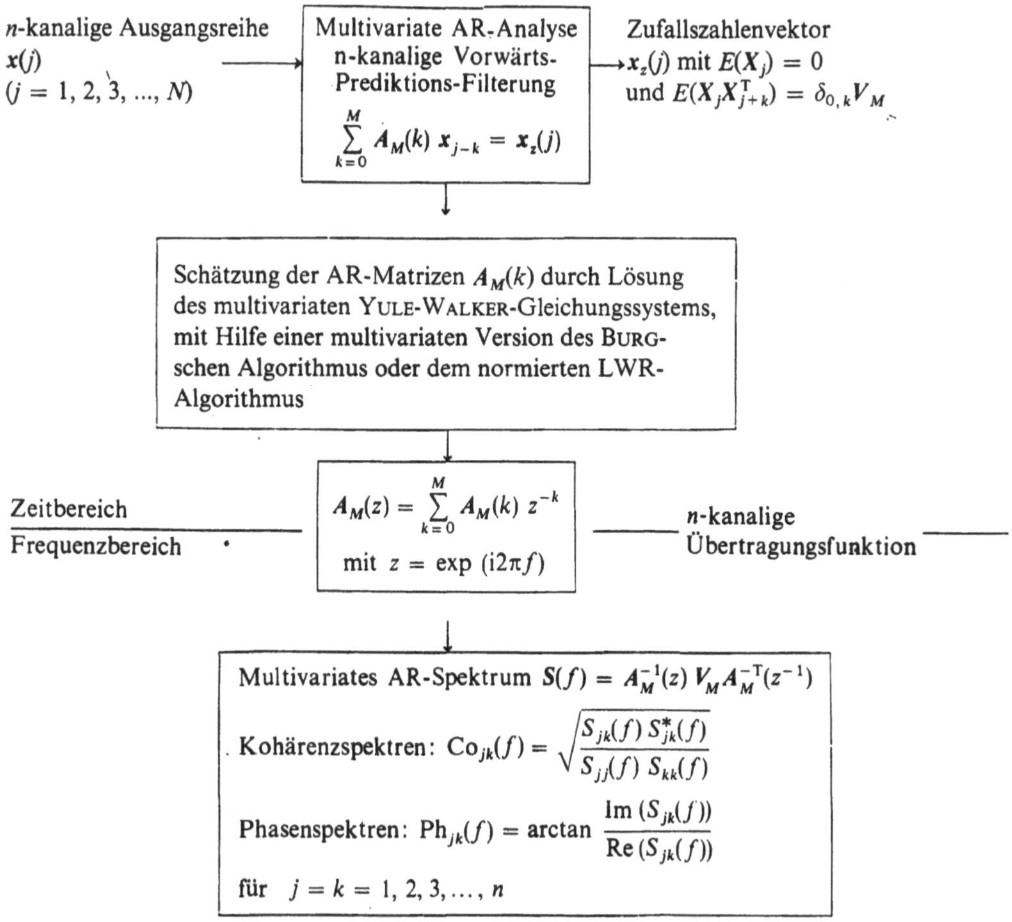

Abb. 5. Blockschema zur multivariaten Autoregressionsanalyse

härenzspektrum als diskrete Fourier-Transformierte der Kreuzkovarianzkoeffizienten die Signifikanzschwelle

$$\beta_\alpha(\nu) = \sqrt{1 - \alpha^{\frac{1}{\nu - 1}}} \tag{12}$$

zur ersten orientierenden Beurteilung eines empirischen AR-Kohärenzspektrums vorgeschlagen. Dabei wird im Unterschied zum konventionellen Fall, wo der Freiheitsgrad $\nu = 2\frac{N}{M} - 1/2$ beträgt, hier für diesen $\nu = \frac{N}{M}$ angenommen, so daß bei gleicher Irrtumswahrscheinlichkeit α die Signifikanzgrenze beim autoregressiv geschätzten größer als beim konventionell geschätzten ist.

In Anwendung der AR-Kohärenzspektralanalyse wurden verschiedene meteorologisch-klimatologische und geophysikalische Datenreihen hinsichtlich ihres statistischen Zusammenhangs in verschiedenen Frequenzbereichen untersucht (siehe Olberg [13], Börngen, Hupfer, Olberg [1], Behrendt, Olberg, Stellmacher [2]). Abb. 6 zeigt die Kohärenzspektren zwischen den Reihen des Salzgehaltes der Ostsee und der regionalen Meridionalzirkulation (ausgedrückt durch die Luftdruckdifferenzen zwischen Nantes und Neufundland sowie zwischen den Reihen des Schwebstoffgehaltes des Müggelsees und der Globalstrahlung. Hingewiesen sei hier insbesondere auf die ca. 3jährige Schwingung in der Salzgehalts- und Zirkulationsreihe und deren hohen Kohärenzwert (weitere Diskussion dazu siehe [1]). Bei der Schwebstoff- und Globalstrahlungsreihe ist die ca.

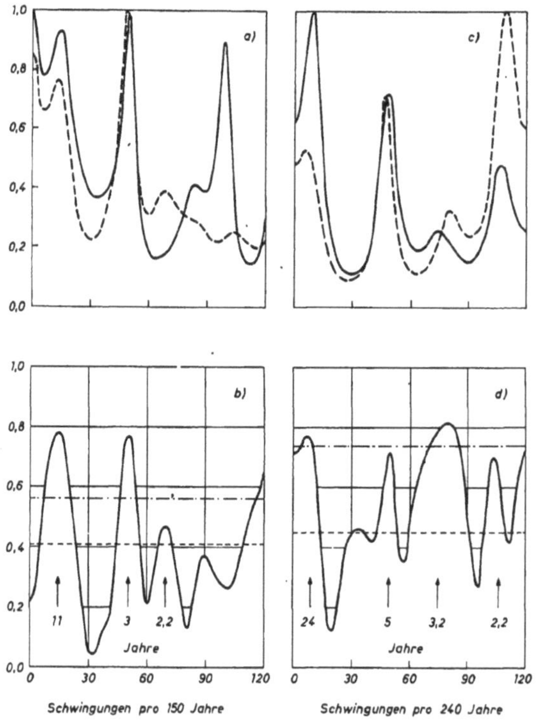

Abb. 6a) Autoregressive Spektren der Salzgehalts- (———) und Meridionalzirkulationsreihe (- - - -)
c) der Schwebstoffgehalts- (———) und Globalstrahlungsreihe (- - - -) sowie die jeweils dazugehörigen autoregressiven Kohärenzspektren

5jährige Schwingung sowohl in der Darstellung der AR-Autospektren als auch im Kohärenzspektrum von Interesse, obwohl auch bei einer Periode von ca. 3 Jahren hohe Kohärenzwerte angezeigt werden. Es kann gefolgert werden, daß die 3jährige Schwankung des Schwebstoffgehaltes des Müggelsees durch die Schwingung der Strahlungsbedingungen mit dieser Periode geprägt wird.

Die approximativen Signifikanzschwellen beim AR-Kohärenzspektrum Salzgehalt-Meridionalzirkulation ($N = 142$, $M = 15$) ergaben sich zu $\beta_{0,05}(\nu = 9) = 0{,}56$ bzw. $\beta_{0,05}(\nu = 17) = 0{,}45$, bei dem zwischen Schwebstoffgehalt-Globalstrahlung ($N = 48$, $M = 8$) zu $\beta_{0,05}(\nu = 6) = 0{,}74$ bzw. $\beta_{0,05}(\nu = 11) = 0{,}45$. Beide Signifikanzniveaus sind in Abb. 6b und d eingezeichnet. Zwischen beiden Grenzen müßte das bisher noch nicht bekannte Signifikanzniveau für die Schätzung des AR-Kohärenzspektrums liegen.

6. Zusammenfassende Bemerkungen

Bei der Untersuchung meteorologisch-klimatologischer Zeitreihen hat sich der Einsatz autoregressiver Analyseverfahren bisher wegen der hohen spektralen Auflösung auch bei kurzen Datenreihen sehr gut bewährt. Die AR-Verfahren erlauben außerdem die Anwendung dieser Methode als gleitende Verfahren. Ähnlich dem Verfahren der numerischen Filterung gestattet die gleitende MESA die Aufdeckung zeitlicher Veränderungen im spektralen Verhalten der langen klimatologischen Beobachtungsreihen. Damit erhält man einen weit besseren Einblick in die statistische Struktur von Zirkulations- und Klimaschwankungen, als es die konventionellen Zeitreihenanalyseverfahren bisher gestatteten.

In dem Blockschema der Abb. 7 sind die Möglichkeiten der ein- und mehrkanaligen AR-Modellierung nochmals zusammengestellt. Neben der AR-Analyse mit Berechnung der AR-Koeffizienten bzw. -Matrizen und daraus der AR-Autospektren, AR-Kohärenz-Phasen-Spektren, Spektrogramme und Kohärogramme als Aussagen der gleitenden Analysen ist die AR-Synthese in Form einer autoregressiven Simulation einer Reihe für die Datenerweiterung von Bedeutung. Das Kohärogramm folgt als Aussage einer zweikanaligen AR-Analyse, wenn ähnlich wie beim Spektrogramm die Kohärenzspektren für einzelne Teilintervalle der Zeitreihe gleitend berechnet werden und in einem Zeit-Frequenz-Diagramm durch Isolinien gleicher Kohärenzspektralwerte veranschaulicht werden. Damit eröffnet sich die Möglichkeit, zeitliche Veränderungen von statistischen Beziehungen zwischen einzelnen Reihen in verschiedenen Frequenzbereichen zu erkunden. Die Untersuchungen zur letztgenannten Problematik sind noch nicht abgeschlossen, Ergebnisse dazu werden in einer folgenden Publikation mitgeteilt.

Literatur

[1] Börngen, M.; Hupfer, P.; Olberg, M.: Occurence and absence of strong salt influxes into the Baltic Sea. Erscheint in „Beiträge zur Meereskunde".

[2] Behrendt, H.; Olberg, M.; Stellmacher, R.: Investigations of long term changes in the seston content of a shallow eutrophical lake and their relations to meteorological conditions. Acta hydrophys. **31** (1987), S. 143—151.

[3] Gilman, D. L.; Fuglister, F. J.; Mitchell, J. M.: On the power spectrum of "Red Noise". J. Atmosph. Sci. **20** (1963), S. 182—184.

[4] Goltzsche, M.: Zum Jahresgang des Niederschlags an ausgewählten Stationen der DDR. Diplomarbeit, HU Berlin (1985), unveröff.

[5] Greisiger, K. M.: Oszillationen mit Perioden von 2 und 5 Tagen im Windfeld der unteren Thermosphäre mittlerer Breiten nach Radarmeteorwindmessungen. Z. Meteor. **31** (1981) 5, S. 280—285.

[6] Kertz, W.: Filterverfahren in der Geophysik. Gerl. Beitr. Geophys. **75** (1966), S. 1—33.

[7] Malitz, G.: Analyse meteorologisch-klimatologischer Zeitreihen mit Hilfe des Systems der Walshfunktionen. Diss. A, HU Berlin (1984), unveröff.

[8] Olberg, M.: Signifikanzprüfung bandgefilterter geophysikalischer Beobachtungsreihen mit rotem Spektrum. Gerl. Beitr. Geophys. **83** (1974) 2/3, S. 129—140.

[9] Olberg, M.; Rosenow, W.: Zeitliche Änderungen im spektralen Verhalten meteorologisch-klimatologischer Datenreihen. Z. Meteor. **30** (1980) 5, S. 296—307.

[10] Olberg, M., v. Schönermark, M.: Zur statistischen Struktur von Klimaschwankungen im mitteleuropäischen Raum. Z. Meteor. **31** (1981) 6, S. 370—374.

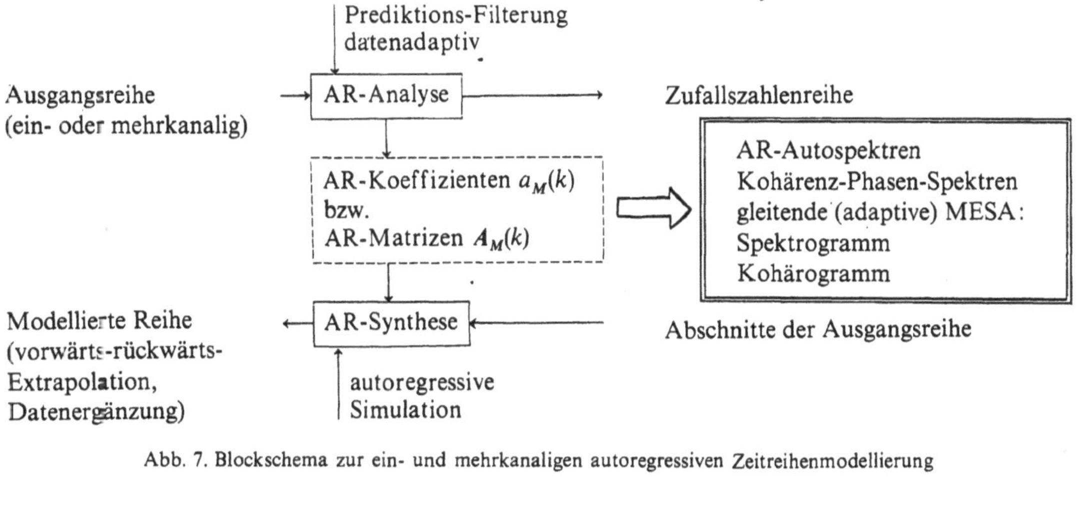

Abb. 7. Blockschema zur ein- und mehrkanaligen autoregressiven Zeitreihenmodellierung

[11] Olberg, M.: Zur statistischen Beurteilung von Analysenergebnissen geophysikalisch-meteorologischer Beobachtungsreihen. Gerl. Beitr. Geophys. **91** (1982) 4, S. 281—290.

[12] Olberg, M.; v. Schönemark, M.: Numerische Experimente mit Kohärenz- und gleitenden Maximum-Entropie-Spektren. Z. Meteor. **33** (1983) 2, S. 111—115.

[13] Olberg, M.: Zum spektralen Verhalten der Niederschlags-, Strahlungs- und Trockenheitsindexreihe für Potsdam. Z. Meteor. **33** (1983) 5, S. 281—285.

[14] Olberg, M.; Rákóczi, F.: Informationstheorie in Meteorologie und Geophysik. Akademie-Verlag Berlin 1984.

[15] Olberg, M.: Modifizierte harmonische Bandfiltersätze und ihre Anwendung bei der Untersuchung geophysikalisch-meteorologischer Zeitreihen. Erscheint in Gerl. Beitr. Geophys.

[16] Roloff, H.; Schlegel, H.: Statistische Untersuchung der Niederschlagsreihe nach Baur und der Reihe der Meridionalzirkulationsformen nach Hess-Brezowsky mit Hilfe der Maximum-Entropie-Methode und der numerischen Bandpaßfilterung. Diplomarbeit, HU Berlin (1981), unveröff.

[17] Taubenheim, J.: Statistische Auswertung geophysikalischer und meteorologischer Daten. Leipzig, 1969.

[18] Tippmann, U.: Diagnose einer 80jährigen Periode in klimatologischen Zeitreihen. Diplomarbeit, HU Berlin (1984), unveröff.

[19] Zühlke, H.-P.: Untersuchungen zum spektralen Verhalten meteorologischer Zeitreihen in verschiedenen Zeitscale's anhand der Reihen der Tagesmittelwerte der Lufttemperatur von Berlin-Innenstadt und Potsdam. Diplomarbeit, HU Berlin (1982), unveröff.

Abh. Meteorol. Dienstes DDR Nr. 140 (1988)

Vergleich der Wasserhaushaltskomponenten eines Kiefernbestandes und einer Waldgrasfläche nach Lysimetermessungen

von A. HELBIG

Zusammenfassung

Auf der Grundlage von Messungen mit nichtwägbaren und wägbaren Lysimetern im Zeitraum 1974 bis 1984 werden die Wasserhaushaltskomponenten eines Kiefernbestandes ermittelt und mit den Werten von Waldgräsern verglichen. Mit zunehmendem Bestandsalter nimmt die Evapotranspiration der Kiefern stark zu. Für beide Vegetationsarten wurde der Effektivitätsparameter nach BAGROV bestimmt.

Summary

On the basis of measurements with nonweighing and weighing lysimeters in 1974—1984 the components of water balance for pine forest (Pinus silvestris) are estimated and compared with the corresponding values for grass vegetation. With advancing years the evapotranspiration of the pine forest is strongly arising. For both kinds of vegetation are estimated the "effectivness" parameter after BAGROV.

Резюме

На основе измерений с помощью невесомых и весомых лизиметров в 1974—1984 г. составляющие водяного баланса для сосен определились и сравнились с соотвествующими величинами для травы. С годами испарение сосен сильно увеличивается. Для обоих видов вегетации вычислен параметр эффективности по БАГРОВУ.

1. Einleitung

Eine stabile Wasserversorgung und eine optimale Bewirtschaftung des verfügbaren Wasserdargebotes können nur gewährleistet werden, wenn ausreichende Kenntnisse über die raumzeitliche Verteilung der Wasserressourcen, über Menge und Beschaffenheit vorliegen. Das gilt ganz besonders für Territorien, in denen der Nutzungsgrad des verfügbaren Wasserdargebotes als Quotient aus Entnahmemenge und Dargebot hoch ist. In der DDR erreicht der Nutzungsgrad im Mittel 89 % und steigt in industriellen Ballungsgebieten und in Trockenperioden auf 600 bis 800 % [1].

Die vielfältigen Einflüsse auf den Wasserhaushalt über die Form der Bodennutzung, die Art und Verteilung der Vegetation einerseits und über die atmosphärischen Einflußgrößen Strahlungsbilanz und Niederschlag andererseits ergeben komplizierte raumzeitliche Strukturen in den Wasserhaushaltskomponenten.

Waldgebiete besitzen eine geringe Albedo und deshalb eine größere Strahlungsbilanz; die Evapotranspiration erreicht relativ hohe Werte und verringert somit die Menge des Sickerwassers, das zur Grundwasserneubildung beiträgt. Im Territorium der DDR nehmen die Waldflächen 27,4 % der Gesamtfläche ein und beeinflussen großräumig den Wasserhaushalt. Die quantitativen Veränderungen der Wasserhaushaltskomponenten sind vom Alter und der Art der Bestände, vom Bodentyp und der Bodenvegetation abhängig. Forstliche Maßnahmen, wie Kahlschlag und Aufforstung, bewirken daher wegen der unterschiedlichen hydrometeorologischen Eigenschaften von Beständen und Kahlschlagflächen deutliche Änderungen des Energie- und Wasserhaushaltes sowohl räumlich als auch zeitlich.

2. Lysimeteranlagen Letzlinger Heide

Die in der Letzlinger Heide laufenden Lysimeteruntersuchungen haben neben dem allgemeinen Informationsgewinn über den Wasserhaushalt von Waldgebieten auch regionale Bedeutung. Die intensive Nutzung des Grundwasserspeichers Letzlinger Heide für das Versorgungsgebiet Magdeburg soll durch die präzise Simulation des Grundwasserströmungsfeldes gesichert werden. Dazu ist die Grundwasserneubildung im überwiegend bewaldeten Einzugsgebiet in ihrer räumlichen und zeitlichen Variabilität zu erfassen [4]. Die Lysimeteruntersuchungen werden mit einem Großlysimeter zur Klärung des Einflusses eines aufwachsenden Kiefernbestandes auf den Wasserhaushalt, insbesondere auf die Grundwasserneubildung, und mit 12 wägbaren Lysimetern (Waldgräser) zur Erfassung des Wasserhaushaltes in Kahlschlagperioden durchgeführt.

Aus der Niederschlagssumme P, dem Sickerwasser R und der mit einem wägbaren Lysimeter meßbaren Wasservorratsänderung ΔS des Bodenmonolithen kann als Restglied aus der Wasserhaushaltsgleichung die Evapotranspiration

$$ET = P - R - \Delta S \qquad (1)$$

bestimmt werden. Die Länge des Bezugszeitraums hängt vom zeitlichen Abstand der Wägungen ab (Stunden bis Tage).

In einer nichtwägbaren Anlage steht die Größe ΔS nicht zur Verfügung und kann für kleine Bodenvolumina mittels radiometrischer Bodenfeuchtemessungen (Neutronensonde) gewonnen werden. Sofern das nicht der Fall ist, läßt sich die Evapotranspiration nur für größere Zeitintervalle (>Jahr) unter der Voraussetzung ermitteln, daß dann ΔS gegen Null geht, und es gilt:

$$\overline{ET} = \bar{P} - \bar{R}\,. \qquad (2)$$

Die Meßwerte beider Lysimeteranlagen aus dem Zeitraum 1974 bis 1984 bilden die Grundlagen der folgenden Ausführungen.

Das Großlysimeter liegt in der Nähe des Wasserwerkes Colbitz. Die Anlage besitzt einen abgeschlossenen Bodenraum mit einer Oberfläche von 660 m^2 und einer durchschnittlichen Tiefe von 4,0 m. In der Mitte des Großlysimeters befindet sich ein Sammelschacht zur Sammlung des Sickerwassers, das durch eine Pumpe zur Meßstation gedrückt und dort mengenmäßig erfaßt wird. Die Füllung des Lysimeters erfolgte mit Sand aus einer in der Nähe gelegenen Entnahmestelle. Nähere Angaben sind bei Glugla u. a. [4] zu finden.

Im Frühjahr 1970 wurden in der Umgebung des Lysimeters einjährige Kiefern (Pinus silvestris) und auf dem Großlysimeter im Frühjahr 1973 zweijährige Kiefern angepflanzt, so daß auf der gesamten Fläche von 5,2 ha ein Kiefernbestand aufwächst. Im Zeitraum von 1976 bis 1982 befanden sich auf dem Lysimeter 575 und später 549 Bäume. Das entspricht einem Besatz von 0,87 Bäumen/m^2 bzw. 0,83 Bäumen/m^2. Bis zum Jahr 1984 erreichten die Bäume eine mittlere Höhe von 4,64 m mit einem mittleren Stammdurchmesser von 5,4 cm in 1,3 m Höhe.

Das Großlysimeter weist gegenwärtig fast keine Bodenflora auf, während der Boden in der Umgebung stark vergrast ist.

Entsprechend der Bestandsentwicklung und der üblichen forstwirtschaftlichen Praxis wurde im Juni 1982 der Bestand um 20% auf 440 Bäume (0,67 Bäume/m^2) reduziert. Diese Bestandsreduktion wirkt sich in den Zeitreihen der Wasserhaushaltskomponenten als Sprung aus; sie ist im Interesse der Bestandsentwicklung unumgänglich.

Die 2 m mächtigen Bodenmonolithen der 12 wägbaren Lysimeter mit je 1 m^2 Oberfläche tragen eine weitgehend gleichartige Bedeckung mit Waldgräsern, die zu Beginn des Untersuchungszeitraums aus Drahtschmiele (Deschampsia flexuosa) bestand und zu der sich später durch Anflug Sandrohr (Calamagrostis epigeios) gesellte. Beide Grasarten sind auch in der Umgebung der Lysimeter hauptsächlich vertreten. Seit 1980 breitet sich auf einem der Lysimeter Heidekraut aus und bildet dort gegenwärtig die dominierende Vegetationsart. Wie sich zeigte, bestehen deutliche Unterschiede im Wasserhaushalt von Heidekraut bzw. von Waldgräsern.

Die nachstehenden Angaben stellen jedoch immer Mittelwerte aller 12 Lysimeter dar, da auch unter natürlichen Verhältnissen diese Vegetationsarten gemischt auftreten.

Weitere Einzelheiten zu den wägbaren Lysimetern wurden bereits von Kortüm und Helbig [8] veröffentlicht.

3. Jahreswerte der Wasserhaushaltskomponenten

Da an den Anlagen außer dem Niederschlag mittels Regensammlern, deren Auffangfläche im Niveau der Erdoberfläche liegt, keine weiteren meteorologischen Elemente gemessen werden können, dienen die Werte der Meteorologischen Station Magdeburg des MD der DDR zur Kennzeichnung der meteorologischen Verhältnisse. Die Jahressummen des Niederschlags P in Magdeburg schwanken zwischen 302,9 mm und 738,5 mm. Am Großlysimeter liegt die jährliche Niederschlagssumme P_K im Mittel um 20,5% und an den wägbaren Lysimetern (P_G) um 25,2% höher als in Magdeburg. Etwa 5 bis 10% sind dabei dem Effekt der unterschiedlichen Meßhöhen zuzuschreiben (Tab. 1).

Die Tagessumme der potentiellen Evapotranspiration PET wurde für Tagesmittel der Lufttemperatur $\geqq 5$ °C nach der Beziehung von Turc (siehe [2]) und sonst nach der Formel von Ivanov (siehe [12, 7]) aus den Tageswerten für Magdeburg bestimmt. Die Berechnung der Globalstrahlung $K\downarrow$ aus der relativen Sonnenscheindauer RD erfolgte nach der für das Territorium der DDR empfohlenen Gleichung [10]:

$$K\downarrow = K\downarrow_R \cdot (0{,}21 + 0{,}61 \cdot RD)\,, \qquad (3)$$

Tabelle 1

Jahreswerte des Niederschlags P, der Lufttemperatur T und der potentiellen Evapotranspiration PET für Magdeburg und der Wasserhaushaltskomponenten für einen Kiefernbestand (Index K) und für Waldgräser (Index G)

Jahr	P mm	T °C	PET mm	P_K mm	R_K mm	P_G mm	R_G mm	ΔS_G mm	ET_G mm
1974	477,6	9,5	608,9	630,7	277,7	640,1	251,4	29,7	359,0
1975	302,9	9,6	660,6	443,5	241,9	472,1	163,4	−49,3	357,9
1976	342,0	8,8	675,0	427,3	167,3	450,7	151,8	3,2	295,6
1977	620,4	9,0	573,6	703,5	239,3	754,2	354,3	39,2	360,7
1978	458,7	8,4	568,2	577,3	156,1	590,7	234,1	26,4	330,2
1979	738,5	8,0	580,9	727,0	267,2	740,7	419,0	−17,4	339,1
1980	482,7	8,0	594,2	624,2	134,6	679,3	330,8	5,5	343,0
1981	677,2	8,9	595,7	762,4	141,8	768,6	396,1	15,3	357,2
1982	335,7	9,7	703,7	398,6	122,5	427,7	192,3	−61,2	296,5
1983	470,6	9,8	666,6	615,0	98,0	606,8	274,7	37,8	294,3
1984	490,4	8,5	568,7	591,5	71,1	627,7	341,6	0,9	285,2
$\bar{x}$	490,6	8,9	617,8	591,0		614,4			331,7

$K{\downarrow}_R$ Globalstrahlung in einer Rayleigh-Atmosphäre. Der so gefundene Wert von PET wurde um 10% erhöht (BUDYKO-Korrektur).

Am Großlysimeter können nur der Niederschlag P_K und das Sickerwasser R_K unterhalb einer 4 m mächtigen Schicht direkt gemessen werden. Von den wägbaren Lysimetern liegen neben den entsprechenden Größen P_G bzw. R_G auch die Wasservorratsänderung ΔS_G und die Evapotranspiration ET_G vor.

Die zeitliche Entwicklung der Versickerung in Abhängigkeit vom Bestandsalter im Vergleich Kiefern–Waldgräser ist mit Hilfe der jeweiligen kumulativen Summen in Abb. 1 dargestellt. Bis zu einem Bestandsalter von 6 Jahren bleiben die Unterschiede gering. Danach bewirkt die zunehmende Evapotranspiration des aufwachsenden Kiefernbestands den Rückgang der jährlichen Sickerwassermenge R_K, jedoch trägt auch die mit dem Baumwachstum ansteigende Interzeptionsrate dazu bei; Messungen darüber liegen nicht vor.

Im zeitlichen Verlauf der aus den Jahreswerten gebildeten Quotienten $\Sigma R_K/\Sigma R_G$, R_G/P_G und R_K/P_K sind sowohl der oben beschriebene Trend als auch der Effekt der Bestandsreduktion sichtbar (Abb. 2).

Die seit 1973 in mehrmonatigen Abständen durchgeführten radiometrischen Bodenfeuchtebestimmungen in 5 Meßrohren zur Ableitung der Wasservorratsänderung ΔS_K im Großlysimeter haben die Erwartung nicht erfüllt, daß sich daraus die Evapotranspiration des Bestandes berechnen ließe. Im wesentlichen liegt das darin begründet, daß hier ein extrem ungünstiges Verhältnis von Meßvolumen zum Gesamtvolumen des Bodenkörpers

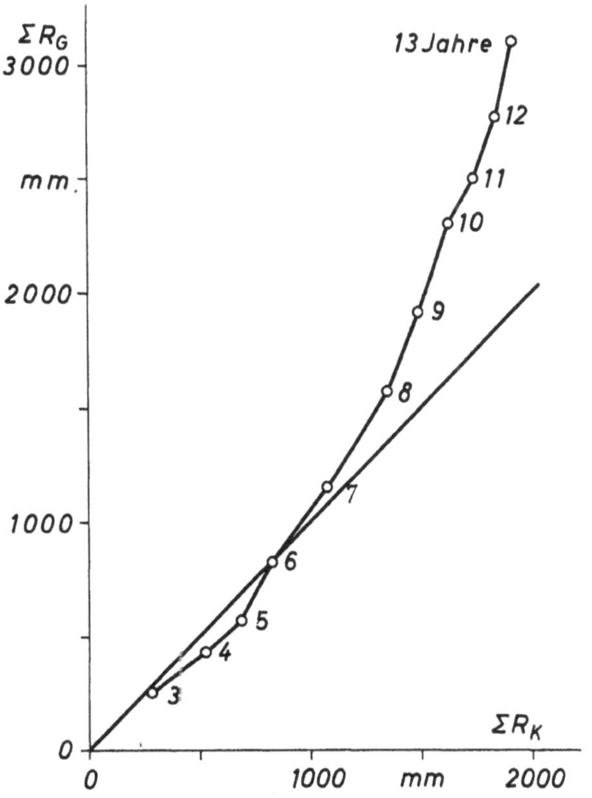

Abb. 1. Vergleich der kumulativen Summen der Versickerung unter Waldgräsern R_G und unter einem Kiefernbestand R_K in Abhängigkeit vom Bestandsalter

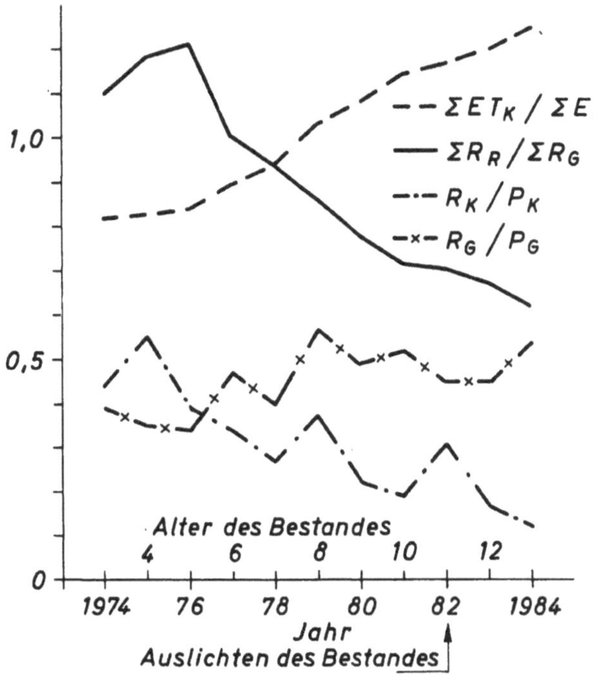

Abb. 2. Zeitlicher Verlauf der Quotienten $\Sigma ET_K/\Sigma ET_G$, $\Sigma R_K/\Sigma R_G$, R_K/P_K und R_G/P_G in Abhängigkeit vom Bestandsalter

(etwa 1:743) existiert. Üblicherweise liegt das Verhältnis des von der Neutronensonde im Lysimeter erfaßten Meßvolumen zum Lysimetervolumen in der Größenordnung von 1:8 und damit lassen sich gute Resultate erzielen, wovon WENDLING [11] berichtet. Hinzu kommen die Inhomogenitäten des Bodenfeuchtefeldes, deren statistisch gesicherter Nachweis auf der Analyse der mittleren Feuchtewerte an den einzelnen Meßstellen beruht. Ob hier die unterschiedliche Bodendichte allein oder auch die Entwicklung der Wurzelsysteme ursächlich wirkt, läßt sich schwer entscheiden (vgl. [6]).

Um nun doch auch Jahreswerte der Evapotranspiration für den Kiefernbestand anzugeben, könnte man ET_K mit relativ großem Fehler als Differenz von P_K und R_K bestimmen. Aus dreijährig gleitend gemittelten Jahressummen wurden auf diese Weise die Werte $\overline{ET_K^*}$ berechnet (Tab. 2).

Setzt man jedoch die Wasservorratsänderung im Großlysimeter (Schichtdicke 4 m) der Wasservorratsänderung in den wägbaren Lysimetern (Schichtdicke 2 m) unter der Annahme nur geringer Unterschiede in der Bodenstruktur proportional (d. h., $\Delta S_K = 2 \cdot \Delta S_G$), so erhält man die Jahressummen der Evapotranspiration ET_K in guter Näherung (Tab. 2).

Im Verhältnis zur Evapotranspiration der Waldgräser ET_G, bezogen auf die kumulativen Summen, zeigt sich deutlich die Wirkung des aufwachsenden Bestandes. Ab einem Bestandsalter von etwa 7 Jahren verdunstet der Kiefernbestand mehr als die Waldgräser (Abb. 2).

4. Bestimmung des Effektivitätsparameters nach BAGROV

Zur Abschätzung der Wasserhaushaltskomponenten von größeren Landschaftseinheiten hat sich das BAGROV-Verfahren bewährt [4, 5]:

Tabelle 2

Bestimmung der Jahressummen der Evapotranspiration des Kiefernbestandes ohne ($\overline{ET}^*_K$) bzw. mit (ET_K)Schätzwerten der Wasservorratsänderung im Großlysimeter

Jahr	Bestandsalter	ET_K	$\Sigma\, ET_K/\Sigma\, ET_G$	$\bar{P}_K$	$\bar{R}_K$	$\overline{ET}^*_K$	$\overline{ET}_K$
1974	3	293,6	0,82				
1975	4	300,2	0,83	500,5	229,0	271,5	282,5
1976	5	253,6	0,84	524,8	216,2	308,6	313,2
1977	6	385,8	0,90	569,4	187,6	381,8	335,9
1978	7	368,4	0,94	669,3	220,9	448,4	416,3
1979	8	494,6	1,03	642,8	186,0	456,8	447,2
1980	9	478,6	1,08	704,5	181,2	523,3	521,1
1981	10	590,0	1,15	595,1	133,0	462,1	489,0
1982	11	398,5	1,17	592,0	120,8	471,2	476,6
1983	12	441,4	1,20	535,0	97,2	437,8	452,8
1984	13	518,6	1,25				

Auf die Gebietsverdunstung wirken Standortfaktoren, wie Boden- und Vegetationsart, und die klimatischen Bedingungen, die über das Energie- und Niederschlagsangebot den Verdunstungsprozeß ermöglichen bzw. begrenzen. Für hinreichend große Zeiträume gelten folgende Randbedingungen:

$$\overline{ET} \to \bar{P} \quad \text{falls} \quad \overline{PET} \to \infty \tag{4}$$

$$\overline{ET} \to \overline{PET} \quad \text{falls} \quad \bar{P} \to \infty\,. \tag{5}$$

Bagrov fand eine Gleichung zur Berechnung der mittleren Gebietsverdunstung aus der Niederschlagssumme und der potentiellen Verdunstung, die sowohl die Randbedingungen (4) und (5) erfüllt als auch die Standorteigenschaften berücksichtigt (vgl. [5]):

$$\bar{P} = \int_0^{\overline{ET}} \frac{\mathrm{d}\,\overline{ET}}{1 - (\overline{ET}/\overline{PET})^n}\,. \tag{6}$$

Der Effektivitätsparameter n nimmt dann feste Werte an, wenn sich an den Standortbedingungen nichts ändert. Vegetationsloser Sandboden wird z. B. durch $n = 0{,}3$ charakterisiert, landwirtschaftliche Kulturen mit $n = 0{,}9$ (siehe [5]). Für einen aufwachsenden Kiefernbestand mit zunehmender Biomasse dagegen ändert sich n mit dem Bestandsalter. Ist diese Abhängigkeit bekannt, lassen sich damit für Waldgebiete unter Berücksichtigung des Alters die Werte der Gebietsverdunstung berechnen.

Zur Bestimmung des Effektivitätsparameters n sowohl für Waldgräser als auch für den Kiefernbestand wurden die Reihen der Monatssummen der Größen P_K, P_G, R_K und ET_G einer Tiefpaßfilterung mit einem Dreiecksfilter (Filterintervall 37 Monate) unterworfen [13].

Aus den gefilterten Werten von P_K und R_K wurde unter der Annahme, daß für diesen Mittelungszeitraum $\Delta S_K \approx 0$ ist, die Evapotranspiration $\overline{ET}_K$ als Differenz beider Größen bestimmt. Der zeitliche Verlauf (Abb. 3), befreit

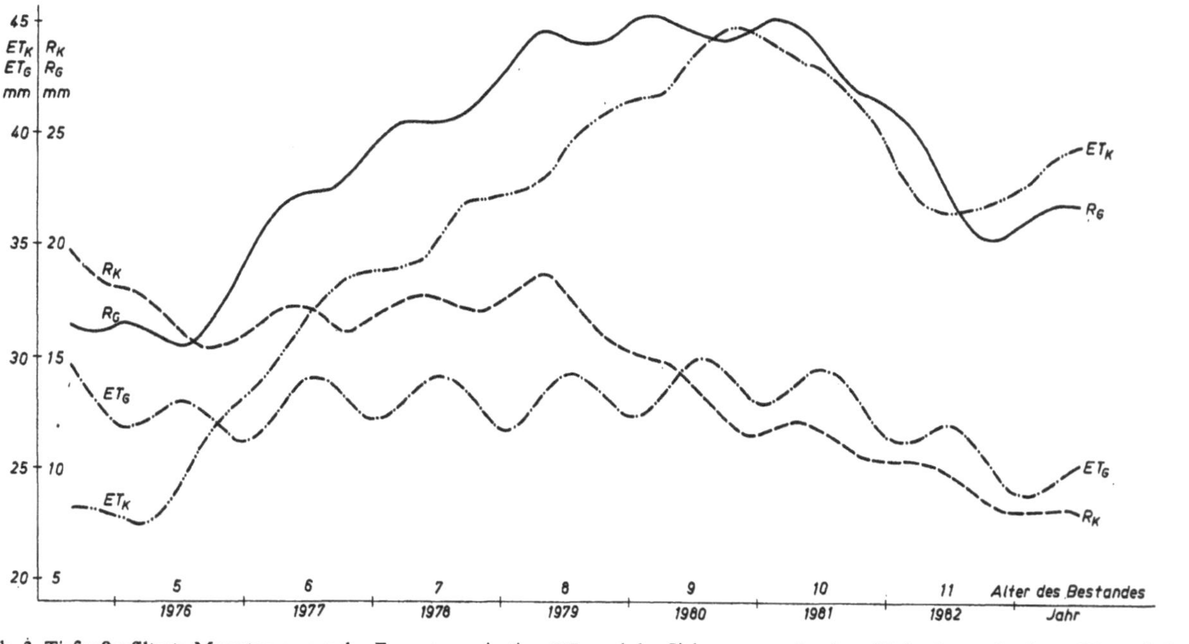

Abb. 3. Tiefpaßgefilterte Monatssummen der Evapotranspiration ET_K und des Sickerwassers R_K eines Kiefernbestandes bzw. ET_G und R_G von Waldgräsern 1974 bis 1984 (Filterintervall 37 Monate)

von den kurzperiodischen Schwankungen, enthält in den mittleren Monatssummen der Evapotranspiration $\overline{ET}_G$ der Waldgräser deutlich den Jahresgang, wie er durch die Vegetationsperiode geprägt wird. In abgeschwächter Form erkennt man das auch noch in den Monatssummen der Sickerwassermenge $\bar{R}_G$. Während sich die Größe $\overline{ET}_G$ gegenüber den von Jahr zur Jahr wechselnden meteorologischen Bedingungen (vor allem bezüglich der Jahresniederschlagssumme, vgl. Tab. 1) infolge des Anpassungsvermögens der Waldgräser als Halbinvariante erweist, reagiert die Versickerung wesentlich stärker auf solche Variationen, gekoppelt mit dem unterschiedlichen Speichervermögen der Bodenschicht.

Die Evapotranspiration des Kiefernbestandes nimmt dem Bestandsalter zunächst deutlich zu. Durch das Auslichten des Bestandes im Juni 1982 wird die verdunstungsfähige Biomasse verringert und damit auch der Betrag von $\overline{ET}_K$, jedoch erfolgt im weiteren Verlauf die Zunahme von $\overline{ET}_K$ mit annähernd dem gleichen Anstieg wie vor dem Eingriff.

In der Kurve der Sickerwasser-Werte $\bar{R}_K$ widerspiegeln sich die Wirkungen des wechselnden Niederschlagsangebots, der Zunahme von $\overline{ET}_K$ und der höheren Interzeptionsrate. Vom Niederschlag gelangt nicht die gesamte Menge zum Boden, sondern ein Teil wird durch die Interzeption im Bestand zurückgehalten und verdunstet direkt von der Oberfläche der Nadeln, der Zweige und des Stammes. Sofern nicht alles verdunstet, gelangt das Wasser aber auch als Stammabfluß in den Boden. Die Abschätzung der Interzeption ist wegen ihrer Abhängigkeit von der Baumentwicklung und der Niederschlagsintensität sehr schwierig. Man rechnet mit einem Kronenbenetzungswert von 3 bis 10 mm pro Niederschlagsereignis und im Jahr mit einem Interzeptionsanteil bis zu 30% des Gesamtniederschlags [3, 9].

Mit Hilfe des von GLUGLA und TIEMER [5] entworfenen Diagramms und den aus den gefilterten Werten berechneten Quotienten $\overline{ET}/\overline{PET}$ bzw. $\bar{P}/\overline{PET}$ für beide Kulturen wurden nun die dazugehörigen BAGROVschen Effektivitätsparameter n_G bzw. n_K bestimmt und in Abb. 4 dargestellt. Während für Waldgräser, wie erwartet, die

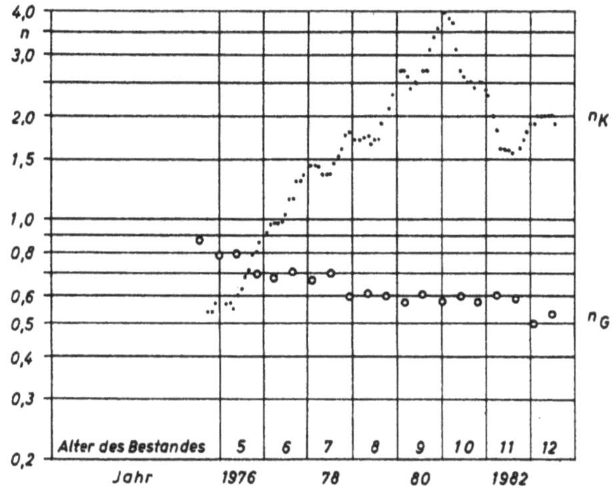

Abb. 4. Zeitliche Entwicklung des BAGROVschen Effektivitätsparameters n für Waldgräser und einen Kiefernbestand in Abhängigkeit vom Bestandsalter

Werte von n_G um einen mittleren Wert schwanken, hängt der Betrag von n_K deutlich vom Bestandsalter ab. Der Eingriff in den Bestand bildet sich natürlich auch hier ab. Von einem anfänglichen Wert nahe dem des vegetationslosen Sandbodens erreicht n_K für die ursprüngliche Bestandsdichte ein Maximum von 4,0. Für die reduzierte Bestandsdichte mit etwa 6700 Bäumen/ha und einem Alter von 12 Jahren liegt n_K bei 2,0.

Auch aus den dreijährig gleitend gemittelten Summen der Wasserhaushaltskomponenten wurden auf die gleiche Weise wie oben die Effektivitätsparameter bestimmt und in Tab. 3 zusammengestellt. Danach läßt sich für die Waldgräser ein Mittelwert von $n_G = 0{,}65$ angeben. Die Kiefern erreichen in diesen Abschätzungen ein $n_K = 2{,}80$ als Maximalwert.

Mit diesen Werten für den Effektivitätsparameter nach BAGROV läßt sich bei Vorliegen mehrjähriger Mittelwerte von potentieller Evapotranspiration und Niederschlag die reale Evapotranspiration von Kiefernbeständen unterschiedlichen Alters und von Kahlschlagflächen, auf denen Waldgräser wachsen, bestimmen.

Tabelle 3

Dreijährig gleitend gemittelte Jahreswerte der Wasserhaushaltskomponenten und Effektivitätsparameter n nach BAGROV für Waldgräser und Kiefern

Jahr	Bestandsalter	$\overline{PET}$	$\overline{ET}_G/\overline{PET}$	$\bar{P}_G/\overline{PET}$	n_G	$\overline{ET}_K/\overline{PET}$	$\bar{P}_K/\overline{PET}$	n_K
1974	3							
1975	4	648,2	0,52	0,80	0,83	0,44	0,77	0,60
1976	5	636,4	0,53	0,88	0,78	0,49	0,82	0,69
1977	6	605,6	0,54	0,99	0,68	0,55	0,94	0,74
1978	7	574,2	0,60	1,21	0,63	0,73	1,17	1,23
1979	8	581,1	0,58	1,15	0,66	0,77	1,11	1,70
1980	9	590,3	0,59	1,24	0,58	0,88	1,19	2,80
1981	10	631,2	0,53	0,99	0,61	0,77	0,94	2,50
1982	11	655,3	0,48	0,92	0,55	0,73	0,90	2,20
1983	12	646,3	0,45	0,86	0,53	0,70	0,83	2,40
1984	13	.	.	.	.	.	.	.

5. Mittlerer Jahresgang von Versickerung und Evapotranspiration

Die zeitliche Variation der monatlichen Sickerwassermengen ist sowohl innerjährlich als auch interannuell beträchtlich. Die mittleren Jahresgänge der Versickerung unter Waldgräsern R_G und unter dem Kiefernbestand R_K unterscheiden sich in charakteristischer Weise voneinander (Tab. 4).

Tabelle 4
Mittlerer prozentualer Jahresgang der Versickerung unter Waldgräsern R_G und unter einem Kiefernbestand R_K, 1974—1983

Monat	J	F	M	A	M	J	J	A	S	O	N	D	Jahr
R_K (%)	10	10	14	18	14	9	6	4	3	3	5	4	100
R_G (%)	14	11	15	14	6	6	3	4	4	5	7	11	100
R_K (mm)	18	19	25	33	26	16	12	8	6	5	9	8	185
R_G (mm)	40	32	41	39	17	16	8	11	10	14	20	32	280

Im Winterhalbjahr übertrifft die Versickerung unter Waldgräsern diejenige unter Kiefern, da Kiefern auch in dieser Jahreszeit einen beträchtlichen Teil des Niederschlags verdunsten. Die Lage der jeweiligen Minima (R_G im Juli, R_K im Oktober) läßt sich mit der unterschiedlichen Mächtigkeit der Bodenschichten in den Lysimetern erklären.

Zur Abschätzung der mittleren monatlichen Verteilung der Evapotranspiration eines Kiefernbestandes liefern die Meßwerte des Großlysimeters keine Anhaltspunkte. Der Jahresgang für Kiefern ist sicher relativ gering.

Für Waldgräser dagegen können die aus den Messungen im Zeitraum 1971 bis 1984 ermittelten prozentualen Anteile für jeden Monat zur Abschätzung des Jahresganges der mittels BAGROV-Verfahren abgeleiteten Evapotranspiration von Kahlschlagflächen verwendet werden (Tab. 5).

Tabelle 5
Mittlerer prozentualer Anteil der Monatssummen an der Jahresverdunstung von Waldgräsern, 1971—1984 ($\overline{ET_G}$ = 309,2 mm)

Monat	J	F	M	A	M	J	J	A	S	O	N	D
%	2,0	2,5	4,9	8,8	16,2	17,5	15,8	14,6	8,7	4,4	2,6	2,0

Diese Arbeit entstand im Rahmen der Vertragsforschung mit der Wasserwirtschaftsdirektion Untere Elbe, Magdeburg.

Literatur

[1] AURADA, K. D.: Tendenzen der Gewinnung des verfügbaren Wasserdargebots in der mehrfach genutzten Landschaft. Peterm. Geogr. Mitt. **128** (1984) 2, 115—125.

[2] DYCK, S. u. a.: Angewandte Hydrologie, Band 2, 2., überarb. Auflage 1980.

[3] EIMERN, J. VAN; HÄCKEL, H.: Wetter- und Klimakunde, 3. Auflage, Stuttgart 1979.

[4] GLUGLA, G.; FISCHER, D.; HÖHNE, U.; KORTÜM, F.; HELBIG, A.: Lysimeteruntersuchungen in der Letzlinger Heide — wichtiger Beitrag zur Bestimmung der Wasserressourcen bewaldeter Gebiete. Wasserwirtschaft/Wassertechnik, **9** (1982), 319—322.

[5] GLUGLA, G.; TIEMER, K.: Ergebnisbericht zur NVe 10/70 — Ausarbeitung eines Berechnungsverfahrens von Mittelwerten der Grundwasserneubildung nach der Formel von BAGROV unter Verwendung der EDV. IfW, 1970, 16 S.

[6] HELBIG, A.; FISCHER, C.; FISCHER, D.; HÄRING, C.: Ergebnisbericht zur NVe III/85 — 13.1 — Analyse der Bodenfeuchtemessungen mit der radiometrischen Meßsonde in der Lysimeteranlage Letzlinger Heide und deren Rationalisierung bezüglich Profil und Häufigkeit. WWD Magdeburg, 1985, 25 S.

[7] Klimadaten der DDR — Ein Handbuch für die Praxis. Reihe B, Band 6 „Verdunstung", 1984, S. 10.

[8] KORTÜM, F.; HELBIG, A.: Zur Auswertung von Lysimetermessungen. Z. Meteor. **30** (1980) 2, 107—111.

[9] RUBNER, K.; REINHOLD, F.: Die pflanzengeographischen Grundlagen des Waldbaus. 5. Aufl. Berlin 1960.

[10] SCHÖNEMARK, E. v.; WUCHOLD, H.; FREYDANK, E.: Methodische Untersuchungen der Berechnung der Globalstrahlung für das Gebiet der DDR. Z. Meteor. **23** (1973) 9—10, 255—267.

[11] WENDLING, U.: Messung der Bodenfeuchte mit Neutronensonden im Stationsnetz des MD der DDR. Abh. Meteor. Dienst DDR 126 (Bd. XVIII) (1981), S. 42.

[12] WENDLING, U.; MÜLLER, J.: Entwicklung eines Verfahrens zur rechnerischen Abschätzung der Verdunstung im Winter. Z. Meteor. **34** (1984) 2, 82—85.

[13] BESM-6 Programmbibliothek, Bereich Meteorologie, Autor: Dr. Olberg.

FSC
www.fsc.org
MIX
Papier | Fördert gute Waldnutzung
FSC® C083411

Kolibri 360 GmbH
Ferdinand-Jühlke-Straße 7
99095 Erfurt, Deutschland
produktsicherheit@kolibri360.de